河南省哲学社会科学规划一般项目“绿色发展理念下的生态文明教育体制机制建构研究”（2017BJY024）、河南省教育厅人文社会科学研究一般项目“习近平新时代生态文明教育理论与实践研究——以制度化建设为视角”（2019-ZZJH-169）的阶段性研究成果

新乡医学院博士科研经费启动项目（505086）、新乡医学院人文社会科学研究培育基金项目（2014YB217）资助

中国生态文明教育研究

Zhongguo Shengtai Wenming Jiaoyu Yanjiu

杜昌建　杨彩菊　著

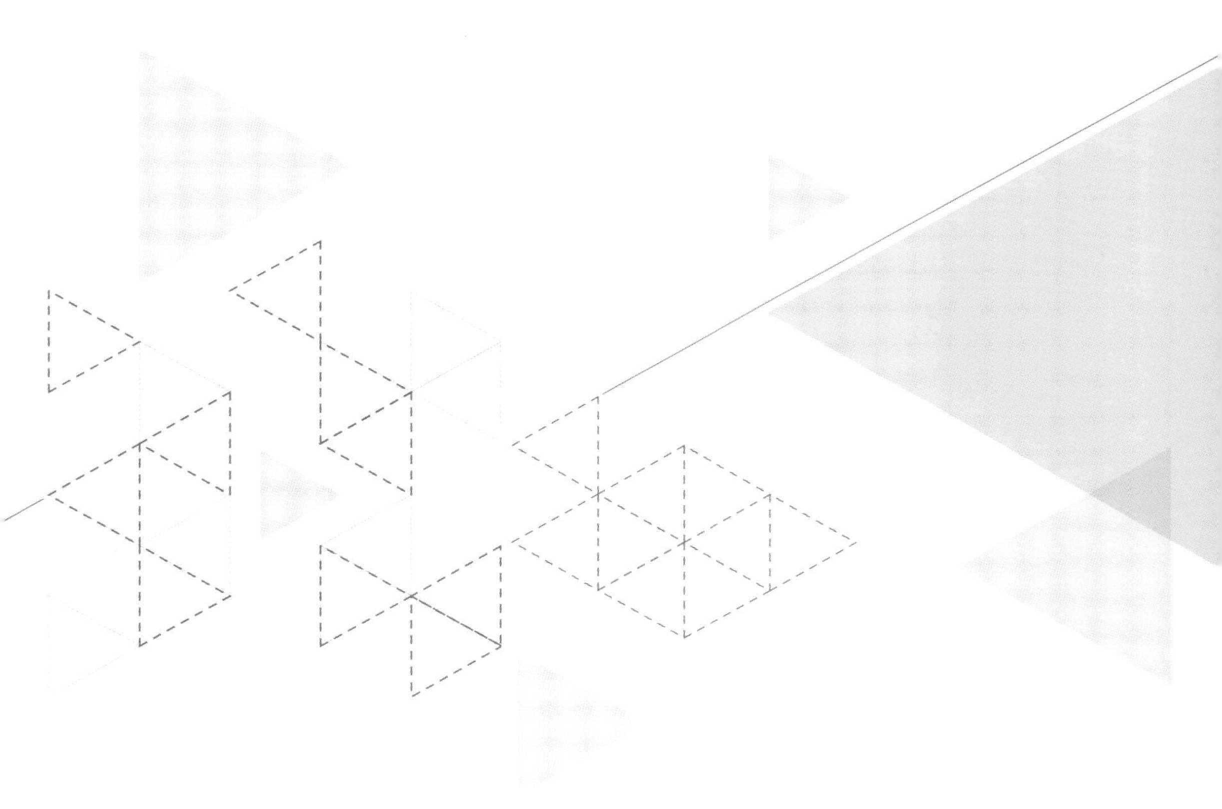

中国社会科学出版社

图书在版编目(CIP)数据

中国生态文明教育研究/杜昌建,杨彩菊著.—北京:中国社会科学出版社,2018.8

ISBN 978-7-5203-2883-8

Ⅰ.①中… Ⅱ.①杜…②杨… Ⅲ.①生态环境—环境教育—研究—中国
Ⅳ.①X321.2

中国版本图书馆CIP数据核字(2018)第168525号

出 版 人 赵剑英
责任编辑 田 文
特约编辑 钱法文
责任校对 张爱华
责任印制 王 超

出 版 中国社会科学出版社
社 址 北京鼓楼西大街甲158号
邮 编 100720
网 址 http://www.csspw.cn
发 行 部 010-84083685
门 市 部 010-84029450
经 销 新华书店及其他书店

印 刷 北京君升印刷有限公司
装 订 廊坊市广阳区广增装订厂
版 次 2018年8月第1版
印 次 2018年8月第1次印刷

开 本 710×1000 1/16
印 张 16.5
插 页 2
字 数 230千字
定 价 69.00元

凡购买中国社会科学出版社图书,如有质量问题请与本社营销中心联系调换
电话:010-84083683
版权所有 侵权必究

前　言

自工业革命以来，由于人类中心主义盛行、世界人口急剧增长和科学技术的滥用等原因，全球生态问题日趋严重。特别是近年来，世界范围的气候异常变化、生物多样性减少、森林面积缩小、土地荒漠化加剧及不可回收垃圾污染等问题越来越突出。同时，世界能源的消耗量以每20—25年翻一番的速度增长。由于煤、石油等能源的不可再生性，按照目前的开采水平，煤仅够开采200—300年，而80%的石油将在今后60年左右被开采完。[①] 联合国环境规划署的最新报告显示，由于全球一些地方对土地不可持续地使用，至2050年全球将有8.49亿公顷的土地退化。此外，全球淡水资源的质量状况也日趋恶化，人类对水资源的浪费和污染达到了惊人的程度。2015年联合国发布的《世界水资源开发报告》指出，全球滥用水情况非常严重，从目前的走势来看，到2030年世界各地将面临“全球水亏缺”的窘境，届时对水的需求和补水之间的差距可能高达40%。预计到2025年，生活在水资源绝对稀缺地区和国家的人口数量将达到18亿，在一些干旱和半干旱地区，水资源短缺将使2400万人到7亿人背井离乡。[②] 全球资源环境问题形势严峻、不容乐观，这一问题已成为全人类共同面对的头等重要课题。

作为目前世界上人口最多的发展中国家，我国同样面临这些问题，甚至在某些方面表现得更为突出。《2016年中国环境状况公报》

---

① 刘德海：《绿色发展》，江苏人民出版社2016年版，第52页。

② 同上书，第52—53页。

显示，全国地表水1940个评价、考核、排名断面（点位）中，Ⅳ类、Ⅴ类和劣Ⅴ类水质断面比例分别占16.8%、6.9%和8.6%，也就是说Ⅳ类（Ⅳ类及以下水质达不到人类生活饮用水标准）及以下水质断面比例仍高达32.3%。而在6124个地下水水质监测点中，水质为较差级和极差级的监测点分别占45.4%和14.7%，两者合计占总数的60.1%。2016年，全国338个地级及以上城市中，只有84个城市环境空气质量达标，仅占全部城市数的24.9%；254个城市环境空气质量超标，占75.1%。[①] 而空气质量不达标会导致呼吸系统方面的疾病发病率居高不下，严重影响人们的身体健康。据报道，我国每年因城市大气污染而造成的呼吸系统门诊病例达到35万人，而急诊病例高达680万人，大气污染造成的环境与健康损失占中国GDP的7%。[②] 在资源能源方面，我国早已成为世界最大的能源消费（耗）国，而我国人均拥有维系人们基本生存的耕地、淡水和森林，分别为世界平均水平的1/3、1/4和1/7，并始终受到耕地和粮食问题的困扰。[③] 以上种种资源环境问题如果得不到妥善解决，不但会影响人民群众的生活质量及和谐社会的建设进程，也终将影响中华民族伟大复兴中国梦的实现。

马克思认为，“意识在任何时候都只能是被意识到了的存在”[④]。即社会意识是社会存在的能动反映。近年来，党和国家越来越重视资源环境问题。2007年，党的十七大报告强调指出：“建设生态文明，基本形成节约能源资源和保护生态环境的产业结构、增长方式、消费模式；循环经济形成较大规模，可再生能源比重显著上升；主要污染物排放得到有效控制，生态环境质量明显改善；生态文明观念在全社会牢固树立。”[⑤] 报告明确提出了生态文明建设的目标，体现了党和国

---

① 《2016年〈中国环境状况公报〉》（摘录），《环境保护》2017年第11期。

② 蔡如鹏：《环境污染下的健康阴影》，《中国新闻周刊》2007年第44期。

③ 谷树忠、谢美娥、张新华：《绿色转型发展》，浙江大学出版社2016年版，第11页。

④ 《马克思恩格斯文集》第1卷，人民出版社2009年版，第525页。

⑤ 胡锦涛：《高举中国特色社会主义伟大旗帜　为夺取全面建设小康社会新胜利而奋斗——在中国共产党第十七次全国代表大会上的报告》，人民出版社2007年版，第20页。

家对我国社会经济发展与环境资源关系所表现出的时代特点的准确把握。2012 年，前国家主席胡锦涛在党的十八大报告中进一步指出："建设生态文明，是关系人民福祉、关乎民族未来的长远大计。面对资源约束趋紧、环境污染严重、生态系统退化的严峻形势，必须树立尊重自然、顺应自然、保护自然的生态文明理念，把生态文明建设放在突出地位，融入经济建设、政治建设、文化建设、社会建设各方面和全过程，努力建设美丽中国，实现中华民族永续发展。"① 从此生态文明建设被列入了"五位一体"的中国特色社会主义事业的总体布局，并且写入了党章。这说明党和国家更加重视生态文明建设和社会发展的绿色化进程，同时，也彰显了建设生态文明不仅是一种发展理念，更是一种治国方略。习近平总书记在 2013 年给生态文明贵阳国际论坛的贺信中指出："走向生态文明新时代，建设美丽中国，是实现中华民族伟大复兴的中国梦的重要内容。"② 党和国家已充分意识到，建设生态文明是社会发展的必然趋势，是实现民族复兴的必然要求。2015 年党的十八届五中全会进一步把"绿色发展"确定为指导我国"十三五"时期经济社会发展的五大理念之一。绿色发展理念的提出不仅为我们推进生态文明、建设美丽中国指明了方向，同时也提供了其实现路径。

然而，党和国家生态文明理念的贯彻、绿色发展政策的执行最终需要每个社会成员的践行来完成。而当前我国国民生态文明素质总体不高，生态文明知识缺乏、生态文明意识淡薄、生态文明行为缺失等现象还较为普遍。要改变这一现状，需要在全社会广泛开展生态文明教育，以提高国民的生态文明素质。因为国民整体生态文明素质的提高对建设美丽中国、实现绿色发展具有前提性和基础性意义。联合国教科文组织发布的《教育的使命》一书中强调，在解决"人类困境"问题：人口剧增、环境恶化、资源浪费和日益短缺的过程中，教育，

① 胡锦涛：《坚定不移沿着中国特色社会主义道路前进　为全面建成小康社会而奋斗——在中国共产党第十八次全国代表大会上的报告》，人民出版社 2012 年版，第 39 页。

② 习近平：《携手共建生态良好的地球美好家园——致生态文明贵阳国际论坛 2013 年年会的贺信》，《光明日报》2013 年 7 月 21 日第 1 版。

尤其是全民教育发挥着不可缺少的作用。[①] 可见，对社会成员广泛开展生态文明教育是当前我国建设生态文明，实现绿色发展的基础工程。

生态文明教育实践在全社会的广泛开展与深入推进需要成熟完备、系统科学的理论作为指导。而当前我国关于生态文明教育领域的理论研究尚处于探索起步阶段，与实践层面的现实需求还有一定的距离。因此，从理论层面深入、系统研究生态文明教育问题具有现实的必要性。正如马克思所说，理论只要彻底，就能说服人；理论只要能说服人，就能掌握群众；理论一经掌握群众，就会变成物质力量。[②] 环境恶化、资源枯竭、生态失衡的严峻现实需要每一个社会成员从我做起、从现在做起，以实实在在的环保行动改变现实，扭转形势。形成改变现实的巨大物质力量需要能够说服人的理论，彻底的理论。而理论掌握群众的过程，生态文明知识的传播以及绿色发展理念的普及需要教育。随着国内生态环境的恶化与全球生态意识的觉醒，教育作为灌输思想、规范行为的活动，理所应当承担起培养现代“生态公民”（详见第四章）的重任。正如世界野生动物基金会国际理事会前名誉主席、英国鸟类学家彼得·马卡姆·斯科特所说，如果我们要拯救地球，最重要的任务在于教育。[③] 可见，立足国内外日趋严重的资源环境问题，深入研究生态文明教育的理论与实践问题具有重要的价值和意义。

在全社会广泛开展生态文明教育是落实科学发展观的重要途径。科学发展观作为我国社会主义现代化建设的行动指南，创造性地回答了“实现什么样的发展”“怎么发展”的问题。人与自然的和谐共生是科学发展观的目标追求，它要求人类尊重自然、保护自然，而不能凌驾于自然之上任意破坏自然。贯彻落实科学发展观，不仅需要国家的政策法规和技术支持，更需要较高素质的现代国民，因为科学发展

---

① 联合国教科文组织：《教育的使命：面向21世纪的教育宣言和行动纲领》，赵中建选编，教育科学出版社1996年版，第6页。

② 《马克思恩格斯文集》第1卷，人民出版社2009年版，第11页。

③ 张旭如：《环境教育基础》，山东省地图出版社2007年版，第147页。

观的落实、和谐社会的构建，终究需要全体社会成员在生产、生活中的实践努力。而科学发展观中人与自然和谐的理念也是生态文明教育所追求的目标。生态文明教育就是要培养具备较高素质的生态公民，使其树立“科学生态观”（详见第四章），能够在生产、生活中自觉践行生态文明理念。生态公民的突出特征就是具备较高的生态文明素质，这一素质是现代国民落实科学发展观，适应社会发展需要所必备的素质。树立人与自然和谐相处的发展理念，正确处理人与自然的关系是科学发展观的重要体现，也是生态文明教育在全社会普及的核心理念。

在全社会广泛开展生态文明教育可以为美丽中国建设提供价值导向和人才保障。党的十八大报告指出：“把生态文明建设放在突出地位，融入经济建设、政治建设、文化建设、社会建设各方面和全过程，努力建设美丽中国，实现中华民族永续发展。”① 美丽中国建设是国家立足当下，对我国未来发展的整体憧憬与规划。然而，应当看到，我国目前虽然是资源大国，但相比之下资源劣势也很明显，据《2016年〈中国环境状况公报〉》显示，我国森林覆盖率仅为21.63%，远低于世界平均水平的30%；截至2014年，全国荒漠化土地面积261.16万平方千米，沙化土地面积172.12万平方千米，两者合计占比超过国土面积的45%；水土流失面积为294.9万平方千米，占普查范围总面积的31.1%。② 诸如此类，在不少方面我们与美丽中国建设的美好蓝图尚有较大差距。同时，在人们的生产生活中浪费资源、破坏环境的现象还较为普遍，一些人还没有意识到自然本身的价值，而对人生价值与意义的评判也往往以物质财富的多少为标准……凡此种种日积月累就为生态危机的爆发埋下了祸根。从某种意义上讲，生态危机的爆发与所有社会成员的不良行为累积有密切关系。我们如何约束自己的不良行为，遵守环境法规，维护公共利益，主要取

① 胡锦涛：《坚定不移沿着中国特色社会主义道路前进　为全面建成小康社会而奋斗——在中国共产党第十八次全国代表大会上的报告》，人民出版社2012年版，第39页。

② 《2016年〈中国环境状况公报〉》（摘录），《环境保护》2017年第11期。

决于个人的生态文明素质和相关行为能力。而国民生态文明素质和行为能力的提升主要取决于教育，因此，在美丽中国建设中，教育是推动其前进的基础，具有先导性和前提性意义。党的十八大报告明确提出："必须树立尊重自然、顺应自然、保护自然的生态文明理念，"[①]"加强生态文明宣传教育，增强全民节约意识、环保意识、生态意识"。[②] 这就要求我们积极开展生态文明教育，提高国民的生态文明素质，为美丽中国构建培养合格的建设者。

在全社会广泛开展生态文明教育是实现人全面发展的时代要求。实现人的自由全面发展是马克思主义追求的理想目标，随着现实社会的不断发展，社会个体的生态文明素质和行为能力越来越成为人全面发展的重要方面。生态文明教育就是要通过各种方式使社会成员树立节约、环保等生态理念，形成良好的生态道德，从而使其综合素质得到全面发展。生态文明观念是人类与大自然关系的体现，我们应当把这种关系纳入道德的范畴之中，因为人类作为万物之灵理应充分发挥其主观能动性，自觉维护自然生态系统和社会生态系统的平衡与稳定，承担起对自然环境和其他生物的道德责任。自然环境是人民群众的衣食之源、生命健康的安全保证，也是生产发展、经济腾飞的自然条件，是公众的根本利益所在。良好的生态道德素质和良好的生态文明观念，是衡量一个国家和民族文明程度的重要标志，也是现代社会衡量公民素质的重要标尺。[③] 积极开展生态文明教育，自觉践行生态文明理念，对于提高全体社会成员的生态文明素质，促进人的全面发展具有重要的推动作用。

总之，在全社会牢固树立生态文明理念、推进绿色发展，必须加强生态文明教育。生态文明教育在提高人的生态环保意识和行为能力的基础上，可以使广大社会成员自觉遵守自然生态规律和人类社会发

---

① 胡锦涛：《坚定不移沿着中国特色社会主义道路前进　为全面建成小康社会而奋斗——在中国共产党第十八次全国代表大会上的报告》，人民出版社 2012 年版，第 39 页。

② 同上书，第 41 页。

③ 苏立红、夏惠、项英辉：《论高校生态文明观教育》，《沈阳建筑大学学报》（社会科学版）2008 年第 2 期。

展规律，积极改善人与自然的关系、人与社会的关系以及人与人之间的关系，从而推进国家生态文明发展的进程，为建设美丽中国、实现中华民族的永续发展创造条件。大力开展生态文明教育，提高全民生态文明素质，是生态文明建设的题中之义，是我国实现绿色发展的重要基础。

目　　录

第一章　生态文明与生态文明教育的内涵、特点

列宁指出："概念（认识）在存在中（在直接的现象中）揭露本质（因果、同一、差别等规律）。"[1] 任何一门学科，都是由一系列概念组成的理论体系。概念是学科的基础，对于学科建设和理论研究具有前提性、先在性意义。只有搞清楚生态文明教育相关概念的内涵与特点，才能在实践中有效开展生态文明教育。本章将在对生态、环境、生态文明、环境教育等基本概念进行阐释的基础上，界定本文的核心概念——生态文明教育，同时区分与之紧密相关的两个概念。

第一节　生态文明的内涵及特点

对"生态文明"概念的探析是研究生态文明教育的前提，而明确生态文明内涵的前提是对生态和文明有正确而全面的理解。本节将对生态、文明和生态文明等概念进行考察与界定。

一　生态与文明

"生态"一词源于古希腊语"OIKOS"，原意指"住所"或"栖息地"。从词源学意义上看，所谓"生态"，即自然与生物、生物与生物间存在的影响关系及生存与发展状况。"生态学"一词最早出现于1866年，由德国生物学家海克尔首先给出。他指出生态学属于全

---

① 《列宁全集》第55卷，人民出版社1990年版，第289页。

新的学科，主要研究内容为自然与生物、生物与生物间存在的相互影响关系。

我国传统意义上的“生态”主要有以下三层含义：一是指显露美好的姿态。如“丹荑成叶，翠阴如黛。佳人采掇，动容生态”（语出梁简文帝《筝赋》），“（息妫）目如秋水，脸似桃花，长短适中，举动生态，目中未见其二”（语出《东周列国志》第十七回）中的“生态”都是此意。二是指生动的意态。如“邻鸡野哭如昨日，物色生态能几时”（语出杜甫《晓发公安》）；“依依旎旎、袅袅娟娟，生态真无比”（语出刘基《解语花·咏柳》）。三是指生物的生理特性与生活习性。如“我曾经把一只虾养活了一个多月，观察过虾的生态”（语出秦牧《艺海拾贝·虾趣》）。[①]《现代汉语词典》中关于“生态”的解释是：万事万物在特定的环境条件下生存与发展的情形，还指万事万物的生理特点与生活习性。

现代意义上的“生态”主要有以下四层含义。首先，生态象征着某种耦合关系，这种耦合关系主要存在于整体与个体、自然与生物、局部与整体之间。而民间泛谈的生态是生命生存、发展、繁衍、进化所依存的各种必要条件和主客体间相互作用的关系。其次，生态是多学科综合研究的对象，涉及很多不同的学术领域，不但是人类了解自然、适应自然的学科，而且是研究自然与生物关系的学科，更是人们改造自然、利用自然的一门工程技术，还是人类养心、悦目、怡神、品性的一门自然美学。再次，它表示一种和谐状态，生态常常作为褒义词使用，用于描述自然与人类的和谐关系，为“生态关系和谐”的简写。以生态旅游、生态城市等词语为例，这类词语均属于经过约定俗成被人们广泛接受和使用的短语。同时，它还表示人和自然环境在时空演替过程中形成的一种自然文脉、机理、组织和秩序。最后，它还是一种定向的进化过程，生态系统会从低级向高级、从简单到复杂进行定向演化，逐渐实现物质流通量越来越低、能值转化率不断提升、信息的交流越来越频繁、共生关系越来越丰富，进而达成较高的

① 参见王学俭、宫长瑞《生态文明与公民意识》，人民出版社2011年版，第68页。

自组织能力和闭路的物质循环。

随着人类实践的发展和认识的深化，“生态”这个词语有了更具体、更深刻的含义。生态是一种优胜劣汰、共存、再生、自生的生存与发展机制；生态是一种保护生存条件、发展生产力的策略方法；生态是技能、机制、文化行业中的一场彻底的社会调整；生态是一种寻求人类社会持续前进和完善的长期发展过程。[①] 由上可知，尽管“生态”一词在不同的语境下有不同的意义，但其基本意义应该是自然界生物之间、生物和环境之间的相互关系以及生存和发展的状态。简言之，生态即一切生物的生存状态。本文主要是在这一概念意义上使用“生态”一词。

与“生态”密切相关的一个概念是“环境”，为了行文的需要，在此对“环境”的内涵作一分析。2009 年版《辞海》对“环境”一词有如下解释：(1)环绕所辖的区域；周匝。如：环境保护；环境卫生。《元史·余阙传》：“环境筑堡寨，选精甲外捍，而耕嫁于中。”(2)通常表示与人类生存、发展等活动相关的所有外部条件、影响因素的集合。可以看出，环境不受空间或时间的约束。环境通常分为两种类型：首先是自然环境，根据组成要素存在的差异，自然环境又可以细化成水环境、土地环境、大气环境等；其次是社会环境，指的是与人类的活动相关的空间与时间。目前，我国出台了一系列的法律法规，以实现对环境相关因素的保护，包括水、土壤、空气、森林、城镇、村庄、自然遗迹、人文遗迹等。[②] 而《中国大百科全书》对“环境”的解释是：人群周围的境况及其中能够从不同角度影响人们生活与发展的多种自然要素与社会要素的综合，包括自然因素的各种物质、现象和过程及在人类历史中的社会、经济成分。[③] 在环境科学中，“环境”一词的含义是：以人类为核心的外部世界，主要包括地球表层和人们互相影响的各种要素及其整体。“环境”一词的使用通常离不开“生态”，即更多地采用“生态环境”的形式。从概念上看，生

---

① 周鸿：《生态文化与生态文明》，《光明日报》2008 年 4 月 8 日第 10 版。

② 夏征农、陈至立：《辞海》2，上海辞书出版社 2009 年版，第 947 页。

③ 中国大百科全书总编委会：《中国大百科全书》第 10 卷，中国大百科全书出版社 2009 年版，第 202 页。

态环境是与人类及所有生物生存、发展相关的所有外界因素的集合。这里的外界因素分为两类：第一是生物因素，例如动物、植物、菌类等；第二是非生物因素，例如光、水源、空气、土壤、矿物质等。研究发现，在影响人类与生物生存发展的过程中，并非各因素单独作用，而通常是相互影响、共同作用。就人类而言，生态环境并非仅指自然环境，社会环境、文化环境、经济环境等也属于生态环境的范畴。

为了澄清“环境”与“生态”的区别及联系，同时为了下文表述的严谨性，在此将两个概念进行比较与区分。生态是包括人类在内的所有生物与其周围环境的关系及其生存状态；而环境是指某一主体（主要指人类）周围与其发生联系的所有事物（这里主要指自然事物）的总和。显而易见，环境与生态并非同一个概念。首先，“生态”一词的内涵与外延远大于“环境”。因为生态的概念中涵盖了环境的内容指向，同时所有主体的环境都是特定生态系统中的一部分。其次，“生态”与“环境”的实质指向不同。生态指的是一种关系和状态，是局部或者整体生态系统中各生物之间及其与环境的关系状况。这种关系状况可能是此优彼劣、此重彼轻的失衡局面，也可能是相互促进、协调共生的平衡状态；环境的实质指向是客观事物，是与某一主体发生直接或间接关系且相互影响其生存发展的所有事物的总和。再次，“环境”与“生态”的价值立场不同。“环境”一词只有针对某一主体来说，才有具体的指向内容，通常所指的环境大都是针对人类来说的，这就难免具有人类中心主义倾向；而生态则立足于整个生态系统与生态平衡的整体，把人类仅仅看作是和其他动植物平等的一员。正如美国学者格罗特费尔蒂女士所说的那样，“环境”是一个人类中心的和二元论的术语，它意味着人类位于中心，所有非人的物质环绕在我们四周，构成我们的环境，而“生态”则意味着相互依存的、整体化的、系统化的联系……①因此，分清生态与环境的区别与联系，可以使我们在实践中避免人类中心主义，进一步坚信生态文

① 参见王诺《欧美生态文学》，北京大学出版社2003年版，第4页。

明建设的必要性和实现人与自然和谐的重要性。

“文明”（civilization）一词源于拉丁文“civis”，意思是城市中的居民，其实质是指人们和谐地生活在所在地区与社会团体中的水平。从文艺复兴时期开始，“文明”这个词开始被视为和“野蛮”相对应的形容词而产生，它的基本意义是“讲文明的”“有修养的”等。而从野蛮转变为文明，需要提高自身修养，因此文明所涵盖的意义也更为丰富，素养、开化等含义融入了文明的范畴之列。其实，文明不但囊括了素养、开化的含义，还包含经过开化之后达到的状态。美国著名学者菲利浦·巴格比提出，原始的文明特指人类个体修养的历程。18世纪中期开始，文明的内涵发生了转向，不再特指过程，更多地强调修养的状态，甚至还可以指代某类特定的活动模式。根据利特雷的观点，文明即开化的行为，经过开化的状态，是技术、宗法、绘画、科学等互相影响所形成的观点与风格的整体。随后，人们慢慢开始将修养开化所达到的状态以及在面对外部的自然与社会环境时在各个领域创造的成果称作文明。奥地利心理学家弗洛伊德指出，“文明”仅是指人们面对生态环境时的自我保护和人际交往的改进所积累而形成的结果、规则的整体。[①] 苏联在1978年出版的《苏联大百科词典》中对“文明”的阐释是：社会进步、经济发展与文化发展的水平层次；也就是野蛮时期之后社会发展的水平。1979年，德意志联邦共和国出版的《大百科词典》指出“文明”一词从广义的角度看，指的是优良的生活习惯与风气，从狭义的角度说，指的是社会从人类群居生活蜕变之后，利用知识与技能形成和发展起来的物质形态与社会形态。[②] 不难发现，当今西方国家对“文明”的定义大多是一种高级的社会与文化发展形态，以及完成这一形态的过程，涵盖的范围非常广，包含生活习惯、宗教礼仪、技能水平、民族思想、礼仪风俗和科技的发展等。

---

① 参见严耕《生态危机与生态文明转向研究》，博士学位论文，北京林业大学，2009年，第53页。

② 参见刘静《中国特色社会主义生态文明建设研究》，博士学位论文，中共中央党校，2011年，第22页。

我国2009年版《辞海》对“文明”有以下几种解释：(1)光明，有文采：如《易·乾》：“见龙在田，天下文明”；孔颖达疏：“天下文明者，阳气在田，始生万物，故天下有文章而光明也”。(2)谓文之教化：如杜光庭《贺黄云表》：“柔远俗以文明，慑匈奴以武略”。(3)指社会进步，有文化的状态，与“野蛮”相对：如李渔《闲情偶寄·词曲下·格局》：“求辟草昧而致文明，不可得矣”；秋瑾《愤时叠前韵》：“文明种子已萌芽，好振精神爱岁华。”旧时亦指时新的或新式的。如：文明戏（早起话剧）、文明结婚。(4)唐睿宗年号（公元684年）。[①] 可见，在我国文化传承中“文明”一词内涵丰富，在不同的语境下其意义有所不同。事实上，在我国古代“文明”一开始并不是与“野蛮”相对的意义，而是“光明、有文采”的意思。另外，“文明”还可以做动词使用，即“开化、教化”的意思。随着社会历史的发展，“文明”一词的用法不断发生演变，到了近代，“文明”才逐渐被人们广泛认为是“社会进步，有文化的状态”之意。

国内研究人员虞崇胜在其研究中对文明的概念进行了统计，将文明的定义归纳为以下13类：(1)文明属于先进的社会体制；(2)文明属于先进的社会文化；(3)文明属于物质层面，文化属于精神层面，文明与文化紧密结合，不可分割；(4)文明属于社会的产物；(5)文明属于人类社会进步、发展的结果；(6)文明是人类适应自然、改造自然的能力；(7)文明属于文化的升华与创新；(8)文明属于个体与社会活动的体现；(9)文明属于最广泛的文化实体；(10)文明属于知识、信息的传播方式；(11)社会所有的内容均包含在文明之内；(12)文明属于人类反抗自然、调节人际关系的成果；(13)文明属于都市化的文化。[②] 美国学者托夫勒夫妇认为，文明一词看起来非常普通，然而不存在任何别的词语富有如此广阔的含义，能够将文化、社

---

① 夏征农、陈至立：《辞海》4，上海辞书出版社2009版，第2382页。
② 虞崇胜：《政治文明论》，武汉大学出版社2003年版，第47—49页。

会、等级、价值观、生活、伦理、发展等不同的领域融合到一起。[①]日本教育家福泽渝吉指出，文明是包含万事万物的，文明这两个字表明人类社会交往逐步调整，它与野蛮不能融合而且不存在任何相似之处。文明一词内容丰富，意义深远，并且处于持续发展演进之中。另外，福泽渝吉还比较了文明的不同定义，他指出文明一方面能够从广义的角度进行阐释；另一方面也能够从狭义的角度进行理解。从狭义层面来看，文明仅指人力增多带来的经济需求（包括衣、食、住、行等方面）的外部表现。从广义层面来看，文明一方面包含寻求衣、食、住、行的良好条件；另一方面它还包含人类修养的提升，即将人类素养提升到较高境界之义。综上可知，“文明”这个词外延较广，内涵丰富，整体来看，它指的是人类社会在发展过程中所取得的经济、文化与制度等方面成果的综合。

从人类社会的发展过程来看，“文明”是伴随着人类进行群居生活以及社会劳动分工而开始，是人类社会初步形成之后产生的一种社会现象，是在物质资料比较丰富的前提下产生的。一般认为“文明”指的是人类所创造的物质财富与精神财富的总和，其中包括文学、工艺、教育、科技等，也是社会发展到一定时期反映出来的整体状态，是人们审美观点与文化现象的顺承、前进、融合与细化过程中所形成的生活形式、思维形式的总和。[②]文明是人类社会的一个基本特点，是人类在了解世界与改造世界的过程中逐渐产生的思想意识与持续提升的人类本性的现实表现。恩格斯曾经指出：“文明是实践的事情，是社会的素质”。[③]在这里，恩格斯特别指出了文明的现实性与社会性。文明的过程指的是人们利用不同的模式所实现的对个体、社会、自然的劳动改造。借助于劳动改造得到的事物均属于文明成果的范畴。总之，文明是与野蛮相对的，是人类走出野蛮时代以后的社会发展程度和进步状态，是人类社会前进发展的重要标志。

---

① 参见张慕葏、贺庆棠、严耕《中国生态文明建设的理论与实践》，清华大学出版社2008年版，第139—140页。

② 彭跃辉：《只有一个地球：基础篇》，中国环境科学出版社2012年版，第29页。

③ 《马克思恩格斯文集》第1卷，人民出版社2009年版，第97页。

二 生态文明的内涵

据资料考证，在我国最早使用生态文明概念的是著名生态学家叶谦吉。1987年在《真正的文明时代才刚刚起步——叶谦吉教授呼吁开展生态文明建设》一文中，叶谦吉认为，生态文明属于自然与人类之间形成的某种关系，在这种条件下人类在得到大自然馈赠的同时要对自然的发展起到积极的促进作用，在对自然改造的基础上要做到对自然的尊重，实现人与自然的互利共赢。[①] 这是我国学者对生态文明概念的最早界定。叶谦吉从人与自然的关系层面阐明了何为“生态文明”，进而指出人类应该如何对待自然以实现生态文明。这种对生态文明概念界定的“关系说”虽然在很大程度上揭示了其本质，但在表述上尚缺乏深刻性与全面性。

从人类文明的发展历程来看，生态文明是人类实现永续发展所追求的一种社会形态。文明是人类文化发展的成果，彰显着人类社会发展的层次水平。从人类社会的发展与演进的角度来看，生态文明属于全新的文明形式，是在渔猎文明、农业文明、工业文明基础上逐渐发展而来，为了人类种族的延续，我们必须走向以天人和谐为主要特征的生态文明社会。有人形象地对不同时期的文明进行比喻，即农业文明——“黄色文明”、工业文明——“黑色文明”、生态文明——“绿色文明”。人类社会发展的第一个文明形态是渔猎文明。自从人类脱离动物界以后，经过了漫长的原始社会，一般将此时期的文明叫作原始文明或者渔猎文明。在这个时期，人类物质生产行为主要包括采集与狩猎，这两种生产方式均是直接利用自然界中的生物作为人类的生活必需品。人类社会发展的第二个文明形态是农业文明。大约1万年前，人类文明出现了首个关键性转折，人类从渔猎文明时代迈入农业文明时代。此时主导的物质生产方式是农耕与放牧，人类改变了过去依靠自然界现成的食物为生的生存方式，而是利用自己的劳动种植

---

① 刘思华：《对建设社会主义生态文明论的若干回忆》，《中国地质大学学报》（社会科学版）2008年第4期。

粮食与圈养动物来获取生活必需品。人类社会发展的第三个文明形态是工业文明。伴随资本主义生产方式的诞生，人类文明产生了第二个关键性转折，即由农业文明时代进入工业文明时代。此时人们大面积的开采各种矿产资源，高效运用化石能源，开展机械化大生产，而且开始利用工业来改变农业，让农业也有了工业化的色彩。然而，这一时期由于人类对生态环境的破坏式发展和对自然资源的掠夺式开发，工业文明在为人类创造巨大物质财富的同时，也导致了严重的环境污染和资源浪费，从而导致人类的生存和发展濒临种种生态危机。① 环境恶化、资源枯竭、粮食短缺、人口激增等世界性难题，越来越成为制约世界各国发展的巨大障碍。严峻的现实迫使我们对原有的社会发展模式进行深刻反思，只有更新以往的生产方式、生活方式，走人与自然和谐发展的生态文明道路才是人类的正确选择。可以预言，生态文明是未来社会发展的趋势，而迈向生态文明社会的关键在于实现人类生活方式与生产方式的生态化转变。

从具体社会形态下的特定阶段看，生态文明是社会文明发展的一个方面。需要说明的是，根据指代范畴的不同可以将社会文明作广义与狭义之分：从广义的角度看，社会文明强调社会综合水平的提高与开化的程度，是人类改造自然界与人类社会发展所取得的成果之和，是物质文明、精神文明、政治文明、生态文明与狭义的社会文明的融合体。而从狭义的角度看，社会文明指的是和上述几个文明并列的一种文明，是社会建设方面的成果表现。② 从这一意义上说，生态文明是某一社会形态下，社会发展中与生态平衡、环境保护以及可持续发展等相关的一个具体方面，它与物质文明、精神文明、政治文明和社会文明（狭义的）均属于横向社会发展中的一个层面。生态文明属于改善与维护自然环境而取得的成果的综合体现，它主要表现在人和自然的协调发展以及社会生态思想、政策方针、法律制度、生态伦理、

① 李祖扬、邢子政：《从原始文明到生态文明——关于人与自然关系的回顾和反思》，《南开学报》1999 年第 3 期。

② 陈德钦：《论中国特色社会主义文明体系的建构》，《学术论坛》2009 年第 5 期。

文化艺术等方面的提升与改进上，同时还表现在生态环境改良方面。生态文明建设的目标是让经济发展和资源、环境相和谐，形成良性循环，迈入社会经济发展、生活质量提升、人与自然和谐相处的发展轨道，确保人类社会的可持续发展。①

那么，生态文明与其他四个文明是什么关系呢？

物质文明，指的是人类经济生活的改善情况，是物质方面发展进步的形态与成果，重点体现在物质生产的形式与物质生活的提升上。经济发展是物质文明的重要体现，但发展经济不能以牺牲环境为代价，而要以保护环境，节约资源为重要遵循。正如习近平同志所说，我们既要绿水青山，也要金山银山；而绿水青山就是金山银山。② 物质文明为生态文明建设提供强大的经济基础，生态文明为社会经济发展提供必要的环境和资源，两者相互促进、不可分割。精神文明是人类在改造自然、发展经济的过程中所获得的精神、文化成果的集合，体现出的是人类精神层面的发展。在建设精神文明的过程中，精神成果是其主要目标追求，生态文明中改造人们的生态自然观、价值观等方面内容也是精神文明的重要内容。生态文明是精神文明的有机组成部分，如果精神文明中的生态文明不存在，就不存在完整的精神文明。政治文明指的是人类社会政权建设的进步形态与政治发展获得的成果，重点包括政治政策与政治意识两方面的内容。③ 政治文明为生态文明发展提供政治保证和制度保障，生态文明是政治文明发展中的重要内容和重要任务。政治文明的发展与生态文明密不可分，互相促进。狭义的社会文明指的是社会领域的发展水平与社会建设的积极成果，蕴含着多种不同的内容，例如社会主体文明、社会行为文明、社会关系文明、社会观念文明、社会建设文明等。从实现目标上看，生

---

① 向赤忠：《生态文明与物质文明、精神文明、政治文明》，《绿色大世界》2007 年第 Z2 期。

② 李军：《走向生态文明新时代的科学指南——学习习近平同志生态文明建设重要论述》，中国人民大学出版社 2015 年版，第 6—7 页。

③ 张多来、黄秋生、阳晶：《论“生态文明”与“四大文明”》，《南华大学学报》（社会科学版）2007 年第 6 期。

态文明建设的目的是为了实现整个社会的全面文明进步，而社会文明的进步又能够为生态文明的前进奠定基础。可以说，生态文明是整个人类社会持续发展的重要基础和保证，是其他方面文明得以持续发展的基本保障。当生态文明建设落后于其他方面文明发展时，就会阻碍整个社会的发展与进步；如果生态环境恶化到一定程度，人类文明也将难以为继。可见，只有充分重视以绿色环保为主要特征的生态文明建设，将其视为文明体系的关键构成要素，我们所面对的生态环境问题才能真正得到解决①，人类和自然才能从根本上形成和谐发展的局面。

从人类期望实现的蓝图来看，生态文明是人类在正确处理人与自然关系的基础上取得的物质成果、精神成果等方面成果的总和。概念应用和理论表述大多是在这一意义上使用“生态文明”一词。对生态文明概念的界定，学界普遍认同的是潘岳为生态文明下的定义，即“生态文明是指人类遵循人、自然、社会和谐发展这一客观规律而取得的物质与精神成果的总和；是指以人与自然、人与人、人与社会和谐共生、良性循环、全面发展、持续繁荣为基本宗旨的文化伦理形态。”② 可以看出，这一定义内容丰富全面，较为恰切地对生态文明的内涵进行了概括。一方面它明确了生态文明是基于人类正确思想意识而取得的精神与物质成果之和；另一方面也强调了在追求生态文明的过程中，人类应当对社会、自然、人类三者之间的关系进行科学、有效地协调；同时它还对生态文明的发展目标与前景进行了概括。

从国家治理与价值导向方面看，生态文明首先是一种价值理念。一个国家的领导阶级，在国家治理中会以特定的价值观念来指导其执政行为，诸如我国古代的“农本思想”“重农抑商”“民贵君轻”以及当前国家倡导的“依法治国”“科学发展”“执政为民”等思想均是具体历史时期重要的治国理念。生态文明也是当前我国在经济、政

---

① 向赤忠：《生态文明与物质文明、精神文明、政治文明》，《绿色大世界》2007年第Z2期。

② 潘岳：《生态文明：延续人类生存的新文明》，《中国新闻周刊》2006年第37期。

治、社会、文化等领域具有广泛指导意义的一项重要国家发展理念。胡锦涛早在2007年的十七大报告中就提出，要让生态文明观念在全社会牢固树立。建设生态文明，就是要从治国理念的高度上转变过去那种非生态的发展理念和发展模式，走一条可持续的文明发展道路。近年来，我国经济社会发展成就斐然，但以资源环境为巨大代价的粗放式发展模式早已难以为继。转变经济发展方式，努力发展循环经济、低碳经济，积极倡导生态文明、加快企业绿色转型是实现可持续发展的必然选择。党的十八大进一步提出："必须树立尊重自然、顺应自然、保护自然的生态文明理念，把生态文明建设放在突出地位，融入经济建设、政治建设、文化建设、社会建设各方面和全过程。"①因此，生态文明不仅是人们追求天人和谐基础上的成果总和，更是一种重要的治国方略与价值理念。

综上所述，生态文明这一概念内涵丰富，外延广阔，在不同的语境下其内涵有所不同，对此要从多角度、多层面进行探析。从纵向的社会发展形态来看，它与渔猎文明、农业文明和工业文明等概念相并列；从横向社会发展形态来看，它与物质文明、精神文明、政治文明、社会文明相并列；从治国理念层面看，它是一种价值理念与治国方略，是关于人与社会、自然和谐共生的观点、看法；从文明成果的体现形式来看，它还指人类在改造自然、利用自然的过程中所创造的物质财富与精神财富的总和。结合前人的研究，笔者认为生态文明是人类为了实现整个生态系统（包括自然界和人类社会）的平衡稳定与永续发展而在生产生活中自觉践行的以科学发展与和谐共生为主的价值理念与思维方式。需要指出的是，对于生态文明概念的把握一方面需要关注人和自然的协调共生，另一方面更应注重人和自身、人和人、人和社会关系的协调；因为人和自然关系背后反映出的是人和自身、人与人以及人与社会之间的各种复杂关系。

---

① 胡锦涛：《坚定不移沿着中国特色社会主义道路前进　为全面建成小康社会而奋斗——在中国共产党第十八次全国代表大会上的报告》，人民出版社2012年版，第39页。

三　生态文明的特点

特点是一种事物区别于其他事物的属性。对生态文明基本特点的准确把握有利于进一步深刻理解其基本内涵，生态文明作为一种必须贯穿经济、政治、社会、文化发展各方面与全过程的治国方略与价值理念，明确其内涵与特点是落实生态发展理念、加强生态文明教育的前提条件。因此，研究生态文明的特点，具有重要的现实意义和理论价值。

就生态文明的特点而言，当前多数研究者均立足于社会形态和社会发展的角度分析其特点。如有的学者则认为，生态文明具有全面性、和谐性、高效性、持续性的特点。①有的学者从文化价值观、生产方式、生活方式与社会结构四个方面分别指出，生态文明的主要特点表现在人与自然关系的平衡；经济社会与环境的协调发展；倡导适度消费、反对过度消费；民主、正义与多样性四个方面。② 有的学者认为，生态文明的特点主要有：范畴的广泛性；形态的高级性；建设的长期性。③ 有的学者则认为，生态文明最根本的特点是生态平等性；生态文明最基本的特点是多元共存；生态文明最显著的特点是循环再生；同时，生态文明还具有现状的差异性和建设任务艰巨性的特点。④还有的学者认为，生态文明的特点表现在：价值观念上给自然以平等态度和人文关怀；实践途径上自觉自律的生产生活方式；社会关系上推动社会走向和谐；时间跨度上的长期艰巨性。⑤

在前人对生态文明特点研究的基础上，笔者认为作为价值理念的生态文明主要有如下三个特点：伦理性、和谐性、导向性。

---

① 郭镭、张华：《生态文明及其发展对策研究》，《贵州环保科技》2003 年第 1 期。

② 钱俊生：《生态文明：对工业文明的反思与超越》，《环境保护与循环经济》2012 年第 11 期。

③ 蒙秋明、李浩：《大学生生态文明观教育与生态文明建设》，西南交通大学出版社 2010 年版，第 5 页。

④ 高吉喜：《生态文明建设区域实践与探索：张家港市生态文明建设规划》，中国环境科学出版社 2010 年版，第 13—15 页。

⑤ 周生贤：《积极建设生态文明》，《求是》2009 年第 22 期。

（一）伦理性

伦理，传统意义上一般是指处理人与人之间关系的各种道德准则。可见，伦理道德通常处理的是人与人之间的关系，而不包括其他生物和非生物。生态文明的伦理性则强调将道德关怀应从社会延伸到非人的自然万物及整个生态环境，而且应将人和自然的关系认定成道德联系。在工业文明时期，人类的主体地位异常突出，自然成为人类改造的对象，因此人们普遍认为只有人类存在价值，其他生物皆不存在价值。故而只需对人使用道德规则，没有必要对其他事物使用道德规则。而生态文明理念认为，人和自然界的其他物种地位平等，均是构成生态体系的一个自然因素。整个生态系统中的主体不只包含人类，也包含其他生物和非生物；不只是人类有价值，其他生物也同样有自身的价值。所以人类应该尊重自然，承认自然价值的存在，对待自然万物应该体现应有的道德准则，同时也要肩负起保护自然的义务。从生态文明的价值理念来看，文明应该从单一的人际伦理交往走向人和人、人和自然之间的多层道德关系。在人类和自然发生某种关系的时候，人类一方面应考虑人类的发展和利益，遵循社会历史的发展规律；另一方面还应考虑自然系统的平衡与稳定，遵循自然界的发展规律。作为未来人类历史发展必然的社会文明形态，生态文明的建设目标就是缓解人和自然的冲突，协调人和自然的关系。而实现人与自然和谐的重点是更新人们的生态伦理意识，逐步摒弃以人类为中心的非生态价值观念。[1] 把环境伦理与生态道德融入社会生活的每个角落，使越来越多的人接受善待自然、关爱环境的理念，从而不断地推动整个社会生态伦理意识的提升。

（二）和谐性

生态文明的和谐性意味着人与自然、人与人和人与社会的和谐共生，它是生态文明的核心要义。在现代工业文明引发的种种生态危机面前，人们逐渐认识到要实现人类社会的永续发展不仅要处理好人与

① 刘静：《中国特色社会主义生态文明建设研究》，博士学位论文，中共中央党校，2011 年，第 24 页。

人、人与社会的关系，更应该处理好人与自然的关系，必须走出人与自然对立的误区，形成崇尚自然与保护环境的发展观念。由于人类本身是自然界的一个组成部分，人类的生存和发展一刻也离不开自然界，实现人与自然的和谐是整个人类社会和谐进步的重要基础。在工业文明时代，人类无视自然规律、肆意破坏生态，在大自然一次次的“报复”下，人类逐渐意识到尊重自然、保护环境的重要性，作为人与自然、人与人、人与社会和谐共生的文化伦理形态，生态文明意味着人和自然及社会的和谐状态。为了达到人和自然共同发展的和谐状态，人类必须学会认识自然、尊重自然规律，自觉维护自然界的平衡与稳定。正如马克思所说：“不以伟大的自然规律为依据的人类计划，只会带来灾难。”[①] 因此，我们应充分了解自然，特别是要认识和尊重自然规律。唯有如此，才能做到依照自然规律来改造和利用自然，进而实现人与自然的和谐。

（三）导向性

所谓导向性，是指具有某种倾向的价值观念或思想意识使受众充实或调整自己的认知结构，指导其行为，从而把其引导到一定的目标上去的功能属性。生态文明具有明显的价值导向性，它的本质内涵体现出自然万物皆有其内在价值，从整个生态系统的平衡与发展来说，所有的自然存在物的价值都需要得到人类的尊重与维护。这要求人们在追求人类自身发展的同时，要保护生物的多样性，维护生态平衡，合理使用自然资源。工业文明时代，人类过分注重物质文明与经济增长而忽视了环境和生态问题，从而造成了环境污染、资源危机和生态退化等严重后果。究其原因就是人们在人类中心主义等错误发展理念指导下用非生态的方式对待自然，现在我们之所以提出生态文明的发展理念就是要转变原来的错误认识和发展方式，倡导人们在发展经济的过程中必须保护环境、维护生态，追求人与自然的和谐共生与良性互动。可见，生态文明在发展理念层面上的导向性在于引导人们用文明的方式对待生态和环境，只有这样才能真正实现天人和谐与人类社会的永续发展。

---

① 《马克思恩格斯全集》第31卷，人民出版社1972年版，第251页。

第二节　生态文明教育的内涵及特点

通过上一节对“生态”“环境”“文明”等概念的梳理与界定以及对生态文明与物质文明、精神文明、政治文明、社会文明之间关系的辨析，我们对生态文明的内涵与外延有了较全面的认识。同时，在综合前人对生态文明概念理解的基础上，笔者从价值理念的视角对生态文明的概念进行了新的界定。本节将在上一节的基础上对本文的核心概念加以分析与界定。为了更全面地理解生态文明教育的内涵，本节还将分析生态文明教育的特点，比较与生态文明教育紧密相关的两个概念。

一　生态文明教育的内涵

对生态文明教育内涵与外延的全面、深刻把握，有利于生态文明教育在实践中的有效实施。但是当前学术界对于生态文明教育的提法与界定并不一致，存在“生态教育”“生态文明教育”“生态文明观教育”和“生态道德教育”等表述。为了更全面地理解生态文明教育的内涵与外延，下文将简述以上几个概念的区别。

1988 年版《社会科学新辞典》中对“生态教育”作了如下解释：主要指热爱自然和保护自然的教育。这是社会生态文明的重要组成部分，是培养全面发展的人的一个重要方面，也是协调社会和自然相互关系的主要途径之一。生态教育的目的在于使青年一代和所有居民能够践行人与自然和谐的文明发展理念，自觉树立认识自然、尊重自然、善待自然的正确态度，并能养成爱护周围环境的习惯和能力。有的学者认为，生态教育主要是指教育主体以人类与自然生态及其他生物的共生共荣关系为出发点，把长期以来形成的道德原则、道德规范从社会领域延伸到自然领域，指引教育客体为人类永续发展而更好地爱护自然、享受生活，自觉形成珍惜资源、保护环境与维护生态平衡的文明思想和整体意识以及相对应的文明行为。生态教育的核心在于揭露人类中心主义的生态价值理念，进而在全社会倡导人与自然和谐共存的生态伦理观念。生态教育的本质是倡导人类用道德观念去维护自然系统与社会系统的平衡与发展，实现生态资源的永续循环使用。它要使教育对象在思想意识中形成一种全新的自然观、生态观、发展观，进而在实践中科学协调人和自然的关系，有计划地限制人类对自然的过分行为。[①] 也有学者认为，生态教育是生命教育的扩展与升华，是将关怀人类生命、关爱人类健康与自由发展的“真”“善”“美”推而广之，普及到整个自然界。

对于“生态文明教育”概念的研究，学界多从实践活动层面进行界定，也有个别学者从学科教学的视角开展研究。如有的学者认为，生态文明教育是指，“在提高人们生态意识和文明素质的基础上，使之自觉遵守自然生态系统和社会生态系统原理，积极改善人与自然的关系、人与社会的关系以及代内、代际间的关系，根据发展的要求对受教育者进行有目的、有计划、有组织、有系统的社会活动，以促进受教育者自身的全面发展，为社会发展服务。”[②] 有的学者认为，“生态文明教育是针对全社会展开的向生态文明社会发展的教育活动，是以人与自然和谐为出发点，以科学发展观为指导思想，培养全体公民的生态文明意识，使受教育者能正确认识和处理人——自然——生产力之间的关系，形成健康的生产生活消费行为，同时培养一批具有综合决策能力、领导管理能力和掌握各种先进科学技术促进可持续发展的专业人才。”[③] 也有研究人员指出，生态文明教育是以科学发展观为指导，以人与人、人与社会、人与自然和谐共生为教育目标，面向全社会所进行的一切有目的有计划的教育实践。[④] 此外，有学者从学科教学的角度认为，生态文明教育是以多学科交叉为特点，目的是激发

---

① 李世东、樊宝敏、林震、陈应发：《现代林业与生态文明》，科学出版社2011年版，第199页。

② 郑清文：《高校共青团构建大学生生态文明教育体系初探》，载北京大学青年研究中心《实践与探索——北京大学学生思想政治教育研究论文选编》，北京大学出版社2009年版，第118页。

③ 陈丽鸿、孙大勇：《中国生态文明教育理论与实践》，中央编译出版社2009年版，第78页。

④ 郭岩：《高校生态文明教育探究》，《教育探索》2015年第10期。

教育对象的生态环保情感，让其明白人类和自然环境的和谐共存关系，提升其保护自然的行为能力，最终树立科学的环境价值观的一门教育科学。[①]

学术界关于生态文明观教育的研究主要以高校大学生为对象，对于这一概念的界定也主要是针对大学生。有学者认为，生态文明观教育是以正确处理人与自然的关系为基点，把科学发展观作为主导理念，目的是要培养具备生态文明观念、生态文明知识、生态文明态度，能够在实践中科学认识和处理自然、社会与人三者的关系，进而养成爱护环境、维护生态、节约资源等文明行为，最终具备较高的综合素质和全面发展能力的大学生。[②] 有的学者从生态文明观的界定引出生态文明观教育的内涵，认为生态文明观是人类基于环境污染、资源浪费、生态危机与经济问题、社会问题、政治问题的认识而形成的一种崭新的文明观念，是人类对过去非生态行为的深入思考，是对当今严重的生态、资源现状深刻反思而获得的一种客观认知。这种文明理念是人类对其所处的社会与自然状况本质的认识与理解，是人类对自身、自然、社会之间关系的理性思考，是对生态文明建设的诸多观念、看法的综合，是生态文明建设的行动指南。它包含生态文明的价值观、发展观、哲学观、科技观、伦理观等。生态文明观的中心是生态文明价值观，倡导把生态和谐的准则作为基本观念与指导理念，来正确对待人和自然、经济、社会等诸方面的关系。在上述观点的指导下开展的教育就是生态文明观教育。[③] 此外，也有研究人员指出，生态文明观念是包含促进人与人之间、人与自然之间以及可持续发展与生态环境保护之间的互利共生、协同进化和发展的观念。人与自然之间需要和谐发展也必须共同发展，这是生态文明观念的核心内涵。因此，生态文明观教育是向教育对象传授生态文明价值观、生态文明法

---

① 于玲：《关于在全社会大力开展生态文明教育的几点思考》，载辽宁环境科学学会、辽宁牧昌工业固废处置有限公司编《创新环保科技　构建和谐社会——辽宁省环境科学学会2007年学术年会论文集》，化学工业出版社2007年版，第267页。

② 段海超：《论大学生生态文明观教育》，《思想教育研究》2011年第10期。

③ 孔德萍：《加强大学生生态文明观教育的思考》，《思想教育研究》2008年第1期。

制观、生态文明消费观、生态文明平等观和生态文明审美观等价值理念的一项综合教育。[①]

生态道德教育，指的是特定的社会或阶层，为了让人类在自然活动中遵守生态道德的规范与准则，主动承担保护自然环境的义务与责任，有目的、有策略地对人类进行整体的生态道德渗透，让生态道德要求转化为人类的生态道德行为的实践活动。[②] 生态道德教育是一种生态教育行为，倡导一种全新的道德观念。它指的是教育主体立足于人和自然相互依存、和谐共生的生态道德观念，指引教育客体为了人类的长远利益和更好地利用自然、享受生活，自觉形成保护自然与生态体系的生态道德理念、思想意识与相应的行动习惯。它要求教育对象从思想上形成一种全新的人生观、发展观与自然观，在实践中做到科学协调人和自然的关系，积极限制人对自然的过度利用行为。[③] 也有学者认为，生态道德教育指的是把生态伦理学的观念转化为人类自觉的行为选择，是以人类独特的道德自控能力调节人和自然的关系以及人和自然幕后的人和人之间的物质关系，维护生态平衡，保护生态环境，推动人、自然、社会的永续和谐发展。[④] 还有学者从道德活动的视角界定生态道德教育，认为生态道德教育是一种崭新的道德教育行为，是教育者以人和自然互相影响、和谐共存的生态道德观为基础，引导广大社会成员从当代人的生活质量与后代人的长远幸福出发，主动养成爱护环境、保护生态的道德意识与文明习惯。其本质就是让教育对象主动地维护生态平衡，保护环境、珍惜资源，从而实现自然与社会的可持续发展。[⑤]

综上所述，“生态教育”侧重于一种中性的生态科学知识传授；

---

① 冯霞：《试论大学生生态文明观教育》，《学校党建与思想教育》2005 年第 9 期。

② 梁兴邦：《医学伦理学概论》，甘肃文化出版社 1996 年版，第 108 页。

③ 周谷平、朱绍英：《生态德育与环境教育之关系探析》，《教育发展研究》2005 年第 2 期。

④ 王敬华：《国内生态道德教育研究述要与思考》，《云南民族大学学报》（哲学社会科学版）2009 年第 6 期。

⑤ 刘振亚：《生态道德教育的理论和实践探索》，《教育探索》2007 年第 2 期。

“生态文明教育”更突出明确的价值导向；“生态文明观教育”则聚焦于观点、看法，个体主观性较强；“生态道德教育”更强调生态领域的道德教化，而这应该是生态文明教育重要内容之一。以上几种表述虽然各有侧重、提法不一，但其教育宗旨和目的是相同的，都是力求通过各种教育方式提高社会成员的生态文明知识水平，使其树立正确的生态文明理念、培养良好的生态文明道德，进而提高整个社会的生态文明素质。整体而论，“生态文明教育”这一提法内涵丰富、导向明确，作为一个在理论与实践中广泛应用的概念更为全面、科学。

结合前人研究成果，笔者认为，生态文明教育是国家根据人的心理发展规律和社会发展要求，通过家庭教育、学校教育和社会教育等途径，向全体社会成员传授生态文明知识，灌输生态文明理念，以使其树立科学生态观，养成生态文明行为习惯，进而成长为生态公民的各种社会实践活动。广义的生态文明教育是指国家对全体公民开展的所有关于资源、环境、生态等方面的教育活动，狭义的生态文明教育是指关于生态文明的教育学科，可以是学校开设的相关课程或专题讲座等。生态文明教育的外延十分广泛，从教育的内容方面来看，它贯穿于德育、智育、体育、美育和生产劳动教育中；从教育的构成要素来看，它体现于教育目标、教育方法、教育内容等方面；从教育的途径来看，它主要通过社会教育、家庭教育和学校教育等渠道落实；从教育的载体与形式等来看，课堂教学、网络媒体、生态文明主题活动、生态文明教育基地，生态旅游资源、生态环保文艺作品和相关学术论坛等都对社会成员具有积极的教育作用。

从上述概念的界定可知，生态文明教育的核心主体是国家，客体是全体社会成员。需要指出的是，生态文明教育者首先也是这一教育的对象。具体来说，生态文明教育的主体有国家各级教育行政部门、学校、企事业单位、非政府组织、专兼职教师等；教育客体，严格来说是全部社会成员（包括在我国居住的外国友人），其重点对象是政府领导干部、企业经营管理者和学生群体。因为各级政府领导干部是国家及地方发展政策的具体制定者及推行者，其行政决策的科学性关系到国家及地方社会发展的方向和水平，各级政府部门人员的生态文明素质能够影响国家生态文明理念的落实以及相关政策的制定；而企业从业人员，特别是企业管理者，拥有较大的生产、经营自主权，其发展理念与环保意识对环境质量的改善与社会经济的发展质量具有重要影响；学生群体作为国家未来的建设者与接班人，他们的生态素质与行为能力在某种程度上决定着未来国家的发展方向和质量。

二　生态文明教育的特点

生态文明教育作为一个新兴的教育领域，它除了有教育的共性外，还有其自身的特点。具体来说，生态文明教育有如下特点：

（一）突出的公益性

众所周知，教育是一项社会公益性事业，这种公益性是由教育的基本属性决定的，也是我国法律明确规定的。“所谓教育的公益性，是指教育的这样一种性质，即它所提供的产品或服务只能由人们共同占有和享用。从受益范围及主体上看，这种利益具有公共性、社会性、整体性；利益主体是公众、社会、国家、民族、乃至于整个人类，而决不限于社会成员中的某一个体。”① 对于生态文明教育来说，其公益性更加突出。相对于其他方面和类型的教育来说，生态文明教育的受益主体除了受教育者本人外，更能体现其全民公益性。因为生态文明教育通过提高个体生态文明素质和实践能力，为“资源节约型”社会和“环境友好型”社会的创建提供人力资源和人才素质，从而有效促进“两型”社会的构建。清洁的空气、干净的水、健康的食物、优美的环境等公共资源是保障所有社会成员生产生活的基本条件。我们每一个人都生活在同一个社会生态系统中，个人的生存与发展同整个社会整体状况息息相关，在这个巨大的社会网络中，每个人都必然与其他社会要素发生直接或间接联系。如果整个社会生态系统遭到人为破坏，诸如雾霾严重、水污染加剧、沙尘暴肆虐……生活在其中的任何人都难以独善其身。相反，如果每个人都能以环保的意识

---

① 邢永富：《教育公益性原则略论》，《北京师范大学学报》（人文社会科学版）2001年第2期。

和节约的理念指导自己的日常行为，那么，绿色环保的社会公共环境将让所有社会成员受益。这一目标的实现需要生态文明教育通过各种方式和途径提高社会成员的生态文明素质。在这一过程中，生态文明教育的公益性显而易见。

（二）对象的全民性

生态文明教育的对象不仅涉及国家机关、企事业单位和社会组织，更涉及每一个具体的公民。保护生态环境，不仅需要掌握生态科学技术的专业人才，更需要大量具备较高生态素质与环保意识的普通公民；生态文明教育呈现全民性的特征，它是一种需要在全社会面向每一个人的普及教育。由于生态环境质量的好坏与社会个体的思维方式、生活方式及生产方式密切相关，因此，生态文明建设只有得到所有社会成员的关心、参与和自觉行动，才能从根本上解决我们面临的资源环境问题。任何社会成员都需要与他人、资源和环境进行物质和能量的交换，与之发生千丝万缕的联系，而其行为会对社会生态环境产生各种影响。如果一个人的生态文明素质低下，缺乏生态道德，没有生态理念，那么，他的行为方式很可能对生态环境造成破坏性影响。现代社会中，人们对资源的掠夺性开发，对野生动植物偷猎滥采，对水、电等能源的大肆浪费，对空气、水、土地的严重污染等行为，在某种程度上是社会公众的生态文明素质低下所致。所以，有必要把生态文明教育融入我们生产、生活的全过程与各方面，包括企事业单位、家庭、城市、农村等。生态文明教育对象涉及每一个人，大到国家领导人小到普通民众，从幼儿园的儿童到敬老院的老人都是教育的对象，当然也包括在我国短期或长期居住的外国公民。总之，只要有人生活的地方就应该开展生态文明教育，必须唤醒每一个社会成员的生态文明意识，让全社会共同关注生态环境问题。

（三）时间的长期性

生态文明教育的长期性主要表现在两个方面。从个人角度来看，生态文明教育是针对全体社会成员开展的一项终身教育，这一实践活动应该贯穿于每个人的生命始终，是一个长期的过程。在不同的年龄段，由于人的认知水平与生活环境不同需要接受不同层次的生态文明教育，以符合个体身心发展规律和社会现实需求。因为每个人的生命历程在各个阶段都要与社会、环境以及他人发生不同层次与种类的关系。同时，生态文明教育的内容、方式与途径会随着科技进步与人类实践的发展而不断更新，这也是公民必须终身接受生态文明教育的一个重要原因。从国家角度来看，生态文明教育作为一项政府主导的全民系统工程在我国刚刚起步，这一教育的发展与完善是一个长期的过程。目前关于生态文明教育的理论研究尚未达到有效指导实践的程度，还需要专家学者进行较长时间的系统研究，理论研究的成熟需要一定的时间，理论转化为指导人们行为方式的行动指南也需要一个较长的过程。而国家在全社会开展一项重大的教育工程需要在体制建构、资金调配、法律规范、配套措施等方面进行周密地制度设计。同时，生态文明教育的实施涉及政治、经济、文化及社会的方方面面，涉及工商、行政、企事业单位的各个部门，实施难度和复杂程度都比较大，这就意味着生态文明教育真正步入正轨需要一个较长的时期。再者，我国人口已超过 13.5 亿，并且文化程度参差不齐、地区状况千差万别，要在全国范围内把所有社会成员囊括在生态文明教育的对象范围之内，对其进行不同层次的生态文明教育，也是一项长期的浩大工程。而难度的艰巨性将会导致教育周期的长期性。另外，生态文明教育的长期性也意味着将其纳入正规国民教育体系之后，国家应该逐渐使其制度化、规范化、常态化，作为一项基本教育制度长期坚持。换言之，生态文明教育将是我国教育制度中长期坚持的一项重要内容，不仅当代人需要生态文明教育，子孙后代同样需要这方面的教育。

（四）理论的综合性

生态文明教育不单单是独立的专业教育，生态问题的解决，需要依赖多领域研究与实践的共同配合。尤其是开展生态文明教育不仅要直接关注人与自然的和谐，更要关注人与人的和谐以及个人自我心理的和谐，生态问题已经是一个严重的社会问题，引起生态问题的原因在很大程度上是人类自身的问题。所以，生态文明教育决非某一学科的任务，而是诸多相关学科的共同任务。从教育主题来看，生态文明教育首先要涉及教育学科的相关理论，尤其是环境教育学和思想政治教育学。其次，从教育活动的内涵来看，教育是培养人的活动，要取得理想的教育效果，达到教育目的必须了解人的心理，这意味着开展生态文明教育还要涉及心理学的相关知识，特别是教育心理学和生态心理学的内容。再次，从理论指导来看，有效的教育实践必然要以一定的哲学理论作为方法论，这涉及生态哲学与生态伦理学方面的相关知识。最后，从与生态文明教育直接相关的自然学科来看，对生态科学和环境科学知识的了解与整合必不可少。由此可见，生态文明教育在理论上吸纳、整合了众多学科知识，具有较强的综合性。此外，生态文明教育的综合性还表现在它对可持续发展教育及环境教育的升级与发展上。与可持续发展教育及环境教育相比，生态文明教育不仅注重生态环境知识与现状的教育，更加突出培养公民的生态价值理念；不仅向公民普及生态文明教育方面的法律法规，更强调公民在实际生产生活中对节能环保技能的应用。

（五）双重的实践性

生态文明教育的实践性表现在两个方面，一方面从教育实施的形式与过程来看，教育本身是一项社会实践活动，生态文明教育也不例外，所以，实践性是生态文明教育的本质属性。通过教育实践，将生态文明知识与理念、行为与技能传授给教育对象，从而使其更新以往不环保的生活方式和生产方式，自觉在生产、生活中真正实现生态化变革。实践是生态文明教育最根本的实施途径。马克思曾指出："关于环境和教育起改变作用的唯物主义学说忘记了：环境是由人来改变的，而教育者本人一定是受教育的……环境的改变和人的活动或自我改变的一致，只能被看做是并合理地理解为革命的实践。"[①] 另一方面，从生态文明教育的目的与效果评价角度来看，社会成员对生态文明理念的实践程度是检验教育目的、评价教育效果的最终标准。受教育者在何种程度上把环保知识和生态观念贯彻、落实到自己的日常生活与生产活动中，就意味着生态文明教育在何种程度上达到了教育目

① 《马克思恩格斯文集》第1卷，人民出版社2009年版，第500页。

的。同时，在生态文明教育的评价与反馈环节，其教育实践状况是对前期教育活动落实情况作出客观评判的主要标准。通过对教育实践情况的反馈，总结前期教育活动的经验与不足，进而为下一步更好地开展生态文明教育奠定坚实的基础。

三　生态文明教育相关概念

生态文明建设、环境教育与生态文明教育关系密切，厘清生态文明教育与生态文明建设、环境教育之间的关系是进一步明确生态文明教育的内涵及其意义的需要。同时，厘清与相关概念的关系是深入研究生态文明教育的一个重要前提。

（一）生态文明教育与生态文明建设

搞清生态文明教育与生态文明建设两个概念的关系，首先要清楚这两个概念的各自内涵是什么。关于生态文明教育的含义上文已有所陈述，下文着重研究一下生态文明建设的内涵。

一般认为，生态文明建设是人类在了解自然与利用自然的过程中，为了达到人和自然、人和社会以及人与人和睦相处的目的，不断消除社会发展过程中的人对自然的消极影响，逐步形成良好的生态运行机制与优美和谐的自然环境的过程。生态文明建设包括软件与硬件两方面的建设。其中软件建设方面包含人的生态思想的形成、生态素养的提升，生态文化的发展和生态文明教育的实施等；硬件建设包含相关的法律法规与政策规章的确立，也包括维护生态、保护环境等方面的基础设施建设。[①]

同时，生态文明建设是一个内涵丰富的庞大体系，它涉及多个不同的领域，根据具体内容的不同，可将其划分成以下几个方面：首先是政治方面，应当树立正确的政治生态观，把生态文明作为政绩考核的一个重要方面，发扬生态民主、推行行政生态化。同时，从生态文明方面对现有的法律法规进行完善与补充，为生态文明建

---

① 刘静：《中国特色社会主义生态文明建设研究》，博士学位论文，中共中央党校，2011 年，第 57 页。

设提供法律保障，从而使生态文明建设成为中国特色社会主义发展道路上新的政治要求；其次是经济方面，以实现经济活动的生态化为最终目标，对现有的产业结构、发展模式进行调整，注重节能环保产业与循环经济的发展，逐步形成可持续发展的增长模式，实现社会经济的生态化发展；再次是文化方面，注重社会文化的生态化氛围营造，积极建设以生态传媒、生态宗教、生态美学、生态文艺、生态教育、生态道德、生态科技等为主要内容的生态文化体系；最后是社会方面，要充分重视生态文明在社会事业中的发展，倡导保护环境、节约资源的社会价值观念，从而逐步形成科学、文明、健康的社会生活方式。①

有学者认为，生态文明建设是一个巨大复杂的系统，包括五个方面：一是生态文明理念在所有社会成员思想上的形成，这是生态文明建设的重要保障，属于精神文明建设的内容。二是生态生产力的发展，这是社会生产模式的本质改变，是建设生态文明的重点工程，属于物质文明建设的组成部分。三是生态文明消费观念的形成及其实践，这是社会生活方式的根本改变，既是物质文明的内容，同时又是精神文明的内容。四是生态体系的建构与修复，环境的改善和生态维护是生态文明建设的基础部分，这种建构与修复仍然不能根治生态环境的恶化，立足于长远，它需要融入生产方式与生活方式的生态化变革之中，这样才能实现对生态环境问题的根本治理。五是生态文明建设的体制机制构建与落实，包含法律、政策规章、文化、伦理、教育等多个方面，其中大部分属于政治文明的范畴。这是生态文明建设的根本保障。②

结合已有的研究，本人认为，生态文明建设是人们在尊重自然、顺应自然、保护自然的生态文明理念指导下，通过转变思想观念、生产方式、生活方式及消费方式，以实现人与自然和谐共生为目的，在

① 陈寿朋：《牢固树立生态文明观念》，《北京大学学报》（哲学社会科学版）2008 年第 1 期。

② 廖福霖：《关于生态文明及其消费观的几个问题》，《福建师范大学学报》（哲学社会科学版）2009 年第 1 期。

全社会开展的一项综合性系统工程，它囊括政治、经济、文化和社会生活等各个方面。

在生态文明建设的路径与对策方面，除了要转变人类的生产方式、生活方式、消费方式以及进行制度建设之外，更为前提与关键的是转变人的思想观念，特别是通过各种形式的生态文明教育向社会成员普及生态文明知识，指导其形成正确的生态文明价值观。原国家环保总局局长曲格平认为，生态文明建设首先要澄清认识、更新观念，其重要途径之一就是要强化生态文明宣传教育制度建设。中国生态道德教育促进会会长陈寿朋认为，目前生态文明建设的主要途径包括：法律规范约束、生态道德引导、普及生态文明教育、开展生态文明活动等。[①] 也有学者提出，生态文明建设首先要培养全体公民的生态文明新理念，要在提高全体公民的生态文明意识、树立生态文明的新观念、倡导生态文明的思维模式等方面下功夫。通过以上分析，可以看出，作为提升人类文明进步的重要力量和传播文明的有效途径，教育对于培养社会成员的生态价值观，推动生态文明建设，具有基础性作用。而生态文明教育的最终目标就是从知、情、意、行等层面，培养人们的生态价值取向，引导其养成正确的生态文明行为习惯。因此，生态文明教育是提升社会成员生态文明素质的重要方式，是为建设生态文明提供合格劳动者的基础工程，是生态文明建设的重要组成部分。

近年来日益严重的生态问题与我国公民的行为方式密切相关。社会成员的诸多不良行为累积在一起，加剧了资源的枯竭和环境的恶化。人们如何约束自己的不良行为，遵守环境法规，维护公共利益，主要取决于国人的生态文明素质和相关行为能力。而社会成员生态文明素质和行为能力的提升主要取决于教育，因此，在建设生态文明的过程中，教育是带动生态文明建设的重要引擎，发挥着强大的动力和引导作用。党的十八大报告明确提出，“必须树立尊重自然、顺应自然、保护自然的生态文明理念……加强生态文明宣传教育，增强全民

---

① 陈寿朋：《在全社会牢固树立生态文明观念》，《经济杂志》2008 年第 7 期。

节约意识、环保意识、生态意识”。① 这正是要求我们积极开展生态文明教育，提高公民的生态文明素质，为推进生态文明建设打下坚实的基础。21 世纪是生态文明世纪，21 世纪的公民必须具备良好的生态文明素养。当代公民是美好生态环境的建设者和受益者，对其进行生态文明教育具有重要的社会价值和个人价值，一方面对于整个社会的文明素养及生态意识的提升具有重要的推动作用；另一方面也对构建社会主义和谐社会和实现社会主义生态文明意义重大。② 所以，进一步加强与改进生态文明教育，提升全体公民的生态素养是应对生态危机、建设生态文明的基础工程。

（二）生态文明教育与环境教育

环境教育和生态文明教育是一对联系紧密又有所区别的概念，也是一对比较容易混淆的概念，不少人简单地把两者混为一谈。下文将从概念内涵的对比方面，厘清两者的关系。

从国际社会来看，环境教育的概念最早是在 1977 年的第比利斯环境会议上为世人普遍认可。这次会议对环境教育的含义进行了详细解释，认为环境教育是教育学科的一类，融合了多种不同的具体教育门类，包括普通的与专业的、校内外各类形式的教育，其侧重点在于实际环境问题的分析与处理。③ 目前为学术界比较公认的环境教育定义是美国环保署给出的，即通过环境教育可以有效地提升人们对环境问题的关注度，更好地完善相关的知识体系，获得全面解决环境问题的能力，以便于给出更为科学、有效的处理措施。国外学术界普遍认为，环境教育是对人们周围环境的认识、理解、保护和改善活动，其中对环境的保护教育在整个环境教育中是最为核心的内容。④ 在我国，有学者认为，“所谓环境教育，就是在人与环境关系理解的基础上，

① 胡锦涛：《坚定不移沿着中国特色社会主义道路前进　为全面建成小康社会而奋斗——在中国共产党第十八次全国代表大会上的报告》，人民出版社 2012 年版，第 39—41 页。

② 王学俭、宫长瑞：《生态文明与公民意识》，人民出版社 2011 年版，第 101 页。

③ 徐辉、祝怀新：《国际环境教育的理论与实践》，人民教育出版社 1996 年版，第 31—32 页。

④ 刘伟、张万红：《从“环境教育”到“生态教育”的演进》，《煤炭高等教育》2007 年第 6 期。

以保护环境、提升人们的生活质量为目的，通过教育手段而进行的提高人们的环境意识、普及环境知识和法规、发展解决环境问题技能的过程。”① 也有学者指出，环境教育是以多学科交叉为特点，以培养教育对象的环保思想，使其更为深入地认识自然与人类之间的关系，以有效提高处理环境问题的能力，树立正确环境价值观念与环保意识的教育学科。②

通常认为，环境教育的目的在于进行环境保护，能够使受教育者正确地认识自然与人类之间的联系，从而有效提升其处理环境问题的能力。环境教育的目的包含如下两个方面：其一，通过教育让公民掌握有关环境方面的知识，提升其处理环境问题的能力；其二，通过教育，使受教育者在人和自然的关系方面形成积极的态度与科学的认知，从而促使所有社会成员共同维护人类赖以生存的自然环境。③ 从学校教育方面来看，环境教育主要引导学生接近自然、关爱自然，使其关注家庭、学校、社会乃至世界的各种环境问题，正确处理个人与社会、自然之间的关系，帮助学生学习人和自然和谐共存方面的知识、技能，培育学生对自然友好的情感、态度与价值观念，指引学生选取对环境有利的生活方式。学校环境教育的根本目的是让教育对象形成与环境友好相处的行为习惯，也就是在多种与自然环境有关的行为中主动选取对环境有利的行为。国际上，尤其是欧美国家的环境教育，特别注重参与保护与治理环境、积极倡导环境友好型行为，并把其视为环境教育的核心。环境教育应该更注重行为方面的教育，使学生养成正确的环境行为习惯。④

结合前人的研究成果，笔者认为，环境教育的概念可以从不同的层面来界定，广义的环境教育是指通过各种教育方式与途径使人们了

---

① 刘湘溶：《人与自然的道德话语：环境伦理学的进展与反思》，湖南师范大学出版社 2004 年版，第 196—197 页。

② 徐辉、祝怀新：《国际环境教育的理论与实践》，人民教育出版社 1996 年版，第 35 页。

③ 王良平：《加强生态文明教育，把环境教育引向深入》，《广州师院学报》（社会科学版）1998 年第 1 期。

④ 周谷平、朱绍英：《生态德育与环境教育之关系探析》，《教育发展研究》2005 年第 2 期。

解环境，保护环境，培养环境意识，获得环境知识和技能，从而有助于人与环境关系改善的各种教育活动。狭义的环境教育是一门以跨学科教育和实践活动为主要途径，旨在传授环境知识，培养环境技能，树立正确的情感态度价值观，提升环保意识的教育学科。这里主要是从广义上区分生态文明教育与环境教育的异同。

从历史发展来说，我国环境教育正式发端于20世纪70年代，而生态文明教育是随着环境教育、可持续发展教育的深化在21世纪初才被人们广泛关注。一方面，环境教育是生态文明教育的前身，因为在环境保护与行为引导等方面两者有诸多共同之处，但是生态文明教育比环境教育更全面，更能体现天人和谐的整体价值理念；另一方面，生态文明教育是环境教育理论与实践发展的必然结果，环境教育基本包含于生态文明教育之中。具体来说两者的区别在于：首先，环境教育侧重于环境科学、环保知识、环境现状、环保方法和技能的传授，重客观知识的灌输，轻价值观念的引导；而生态文明教育则具有明显的价值导向性，它不仅是关于生态方面的客观知识教育，而且是有利于人与自然和谐相处，良性发展的价值观教育。其次，“生态”一词的内涵与外延远大于“环境”。由上文可知，生态是包括人类在内的所有生物与其周围环境的关系及其生存状态；而环境是指某一主体（主要指人类）周围与其发生联系的所有事物（这里主要指自然事物）的总和。显然，“生态”一词的内涵与外延远大于“环境”，因为生态的概念中涵盖了环境的内容指向，同时所有主体的环境都是特定的生态系统中的一部分。从这一意义说，生态文明教育包含环境教育。最后，“环境”一词只有针对某一主体来说，才有具体的指向内容，通常所指的环境大都是针对人类来说的，这就难免人类中心主义的价值倾向；而人类在整个生态系统中和其他生物一样，只是其中的一员。相比之下，生态文明教育更能体现万物平等，天人和谐的价值取向。

综上所述，相对环境教育来说，生态文明教育更侧重于对教育对象进行人与自然关系方面的价值观教育，注重以生态伦理道德调节人们生产生活中的行为，进而通过人的生态文明素质的提升促进人与自然的和谐发展。生态文明教育更多的是价值观的教育，是使受教育者树立正确的生态道德观的教育。有效解决生态环境问题，达到人类和自然的和谐发展，固然需要政策、规章、法制等方面的保障，然而，更为重要的是将人类和自然的关系纳入伦理道德的范围，充分利用生态道德的约束力，通过其内心信念和道德准则来规范人们的活动，以保障人类与自然的和谐共存。进行生态文明教育，培养生态价值观念，对于人类和环境的长远利益与长足发展意义重大。它不仅拓宽了人类的责任范围，为人们正确认识自然的价值与作用提供了崭新的视角，而且将社会个体的一言一行均置于“人类、社会、环境”这个大的坐标系内，从而使人类必须慎重考虑和积极应对人与自然的关系，同时，务必把人类行为对生态环境的影响以及人类对自然万物的生态责任与义务作为行为选择的重要标准。[①] 总之，在全球生态系统渐趋失衡、生态环境日益恶化的今天，生态文明教育比环境教育更全面、更有意义，更值得普及与实施。

---

① 周谷平、朱绍英：《生态德育与环境教育之关系探析》，《教育发展研究》2005 年第 2 期。

第二章 中国生态文明教育的发展历程与现状

我国生态文明教育以环境教育为前身，在可持续发展理念的指导下不断丰富发展，并于21世纪初转向真正意义上的生态文明教育。从20世纪70年代国内环境教育发端开始，我国生态文明教育经历了40多年的发展历程，取得了显著成绩，同时还存在不少问题与不足。在看到成绩的同时，更应该看到问题、分析成因，为下一步解决问题、弥补不足做好准备。本章将在梳理我国生态文明教育产生、发展并走向成熟过程的基础上，探明当前我国在生态文明教育取得的成绩和存在的问题，进而深入分析各种问题产生的原因。

第一节 中国生态文明教育的发展历程

马克思主义哲学认为，“事物的发展是一个过程。一切事物，只有经过一定的过程，才能实现自身的发展。”[1] 任何事物都有一个渐进的自我发展过程，我国生态文明教育同样经历了一个不断发展与完善的过程。本节将按时间先后顺序为我国生态文明教育的发展轨迹进行梳理。

一 环境教育阶段（1972—1992）

相对于我国官方文件中正式提及的“生态文明”概念来说，似乎

---

① 本书编写组：《马克思主义基本原理概论》，高等教育出版社2007年版，第36页。

生态文明教育起步较晚。但从我国公众环保意识的萌芽及环保宣传的实践来看，实际上20世纪70年代初期，以环境保护教育为主题的生态文明教育就已经开始起步了。生态文明教育的起源，究其根本，可以从对环境相关的教育开始。从某种意义上讲，这一时期的环境教育实质上就是生态文明教育。可以说，从20世纪70年代初国家派团积极参加"联合国人类环境会议"，到20世纪90年代末联合国《21世纪议程》的通过，我国生态文明教育在"环境教育"这个起步阶段，就缓缓潜行了20多年。历程虽然艰辛，但却为我国生态文明教育的进一步快速发展，打下了坚实的基础。

（一）积极参加"联合国人类环境会议"

1972年，我国政府派代表团参加了在瑞典首都斯德哥尔摩召开的首届联合国人类环境会议，在这次具有开创意义的国际环境会议上通过了纲领性文件《人类环境宣言》。通过各国与会代表的协商探讨，这次会议形成了一个重要的国际共识，即"我们在决定在世界各地行动时，必须更加审慎地考虑它们对环境产生的后果。由于无知或不关心，我们可能给我们的生活幸福所依靠的地球环境造成巨大的无法挽回的损害。反之，有了比较充分的知识和采取比较明智的行动，我们就可能使我们自己和我们的后代在一个比较符合人类需要和希望的环境中过着较好的生活。"[①] 在《宣言》中特别强调了关于"环境教育"的十九条原则，其中心思想主要是为了社会的持续进步与人类的长远发展，特别强调应当对年轻人，也包括成年人在内的所有人实施环境方面的宣传教育，以提高人们的环境保护意识，增强人们在社会发展过程中对自然环境的责任感和使命感。为了实现社会各方面的协调发展，积极采取措施进行环境破坏与污染方面的危害宣传，同时向人们传授保护环境、改善环境的方法与途径，从正反面相结合的角度加大环保教育的力度。[②] 中国政府派团积极参加这次具有开创意义的国际会议，充分表明了我国政府在对待环境问题及环境教育方面的明确立

① 贾振邦、黄润华：《环境学基础教程》，高等教育出版社2004年版，第341页。

② 王学俭、宫长瑞：《生态文明与公民意识》，人民出版社2011年版，第124页。

场与态度。同时，也标志着我国政府已经开始意识到环境对社会生产生活的极端重要性，意识到环境教育是解决环境问题的重要途径，解决环境问题、开展环境教育是社会发展中的一项基本任务。可以说，从这时起我国生态文明教育业已蹒跚起步了。

（二）第一次全国环保会议正式召开

在联合国人类环境会议的影响与带动下，我国第一次全国性环境保护会议于1973年8月在北京顺利召开，这次会议为我国积极开展环境保护和环境教育指明了方向，具有里程碑意义。根据《人类环境宣言》形成的国际共识，结合我国的实际情况，会议确立了“全面规划，合理布局，综合利用，化害为利，依靠群众，大家动手，保护环境，造福人民”[①] 的环境保护工作方针。同时，在这次会议上制定了《关于保护和改善环境的若干规定》，这一规定就“大力开展环境保护的科学研究和宣传教育”作出了明确要求，为具体实施环境教育提供了政策导向。此次会议不仅表明了我国政府解决环境问题的态度与决心，而且也向全世界作出了庄严承诺，从某种意义上说，也是当时我国政府为“消除污染、保护环境”而向全国人民发出的动员令。国际社会对环境问题的广泛关注和重视以及当时国内存在的各种环境问题直接促成了我国首届环境会议的召开，本次会议最大的意义就在于号召全国人民开始关注环境、重视环保，它既是我国环境保护事业和环保教育工作起步与发端的主要标志，同时也为我国环境教育的理论研究与实践探索开辟了道路。[②] 此次会议的隆重召开，使人们认识到环境污染的危害性与环境保护的重要性，客观上对我国环境教育的健康发展起到了积极推动作用。

（三）以“环境保护”为国策的环境教育继续推进

在我国第一次环境保护会议召开10年之后，第二次全国环境保护会议于1983年12月底至次年1月初在北京召开，在这次会议上，

---

① 中国环境科学研究院环境法研究所、武汉大学环境法研究所：《中华人民共和国环境保护研究文献选编》，法律出版社1983年版，第7页。

② 陈丽鸿、孙大勇：《中国生态文明教育理论与实践》，中央编译出版社2009年版，第34页。

国家把“环境保护”上升到前所未有的高度。时任国务院副总理的李鹏在这次会议上指出，保护环境是我国必须长期坚持的一项基本国策。同时，这次会议还强调要从以下几个方面抓好环境保护工作：一是要求各级领导要高度重视环境保护问题；二是要广泛调动基层社会成员对环保工作和环境问题监督举报的积极性；三是要建立健全环境保护的法律法规，为环保工作提供强有力的法制保障。然而环境保护工作的顺利开展、环保意识在全社会的普及与深入，其关键途径要通过环境教育，大力宣传和普及环境保护知识及其开展环保活动的意义，以不断强化各级领导和人民群众的环境保护意识和环保自觉。这次会议精神对于推进以“环境保护”为国策的环境教育，可谓是一个重要的战略措施，也在客观上推动了我国生态文明教育的发展。

1991年，在第七届全国人民代表大会第四次会议上，李鹏作了《关于国民经济和社会发展十年规划和第八个五年计划纲要的报告》，报告中对“环境保护是我国的一项基本国策”再次作了强调，特别指出：“今后十年和‘八五’期间，要努力防治环境污染，力争有更多的城市和地区环境质量得到改善。要加强环境保护的宣传、教育和环境科学技术的普及提高工作，增强全民族的环境意识。”[①] 做好环境保护工作的重要基础是普及环境教育，提高全民的环境保护意识，对此，国家在政策层面已经给予高度重视。我国环境教育多年来的发展实践证明，在全社会广泛开展各种形式的环保宣传教育是提高国民环保意识的重要途径。

（四）环境教育以不同形式展开

首先，环境教育以社会教育形式为主。我国早期的环境教育实际上主要是由环保部门直接承担。就当时的情况来看，将破坏环境引发的污染问题和影响人民群众正常生活的环境问题公布于众，让更多的人加入保护环境的行列，从根本上提升民众的环保意识，是当时中国环境保护的主要工作。事实上，早在1970年前后，周恩来曾就中

---

① 中共中央文献研究室：《十三大以来重要文献选编》（下），人民出版社1993年版，第1515页。

国的环境污染防治问题，对国家有关部门和地区作过多次指示，要求切实采取有力措施，对遭受污染的中国主要河流展开认真调查和有效治理。20 世纪 80 年代初，国家环保领导小组办公室在全国范围内通知各部门各单位，积极开展形式多样的环境保护和宣传活动。在国家的大力号召下，全国各地开展了两次较大规模的“环境教育月”活动。该活动主要是以“环境政策、环境科学知识以及环保法规知识”为核心宣传内容。按照国家环保领导小组的通知要求，地方各级政府及环境保护部门要通过广播、杂志、报纸等多种新闻媒体，以报告、讲座、展览等不同形式，积极开展环保政策、环保科学及环保法规知识等方面的宣传教育活动。

其次，学校环境教育广泛开展并发挥重要作用。在社会环境宣传教育活动如火如荼地开展的同时，党和国家开始意识到环境教育要从孩子抓起、从青年大学生抓起。一方面，中小学环境教育开始启动，重点是在中小学教育中增加环境保护知识、培养中小学生的环保意识。1978 年年底，针对在全国范围内开展环境宣传教育的方针与策略问题，中共中央专门下发了《环境保护工作汇报要点》的通知，其中明确指出：“普通中学和小学也要增加环境保护的教学内容。”① 为了贯彻落实上述通知要求，国家教育部门在编纂和出版各级各类教材和教育书籍时，有意识地将环境保护的内容写进教材。例如：小学自然、中学地理及生物等课程中加入了关于我国资源环境现状、环境污染的危害及其防治等方面的内容。1979 年下半年，根据国家环境教育科学学会等相关部门的建议，决定将环境教育首先在我国初等教育的幼儿园及中小学进行试点。次年初，为了进一步把环境教育贯彻落实到各类初等教育教学中，国务院在研究讨论的基础上颁布了《环境教育发展规划（草案）》，其中提出把环境教育纳入国民教育计划，将环境教育编入教育规划和教学大纲中，要求在各级各类中小学教育教学中融入适当的环境教育内容。1981 年，在《关于国民经济调整时

---

① 国家环境保护总局、中共中央文献研究室：《新时期环境保护重要文献选编》，中央文献出版社、中国环境科学出版社 2001 年版，第 16 页。

期加强环境保护工作的决定》中，国务院就中小学要大力加强环境教育普及工作作了说明。与此同时，我国环境科学学会环境教育委员会对此专门召开第二次会议，明确要求，在幼儿园、小学、中学普及环境教育势在必行，将环境教育知识普及渗透到各有关学科的教育内容中去。[①] 另一方面，大学及中等专业学校开始启动环境教育，重点在于环境科学及环境教育的学科建设与相关人才的培养。在首次全国环境保护会议之后，我国正式作出《关于保护和改善环境的若干决定》。这一《决定》对我国高等教育方面开展环境教育作了说明："有关大专院校要设置环境保护的专业和课程，培养技术人才。"[②] 在此政策精神的指引下，20 世纪 70 年代初，北京大学率先在全国开设高等教育环境专业及课程。这也标志着我国环境教育开始走向高等教育领域及专业教育领域，开创了环境教育与正规高等教育相结合的先例；清华大学在 1977 年创建了中国第一个环境工程专业；而在 1978 年，北京大学和北京师范大学开始招收环境保护专业研究生，这也是我国教育史上第一批环保专业研究生；1982 年，北京大学还专门成立了"环境科学中心"，主要负责环境科学研究与教学工作的组织和协调。此后全国各地高校纷纷效仿，20 世纪 80 年代初，我国已有 30 多所高校总共创设了 20 多个环境保护方面的专业，从专科到本科、硕士，培养了大量不同层次的环保专业人才。[③]

再次，环境教育辅之以培训的形式。1981 年 8 月，国家环保总局为了提高在职环保人员的业务素质和水平、促进中国环境保护事业的发展，在河北秦皇岛创建了"环境保护干部学校"。这是专门为提高各级在职领导干部及员工环保素质所开设的研修班。同年 1 月，全国环境教育工作座谈会在天津召开，会议指出："把培训提

---

① 国家环境保护局宣教司教育处：《中国环境教育的理论和实践》（1985—1990），中国环境科学出版社 1991 年版，第 358 页。

② 中国环境科学研究院环境法研究所、武汉大学环境法研究所：《中华人民共和国环境保护研究文献选编》，法律出版社 1983 年版，第 11 页。

③ 《中国环境保护行政二十年》编委会：《中国环境保护行政二十年》，中国环境科学出版社 1994 年版，第 297 页。

高在职干部放在环境教育的首位，作为当务之急来抓。”[①] 同年3月，全国职工教育工作会议明确要求，对环境系统各类人员进行教育和培训的同时，还要通过党校或职工培训的形式对成人加强环境知识方面的教育。据统计，截至1982年年末，在全国一共举办了270期管理干部基础培训班，有13000人次参加；而到1983年年末，全国有40多所高等院校总共举办了225期各种类型的短训班，共有6471人次参加。[②]

最后，环境教育通过期刊报纸等媒体渠道在全社会广泛传播。书报期刊等大众传媒是向公众传播知识、灌输理念的重要途径，为了增强环境教育的宣传力度、在全社会普及环境科学知识、唤醒广大民众的环境保护意识，国家相关部门积极创办与环境保护有关的各种报纸、杂志。1973年，在北京创办了《环境保护》期刊；1978年，在广州又创办了《环境》期刊；1984年，《中国环境报》在我国正式创立，它是我国第一份环境保护专业性报纸，其内容覆盖世界各国有关环境保护方面的知识与信息，每年30万份的发行量，无论是权威性还是舆论导向性都很强。从某种程度上来说，这些创办的刊物以及发行的报纸，已经成为我国开展环境宣传教育的重要平台，也在舆论、媒介方面为我国环境教育事业开了先河。

（五）环境教育建设走向规范化

1984年，国务院成立了环境保护委员会。同年，国家环保总局成立，在国务院的直接领导下开展工作，并且国家环保总局专门设立了负责环境宣传和教育的宣教司，其主要职责是对全国环境教育进行综合指导。20世纪80年代末期，一些声名远播的媒体机构，如人民日报社、新华社、国家广电总局以及国家相关教育部门陆续加入了国家环境保护委员会的工作之列，承担起全国环境保护及教育的宣传普及工作。由此可见，国内对环境保护及宣传教育方面的工作，已从单一

---

① 国家环境保护局宣教司教育处：《中国环境教育的理论和实践》（1985—1990），中国环境科学出版社1991年版，第346页。

② 同上书，第23页。

化向多样化和协作化方向发展，同时也标志着国家环境教育的组织机构正式形成。

20 世纪 80 年代后期，我国教育部门在编订《九年义务制教育全日制小学、初中教学计划》（试行草案）时，要求在全国初等教育的各科教学及课外活动中必须融入生态、能源、环保等方面的内容，同时对教学大纲作了相应的要求，并建议有条件的学校可单独开设课程以及加强环境教育的师资培训工作。1989 年，全国部分省市中小学环境教育座谈会在广东召开，试点学校在会上介绍了经验。这次会议在交流探讨的基础上深化了对中小学生开展环境教育任务、目的及作用的认识，强调中小学环境教育的主要目标是提高教育对象的环境知识水平和环境保护意识，提倡全社会资助中小学环境教育，要求各类教育机构尽可能使学生在轻松愉悦的状态下接受形式多样的环境教育。20 世纪 90 年代初，国家教委颁布《对现行普通高中教学计划的调整意见》，其中对中小学的环境教育从教学的角度提出了更高的目标，例如把与环境、资源及人口相关的国情教育纳入小学阶段的地理课程，并要求普通高中开设有关环境保护方面的选修课程。之后，人民教育出版社编写和出版的《环境保护》被作为高级中学选修课教材。①

继《中华人民共和国环境保护法（试行）》颁布实施 10 年之后，《中华人民共和国环境保护法（修改草案）》于 1989 年由国务院和全国人大常委会审议通过并颁布实施。国家《环境保护法》的修订与完善意味着我国环境保护工作及其环境教育事业正逐步走向法制化与规范化的时代。《中华人民共和国环境保护法》第五条针对我国环境教育规定："国家鼓励环境保护科学教育事业的发展，加强环境保护科学技术的研究与开发，提高环境保护科学技术水平，普及环境保护的科学知识。"② 自此之后，我国环境保护工作和环境教育事业有了强有

---

① 陈丽鸿、孙大勇：《中国生态文明教育理论与实践》，中央编译出版社 2009 年版，第 40 页。

② 国家环境保护总局、中共中央文献研究室：《新时期环境保护重要文献选编》，中央文献出版社、中国环境科学出版社 2001 年版，第 138 页。

力的法制保障，环境保护与环境教育走向法治化轨道。

1990 年，《国务院关于进一步加强环境保护工作的决定》中强调，宣传教育部门应当有组织、有计划地进行环境保护宣传教育活动，广泛宣传环境保护是我国的一项基本政策，让环境保护和资源节约的理念深入人心，让更多的人研究环境科学、学习环境保护知识，不断向广大群众普及《环境保护法》及相关法律常识，大力提高社会成员特别是领导干部的环境保护意识，明确保护环境是每个社会公民应尽的责任。高校应将环保相关的专业或课程纳入教育教学计划之中，在初等教育中也应将学习课程与环境保护进行有机结合，以达到广泛普及环境保护理念的目的；在全国各地的干部培训中，应该将环境环保及相关教育作为培训学习的重要方面。[①] 1991 年，在第七届全国人民代表大会第四次会议上，时任国家总理李鹏在强调保护环境是我国一项基本国策的基础上，进一步指出，在全社会广泛开展环境保护的宣传教育，切实提高全民族的环保意识，对于做好环境保护工作至关重要。可见，国家领导层已经认识到环境保护工作的顺利开展需要大力开展环境教育，并把这一思想上升到国家政策层面，从而为进一步加强与完善环境教育指明了方向。

国家各种环境教育宣传机构的建立，环境教育在中小学教育中的日常化、系统化，国家对环保国策的重视与重申，为环境教育提供法律保障等，都说明我国环境教育在党和国家的重视与推动下正在走向规范化。

纵观生态文明教育在环境教育阶段的整体状况，可以发现，环境教育得到了党和国家的高度重视和大力支持，在这一阶段的环境教育过程中政府起到了主导作用，开展教育的形式以社会环境教育为主，环境教育目的明确而内容方法比较单一，环境教育主题化明显，环境教育对象逐步扩大，环境教育体系正在形成，环境教育的领域逐渐由封闭走向开放。

---

① 田青、曾早早：《我国环境教育与可持续发展教育文件汇编》，中国环境科学出版社 2011 年版，第 51 页。

二　可持续发展教育阶段（1992—2003）

20 世纪 90 年代初，可持续发展理念被国际社会广泛接受并成为各国正确处理经济发展与人口、环境、资源关系的重要指导思想。同时，国际环境教育也在可持续发展理念的指导下向可持续发展教育转型。在国际社会的影响与带动下，我国的生态文明教育也开始由环境教育转向可持续发展教育。可持续发展教育是“以跨学科活动为特征，以培养学习者的可持续发展意识，增强个人对人类环境与发展相互关系的理解和认识，培养他们分析环境、经济、社会与发展问题以及解决这些问题的能力，树立起可持续发展的态度与价值观。”① 可以说，可持续发展教育阶段是环境教育发展的必然结果，也是生态文明教育走向成熟的必经阶段。

（一）环境教育向可持续发展教育的转化

1992 年，具有里程碑意义的联合国环境与发展大会在巴西里约热内卢隆重召开。各国代表齐聚一堂共同探讨全球环境问题，在不断交流磋商的基础上，会议通过了一个纲领性文件，即《21 世纪议程》。其中“可持续发展”理念的彰显是《21 世纪议程》最重要的贡献，这一重要理念的提出为世界各国解决环境问题、应对气候变化开辟了新的道路，提供了科学的指导思想。同时，国际环境教育也在可持续发展理念的指导下逐步转向可持续发展教育。1994 年，联合国教科文组织启动了“为了可持续发展的未来的教育”项目。第 2 年，联合国教科文组织在希腊雅典召开了“环境教育重新定向以适应可持续发展需要”地区间研讨会。1997 年，以“国际环境与社会：可持续发展的教育和公众意识”为主题的国际教育与发展大会在希腊第二大城市萨洛尼卡顺利召开，这次会议是对 20 世纪 70 年代以来国际环境教育的阶段性总结，也是对下一阶段可持续发展教育的展望。②

在联合国环境与发展大会精神的影响与带动下，可持续发展理念

---

① 王民：《可持续发展教育概论》，地质出版社 2006 年版，第 34 页。
② 刘经伟：《马克思主义生态文明观》，东北林业大学出版社 2007 年版，第 423—424 页。

迅速在中华大地生根发芽，我国环境教育也在此推动下逐步转向可持续发展教育。我国代表团参加完在巴西召开的环境与发展大会归国后不久，外交部联合环保总局迅速出台了《关于出席联合国环境与发展大会的情况及有关对策的报告》，1992 年 8 月 10 日中共中央办公厅、国务院办公厅转发了这一报告。报告根据联合国环境与发展大会的精神和指导思想，结合我国当时存在的各种环境问题和国民环境意识状况提出了十项整改方案。其中，第八项指出，要积极开展全民环境教育，切实提高广大人民群众的环境保护意识，同时强调各级领导干部要充分认识到环境保护的重要性，切实提高关于经济发展与环境问题的综合决断能力。这一报告也成为我国迈向可持续发展道路的首个专门性政策文件。随着党和国家对可持续发展理念认识的深化和相关实践的深入，我国政府于 1994 年正式颁布《中国 21 世纪议程》（全称为《中国 21 世纪议程——中国 21 世纪人口、环境与发展白皮书》），它是世界上首个国家级"21 世纪议程"，也是指导我国实施可持续发展战略的总纲领。其中，第六章提出在教育改革中要加强对受教育者的可持续发展思想的灌输，在小学《自然》课程、中学《地理》等课程中纳入资源、生态、环境和可持续发展内容；在高等学校普遍开设《发展与环境》课程，设立与可持续发展密切相关的研究生专业，如环境学等，将可持续发展思想贯穿于从初等到高等的整个教育过程中；加强文化宣传和科学普及活动，组织编写出版通俗的科普读物，利用报刊、电影、广播等大众传播媒介，进行文化科学宣传和公众教育，举办各种类型的短训班，提高全民的文化科学水平和可持续发展意识，加强可持续发展的伦理道德教育。[①] 同时，《中国 21 世纪议程》要求把可持续发展理念贯穿于环境教育的各方面与全过程，在教育内容方面实现从单向的灌输环保知识向多层次传授社会发展与人口、资源、环境关系的价值理念转变，超越了环境教育内容就是传授环境保护知识这种认识的局限性。《中国 21 世纪议程》的颁布与落

---

① 1994 年 3 月 25 日国务院第 16 次常务会议讨论通过：《中国 21 世纪议程——中国 21 世纪人口、环境与发展白皮书》，中国环境科学出版社 1994 年版，第 34 页。

实，体现了我国政府走可持续发展道路的决心与整体规划，也是联合国可持续发展精神在我国的贯彻与落实。

显然，我国环境教育在可持续发展理念的指导下，教育的重心与主题逐渐从之前的“为了环境的教育”转化成“为了可持续发展的教育”，把环保意识的普及成功融入“实现什么样的发展”这个时代课题之中。生态文明教育的根本宗旨也从提高全民族的环境保护意识转向培养具备可持续发展理念的现代公民。可持续发展教育的兴起使环境教育走向更宽广的道路，在实践中可持续发展理念可以与人民的现实生活、教育改革乃至社会发展紧密地联系在一起。[①] 这标志着我国可持续发展教育时代的到来，也表明我国在环境与发展方面的教育同国际社会步调一致，我国政府和人民有决心同世界各国一起致力于全球人类与环境的可持续发展。

（二）可持续发展教育的深入发展

首先，在学校教育中环境教育逐步转变为可持续发展教育。在这一阶段，我国中小学可持续发展教育的课程设置，已经形成了以各学科“渗透式”教学为主，单独开设相关课程为辅的可持续发展教育模式。随着可持续发展教育在我国的兴起，人们很快就认识到它的跨学科性和渗透性及与其他学科的相关性，于是全国中小学各门学科中逐渐融入了可持续发展教育的相关知识。环境教育内容不再仅仅局限于环境保护，而是融入了一些新的内容，如新资源、新能源的开发与利用，尤其是清洁生产、绿色消费观等。特别是教育部颁布的《全日制高中地理教学大纲》，把可持续发展引入了正规教育，要求帮助学生形成正确的人口、自然、资源、可持续发展观念。同时，在化学、生物、语文以及数学等其他学科中也渗透了可持续发展教育的内容，在思想品德教育中还把环境观、资源观、人口观作为德育的一个新的重点内容。[②] 1996 年开始，在世界自然基金会等多个国际组织的支持与

---

① 陈丽鸿、孙大勇：《中国生态文明教育理论与实践》，中央编译出版社 2009 年版，第 44—45 页。

② 王民：《可持续发展教育概论》，地质出版社 2006 年版，第 32 页。

合作下，由国家教委牵头在全国中小学范围内开展了以“绿色教育”为主题的活动，人民教育出版社还出版了《中小学可持续发展教育——各学科教学设计指南》。在高等教育方面由于可持续发展理论研究的带动，部分综合大学和师范院校相继建立了资源环境专业并开设相关课程，同时一些与环境教育有关的研究机构开始着手研究与经济发展、环境、生态、人口、资源等相关的课题。在推进基础课程与教材改革工作中，也有部分单位或个人完成了环境教育与可持续发展教育的相关理论研究工作。

其次，可持续发展理念逐步深入到社会环境教育之中。20 世纪 90 年代中期，我国制定了《国民经济和社会发展“九五”计划和 2010 年远景目标纲要》，其中把“可持续发展与科教兴国”作为未来 10 年国家最为重要的发展战略。为了从环境保护方面贯彻落实可持续发展理念，原国家环境保护局于 1995 年编订了《中国环境保护 21 世纪议程》。文件要求在全社会大力开展以可持续发展为主题的宣传教育活动，认为“提高全民族对环境保护的认识，实现道德、文化、观念、知识、技能等方面的全面转变，树立可持续发展的新观念，自觉参与、共同承担保护环境，造福后代的责任与义务”① 等都需要充分发挥教育的积极作用。从 2001 年起，国家环保总局为了通过大张旗鼓地宣传可持续发展教育，激起广大民众重视环境问题、监督环境治理的热情，与中宣部、广电总局共同开展了以可持续发展为核心的环境警示教育活动。2003 年，在《中国 21 世纪初可持续发展行动纲要》中，国务院明确强调：“加大投入，积极发展各级各类教育。强化人力资源开发，提高公众参与可持续发展的科学文化素质。在基础教育以及高等教育教材中增加关于可持续发展的内容，在中小学开设‘科学’课程，在部分高等学校建立一批可持续发展的示范园（区）。利用大众传媒和网络广泛开展国民素质教育和科学普及。加快培育一大批了解和熟悉优生优育、生态环境保护、资源节约、绿色消费等方

① 国家环境保护局：《中国环境保护 21 世纪议程》，中国环境科学出版社 1995 年版，第 244 页。

面基本知识和技能的科研人员、公务人员和志愿者。”①

在这一阶段，我国各级各类教育积极推进可持续发展教育，将可持续发展教育内容渗透到了各门学习课程和教学实践活动中，有效提高了学生的可持续发展意识和参与能力。同时，积极利用各种宣传媒体，向全民普及可持续发展意识，使人们在生产生活中逐渐认识并开始遵循可持续发展的原则。

总之，相对于环境教育来说，可持续发展教育的内涵更丰富、意义更深刻。这一教育理念要求从自然界与人类社会发展的整体出发，使受教育者从实现什么样的发展角度认识环境问题，找到环境恶化的根源，从而为根治环境问题寻求出路。环境恶化在一定程度上是发展带来的负面影响，但是并不是所有的发展都必然导致环境破坏，可持续发展理念所倡导的就是一种兼顾资源环境的良性发展。可持续发展一方面强调了发展的性质和质量；另一方面也突出了其统筹兼顾的发展原则。把可持续发展理念融入教育，在全社会深入开展可持续发展教育是真正实现社会经济可持续发展的重要任务。可见，可持续发展教育整合与发展了环境教育，是对环境教育的超越。

三　生态文明教育阶段（2003 年至今）

2003 年 10 月，胡锦涛在党的十六届三中全会上提出，要树立和落实全面发展、协调发展和可持续发展的科学发展观。科学发展所倡导的可持续发展、协调发展、全面发展及人与自然和谐发展是对可持续发展理念的创新与发展。科学发展观的提出不仅为我国此后经济社会各方面的发展提供了与时俱进的行动指南，同时，也为我国实施生态文明教育，提高国人的生态文明素质指明了方向。在 2005 年的中央人口资源环境工作座谈会上，时任中共中央总书记、国家主席胡锦涛指出：“要切实加强生态保护和建设工作。完善促进生态建设的法律和政策体系，制定全国生态保护规划，在全社会大力进行生态文明

---

① 全国推进可持续发展战略领导小组办公室：《中国 21 世纪初可持续发展行动纲要》，中国环境科学出版社 2004 年版，第 14 页。

教育。"[1] 为了贯彻落实科学发展观，在全社会树立生态文明观念，提高全民的生态文明意识，2009 年国家林业局、教育部、共青团中央决定开展国家生态文明教育基地[2]创建工作，从而为生态文明教育的在全社会的广泛开展提供了平台和途径。2012 年，胡锦涛在党的十八大上再次强调："加强生态文明宣传教育，增强全民节约意识、环保意识、生态意识，形成合理消费的社会风尚，营造爱护生态环境的良好风气。"[3] 可以说，我国的生态文明教育经过环境教育阶段的奠基与培育，可持续发展阶段的促进与成长，开始步入真正意义上的生态文明教育阶段。

（一）建设生态文明社会战略方针的确立

2002 年，党的十六大报告明确将"生态良好的文明社会"列为"全面建设小康社会"的四大目标之一。同时，党的十六大报告中描述了生态良好的文明社会应该具备的特征是"可持续发展能力不断增强，生态环境得到改善，资源利用效率显著提高，促进人与自然的和谐，推动整个社会走上生产发展、生活富裕、生态良好的文明发展道路。"[4] 2003 年 10 月，党的十六届三中全会提出了以"以人为本，树立全面、协调、可持续的发展观，促进经济社会和人的全面发展"[5]为基本内涵的科学发展观。贯彻落实科学发展观要求坚持统筹城乡发展、统筹区域发展、统筹经济社会发展、统筹人与自然和谐发展、统筹国内发展和对外开放。科学发展观的提出，不仅为生态文明教育提

---

① 中共中央文献研究室：《十六大以来重要文献选编》（中），中央文献出版社 2006 年版，第 823 页。

② 国家生态文明教育基地是具备一定的生态景观或教育资源，能够促进人与自然和谐价值观的形成，教育功能特别显著，经国家林业局、教育部、共青团中央命名的场所。主要是：国家级自然保护区、国家森林公园、国际重要湿地和国家湿地公园、自然博物馆、野生动物园、树木园、植物园，或者具有一定代表意义、一定知名度和影响力的风景名胜区、重要林区、沙区、古树名木园、湿地、野生动物救护繁育单位、鸟类观测站和学校、青少年教育活动基地、文化场馆（设施）等。

③ 胡锦涛：《坚定不移沿着中国特色社会主义道路前进　为全面建成小康社会而奋斗——在中国共产党第十八次全国代表大会上的报告》，人民出版社 2012 年版，第 41 页。

④ 中共中央文献研究室：《十六大以来重要文献选编》（上），中央文献出版社 2005 年版，第 15 页。

⑤ 同上书，第 465 页。

供了强有力的理论支撑，而且也为在全社会牢固树立生态文明观念奠定了理论基础。2005 年，党的十六届五中全会提出要全面贯彻落实科学发展观，加快建设资源节约型、环境友好型社会。同年 12 月，我国又颁布了《国务院关于落实科学发展观加强环境保护的决定》，明确提出要加强环境宣传教育、弘扬环境文化、倡导生态文明。2006 年 4 月，在全国第六次环境保护大会上，前国家总理温家宝提出我国环境问题的解决思路：一定要转变发展观念，创新发展模式，提高发展质量，把经济社会发展切实转入科学发展的轨道。

2007 年，党的十七大报告明确提出，把建设生态文明作为我国未来发展的新目标，通过努力要“基本形成节约能源资源和保护生态环境的产业结构、增长方式、消费模式。循环经济形成较大规模，可再生能源比重显著上升。主要污染物排放得到有效控制，生态环境质量明显改善。生态文明观念在全社会牢固树立。”① 可见，党的十七大已经把通过宣传教育在全社会牢固树立生态文明观念作为生态文明教育的重要任务明确提出了。2012 年，党的十八大报告进一步把生态文明建设上升为“五位一体”的社会主义总体建设布局之一，报告指出：“必须树立尊重自然、顺应自然、保护自然的生态文明理念”②，“要加强生态文明宣传教育，增强全民节约意识、环保意识、生态意识，形成合理消费的社会风尚，营造爱护生态环境的良好风气。”③

总之，自党的十六大提出“建设生态良好的文明社会”以来，党和国家在政策层面与实践领域越来越重视人口、资源、环境的协调发展，逐步确立了建设生态文明社会的战略方针。

（二）以生态文明建设为主题的宣传活动广泛开展

自 1993 年以来，“中华环保世纪行”活动在我国每年成功举办。这项活动由国家环境保护局联合中宣部、教育部等 14 个部门共同开

---

① 中共中央文献研究室：《十七大以来重要文献选编》（上），中央文献出版社 2009 年版，第 16 页。

② 胡锦涛：《坚定不移沿着中国特色社会主义道路前进　为全面建成小康社会而奋斗——在中国共产党第十八次全国代表大会上的报告》，人民出版社 2012 年版，第 39 页。

③ 同上书，第 41 页。

展，由中央电视台、人民日报社和新华社等 28 家新闻媒体共同参与，每年基本上围绕着“生态文明建设”这个大主题展开。最近 10 年来活动的宣传主题如下：2008 年的宣传主题是“节约资源，保护环境”；2009 年的宣传主题是“让人民呼吸清新的空气”；2010 年的宣传主题是“推进节能减排，发展绿色经济”；2011 年的宣传主题是“保护环境，促进发展”；2012 年的宣传主题是“科技支撑、依法治理、节约资源、高效利用”。在党的十八大“大力推进生态文明，努力建设美丽中国”的伟大号召下，2013 年“中华环保世纪行”结合我国当前的资源环境现状，把“治理大气污染，改善空气质量”，“保护饮用水源地，保障饮用水安全”和“大力推进可再生能源产业健康发展”作为社会宣传教育的专题和重点。2014 年的宣传主题是“节能减排，绿色发展”；2015 年的宣传主题是“治理水污染、保护水环境”；2016 年和 2017 年均以“大力推进生态文明，努力建设美丽中国”为宣传主题。“中华环保世纪行”活动开展 20 多年来，对我国资源环境等方面的法律法规的宣传普及起到了积极的推动作用，有力促进了广大干部群众环保意识、节能意识及相关行为能力的提高。

2008 年年初，国务院下发《关于限制生产销售使用塑料购物袋的通知》，要求从 2008 年 6 月 1 日起，在全国范围内限制生产销售塑料购物袋。该通知得到广大民众的积极响应，各企业以及民间环保组织都自觉行动起来，纷纷向社会销售、捐赠环保购物袋，以减少白色污染，共建美好生活环境。“限塑令”的实施，极大地提高了广大公众的绿色环保意识，广大消费者开始自觉使用环保购物袋，这样既节能又环保，达到了预期的效果和目的。在第 37 个世界环保日（2008 年 6 月 5 日），联合国环境规划署决定，将 2008 年世界环境日的主题确定为“转变传统观念，推行低碳经济”。我国为响应世界环境日的主题，将 2008 年中国环境日的主题确定为“绿色奥运与环境友好型社会”，并以“办绿色奥运，促进节能减排，倡导生态文明，建设环境友好型社会”作为绿色奥运的核心理念，并以实际行动践行了这一理念。

（三）以生态文明为主题的教育基地逐步建立

为更好地配合生态文明教育，全国各地在环境教育基地建设的基础上，积极推进以倡导生态文明为主题的教育基地建设。在这方面比较突出的当推广州市，该市以“绿色、生态、教育”为主题，创建了绿田野生态教育中心即生态环保专业继续教育基地，并积极开展环境监测和环境科学研究，探索生态良性循环的道路。在这一教育基地的中心区设有小型环境示范工程、清洁能源模型、展览厅等设施；在生态区设有珍稀濒危植物示范区、无公害有机蔬菜种植等试验基地。还有北京的南海子麋鹿苑博物馆，这是一个以普及生态道德为特色的科技教育基地。它既是一个保护麋鹿的生物多样性研究场所，也是一个以开展自然、历史、文化、生态旅游及环保为主题活动的全国青少年科技教育基地和生态博物馆。在这里设有滥伐林木的结局雕塑、世界灭绝动物公墓等，向人们展示了人类与自然和谐的重要性。[①] 此外像内蒙古自治区库布其沙漠亿利生态治理区、河南省云台山国家森林公园、河南省平顶山市白龟湖国家湿地公园等都是国家级生态文明教育基地。这些生态文明教育基地的纷纷建立不仅向公众展示了人与自然和谐的优美画卷，同时为提高公众特别是青少年的生态文明素质提供了平台。

（四）生态文明教育向正规化方向发展

在党和国家的重视与推动下，以科学发展观为指导，我国生态文明教育逐步向正规化方向发展。这种规范化趋势主要体现在环境教育和可持续发展教育在本阶段新的发展和突破上，特别是我国环境基础教育与环境专业教育异军突起。从发展历程来说，环境教育与可持续发展教育是生态文明教育的初级阶段；从教育内容来说，它们又是生态文明教育的重要方面。

首先，我国的环境基础教育在21世纪迎来了发展的新高潮。2003年，国家教育部为了更好地贯彻《全国环境宣传教育行动纲要》，正式印发了《中小学环境教育专题教育大纲》。该大纲积极倡

① 王学俭、宫长瑞：《生态文明与公民意识》，人民出版社2011年版，第137页。

导中小学在各学科环境教育的基础上，以专题教育的形式开展环境教育，同时对环境专题教育的教学活动标准、教学内容作了具体规定。在此基础上，2003 年 11 月，《中小学环境教育实施指南》的颁布，对环境教育的特点、性质、内容、过程、目标以及评价等又作了详细的说明与规定。这一重要政策文件“第一次把为了‘可持续发展的环境教育’融入正规教育体系，使之成为全国学校课程中不可或缺的组成部分，这意味着当时全国 491300 所中小学近 2 亿的学生均开展了可持续发展教育，这不仅对节约资源与保护环境起到了的积极推动作用，更重要的是它增强了我国青少年建设可持续发展国家的能力和信心，有助于培养他们成长为对环境、对社会有责任心的世界公民”①。

其次，环境专业教育成绩斐然。据中国教育和科研计算机网报道：截至 2005 年，在全国共有 200 多所高校开设各类不同层次（含大专、本科、硕士、博士、博士后）的环境教育专业，专业设置呈现出以污染控制和生态保护类为主的特征，向社会输送了数以万计的环境科学专业人才。可以说，培养出的大量环境科学专业人才不仅成为我国环保领域的重要生力军，而且也极大促进了我国环保事业的健康发展。建设生态文明需要教育在全社会普及生态文明理念，也需要教育为环保事业培养大批专业技术人才。而多年来环境专业教育的长足发展及取得成绩也充分体现了这一阶段我国生态文明教育的正规化发展趋势。

（五）树立大国形象，影响世界、教育国人

随着全球气候变暖趋势的加剧和环境质量的不断下降，各国都在积极寻求解决环境恶化的有效途径。多年来，国际社会通过每年一次的联合国气候变化大会进行磋商与谈判，共同寻求解决气候变化和环境恶化的方案与对策。我国作为最大的发展中国家和碳排放总量最大的国家，一直在为解决全球气候与环境问题积极努力，并且勇于承担应有的国际责任，用实际行动在世界上树立了负责任大国的形象。正如前国家总理温家宝在 2009 年哥本哈根气候变化大会上所说：“中国

① 丁枚：《教育部颁布〈中小学环境教育实施指南〉》，《环境教育》2003 年第 6 期。

在发展的进程中高度重视气候变化问题，从中国人民和人类长远发展的根本利益出发，为应对气候变化作出了不懈努力和积极贡献。中国是最早制订实施《应对气候变化国家方案》的发展中国家，先后制定和修订了节约能源法、可再生能源法、循环经济促进法、清洁生产促进法等一系列法律法规；中国是近年来节能减排力度最大的国家，截至今年上半年，中国单位国内生产总值能耗比 2005 年降低 13%；中国是新能源和可再生能源增长速度最快的国家，水电装机容量、核电在建规模、太阳能热水器集热面积和光伏发电容量均居世界第一位；中国是世界人工造林面积最大的国家，目前人工造林面积达 5400 万公顷，居世界第一。"[①] 同时，温家宝在这次会议上向世界承诺，到 2020 年单位国内生产总值二氧化碳排放比 2005 年下降 40%—45%，这对于当时一个拥有 13 亿多人口、人均国内生产总值刚超过 3000 美元的发展中国家来说，是一项非常艰巨的任务。

我们不仅向全世界极力倡导节能减排，而且我们在用实际行动履行我们的诺言。在国内外资源环境压力巨大的形势下，我国政府在 2006 年制定的《中华人民共和国国民经济和社会发展第十一个五年规划纲要》中，向世界和国人庄严承诺：在"十一五"期间要实现"单位国内生产总值能源消耗降低 20% 左右，生态环境恶化趋势基本遏制，主要污染物排放总量减少 10%"[②] 的目标，经过全国人民五年的艰苦努力，我们不仅提前实现了这一目标，而且在某些方面超额完成任务。2011 年，温家宝总理在政府工作报告中自豪地向世界和国人宣布：我们"五年累计，单位国内生产总值能耗下降 19.1%，化学需氧量、二氧化硫排放量分别下降 12.45%、14.29%。"[③] 然而，气候变化和环境恶化问题是一个全球性的问题，问题的解决需要世界各

---

① 温家宝：《凝聚共识 加强合作 推进应对气候变化历史进程——在哥本哈根气候变化会议领导人会议上的讲话》，《光明日报》2009 年 12 月 19 日第 2 版。

② 《中华人民共和国国民经济和社会发展第十一个五年规划纲要》，《光明日报》2006 年 3 月 17 日第 1 版。

③ 温家宝：《2011 年政府工作报告》（全文）（http://www.china.com.cn/policy/txt/2011-03/16/content_22150608.htm）。

国的共同努力，仅靠单个国家的力量是远远不够的。因而，我国政府在身体力行的同时，呼吁各国应积极配合，共同应对这一全球性难题。我国作为第一大碳排放国和全球第二大经济体，越来越成为国际谈判的焦点；我国的发展战略与相关政策也越来越对国际气候谈判进程的全局产生重大影响。在全球控制气候变化的国际合作中，我国一直扮演着积极角色。我国“十二五”规划已将应对气候变化的目标列入约束性指标，党的十八大也明确提出建设生态文明的总体要求。国家发改委副主任解振华在2013年华沙国际气候变化大会上表示，“中国转变发展方式，调整经济结构、产业结构、能源结构，改变消费方式，这些都与国际应对气候变化大趋势相一致。因此，中国政府肯定会是应对气候变化的积极促进者，正在发挥积极、建设性的作用。”①

近年来，我国在国际社会的影响力越来越大，在解决全球气候环境问题上的促进作用越来越明显。作为一个发展中的人口大国，无论是在舆论宣传还是在实际行动上都向世界和国人树立了负责任大国形象。从教育的角度来说，这无形中对世界各国和我国人民具有积极的宣传教育与舆论引导作用。现代通信与网络媒体的高度发达把各国人民紧密地联系在一起，我国政府在国际社会的生态呼声和绿色倡议能在第一时间传播到世界各国，这种跨越国界的生态正义宣言将影响、带动每一个有责任心的世界公民。对我国公民来说，来自政府和社会舆论的生态文明宣传教育作用更加明显，电视、广播、报纸、手机、互联网等多媒体上的海量信息无时无刻不在感染着我们的视听神经，党和国家治理污染、建设美丽中国的时代最强音正慢慢渗透进每一个人的生活。节能减排与绿色发展已经深入到国家的执政理念和各项社会事业中，我国政府在国际社会的生态立场与实际行动对每一个社会成员，特别是对领导干部具有重要的教育和启发意义。

纵观我国生态文明教育在现阶段的发展，从理论层面到实践层面、从政策层面到执行层面、从制度层面到体系层面，生态文明教育

---

① 戚易斌：《华沙气候大会聚焦落实与开启　中国将发挥积极作用》（http://news.china.com.cn/world/2013-11/11/content_30556678_2.htm）。

正逐步深化并走向成熟。

第二节 中国生态文明教育的现状

生态文明教育自20世纪70年代由环境教育发端以来，经历了可持续发展教育的丰富和发展，在理论与实践的深化过程中正逐步走向成熟。立足当前我国生态文明教育的现实状况，分析我们在实施生态文明教育过程中的功过得失，是进一步加强与完善生态文明教育体制机制建设，进而更加富有成效地开展全民生态文明教育，提高国民生态文明素质的重要基础。本节将在阐述当前我国生态文明教育取得的成绩与存在的问题的前提下，重点挖掘这些问题产生的根源，以期为问题的解决探明方向。

一 中国生态文明教育取得的成绩

我国生态文明教育在环境教育与可持续发展教育的基础上，经过40多年的发展取得了一定成绩。生态文明教育在学校教育中健康发展，生态文明理念在家庭教育中逐步深化，生态文明宣传在社会教育中广泛开展。生态文明教育在各方面的健康发展，有效提高了社会成员的生态文明素质，促进了社会经济与生态环境的和谐发展。

（一）生态文明教育在学校教育中健康发展

1980年5月，国家制定了《环境教育发展规划（草案）》并纳入国家教育计划之中，国家教委在修订的中小学教育计划和教学大纲中正式列入环境教育内容，为全面普及环境教育提供了保证。1992年11月，第一次全国环境教育工作会议在苏州召开，宣布我国已经形成了一个多层次、多规格、多形式的具有中国特色的环境教育体系。环境教育内容已列入教育部《中小学加强国情教育的总体纲要》和《义务教育小学和中学各科教育大纲》。2003年教育部先后颁布《环境教育专题教育大纲》和《中小学环境教育实施指南》，它们的实施对我国中小学环境教育的深入开展提出了更高要求，为当时全国约2亿中小学生接受环境教育提供了直接政策依据。据统计，由环保和教育主管部门组织编写的中小学环境教育教材、读本和辅导资料已有50多种版本，发行200多万册。全国有5万多所中小学开设了环境教育课程。很多学校把创建“绿色学校”活动当作学校的发展目标。[①] 我国的环境教育目前主要以学校教育为主，截至2008年，我国现有绿色学校4万多所[②]，初步形成了环境基础教育网络。在高等教育方面，到2005年为止，我国共有200余所高校开设各类不同层次（含大专、本科、硕士博士、博士后）的环境专业教育，而且专业设置呈现出以污染控制和生态保护类为主的特征，向社会输送了数以万计的环境科学专业人才，为我国的环境保护事业作出了重要贡献。[③] 目前，我国高等环境教育专业门类齐全，在学科专业设置方面已逐渐形成包括本科、硕士、博士在内的多层次一级学科教育体系。

（二）生态文明理念在家庭教育中逐步深化

多年来，由于各种生态危机对人们生产生活影响的加深和国家对生态文明的宣传引导，促使社会公众的生态文明意识不断提高。社会公众生态文明意识的提高表现在家庭教育上就是家长开始重视对孩子进行保护环境与节约资源等方面的教育和引导。据有关调查显示，在家庭生活中“经常谈到”环保话题的家庭占19.8%，“有时会谈到”环保话题的家庭的比例占65.6%，合计占调查家庭总数的85.4%，而“从未谈到或没必要谈到”环保话题的家庭的仅占14.6%。[④] 这说明多数家长已经认识到了节能环保等生态理念的重要性，并且能够在日常生活中把这些生态文明理念有意无意地灌输给孩子。2013年，国家环境保护部联合中国环境文化促进会首次开展全国生态文明意识调查，初步调查结果显示，在回答“如果在你家附近建垃圾处理场或垃圾焚烧站，你愿意吗?”这一问题时，约有66%的被调查者选择了

① 刘湘溶：《人与自然的道德话语：环境伦理学的进展与反思》，湖南师范大学出版社2004年版，第204页。

② 周英峰：《全国已创建各级绿色学校4万余所》（http://news.xinhuanet.com/newscenter/2008-12/10/content_10480239.htm）。

③ 黄承梁：《生态文明简明知识读本》，中国环境科学出版社2010年版，第287页。

④ 李久生：《环境教育论纲》，江苏教育出版社2005年版，第203—204页。

"当然不愿意，抗议"；在回答"对于垃圾分类，你的态度是？"时，近81%的被访者选择了"积极配合参与"。而在这一大型调查活动中，主动通过网络参与调查的18岁以下的青少年及儿童约占总数的32%，仅次于参与调查总人数中30—60岁中年人所占的比例（约35%）。[①] 以上几项调查结果一方面说明社会公众具备一定的生态文明素质，大部分人愿意积极投身环保；另一方面说明青少年儿童的生态文明素质也在逐步提高。显然，青少年儿童生态文明素质的提高与家庭生态文明教育密不可分，这充分说明多数家长重视对孩子进行环保与节约等方面的教育。近年来，在日常生活中公众逐渐减少塑料购物袋的使用，积极配合垃圾分类处理，父母长辈的实际行动无形中感染教育了孩子，同时为青少年儿童树立良好的生态文明意识营造了教育氛围、树立了学习榜样。当前，越来越多的家长开始注重培养孩子的环保意识与生态情感，例如假期与周末给孩子更多走进自然、亲近自然的机会，使孩子能够在欣赏自然、融入自然的同时更深刻地理解人类要尊重自然、顺应自然的重要意义。另外，习近平总书记在生活上身体力行勤俭节约的作风也深深地感染了全国人民。国家领导人的榜样示范力量对青少年有重要影响，同时广大家长在言传身教中也会将节俭光荣、浪费可耻的优良传统传输给孩子。

（三）生态文明宣教在社会教育中广泛开展

近年来，生态文明教育在社会教育领域也得到广泛发展，为社会生态文明意识的提升起到了积极的促进作用。社会各界不仅在世界环境日、植树节、爱鸟周、地球日和国际保护臭氧日、世界生物多样性日等纪念日开展各种生态环保宣传活动，而且"中华环保世纪行"每年开展的生态环保教育宣传活动，都对普及绿色生活理念，提高公众生态文明素质起到了积极的推动作用。同时，我国群众性环保组织发展迅速，截至2012年年底，我国已有近8000个环保民间组织[②]，他

---

① 腾讯网：《全国生态文明意识调查问卷》（http://page.vote.qq.com/?id=4484612&result=yes）。

② 刘毅：《我国环保民间组织近八千个　五年增近四成》，《人民日报》（海外版）2013年12月5日第4版。

们通过开展各种社会活动向公众宣传生物多样性、低碳生活、循环经济等生态文明理念，以唤醒普通民众的环保意识，倡导国人养成健康、绿色的生活方式。近10年来，国家生态文明教育基地创建工作顺利开展，每年通过申报评选，授予10个单位“国家生态文明教育基地”称号。这项工作是大力传播和树立生态文明观念，提高全民生态文明意识的重要途径和有效措施，对普及生态知识，增强全社会的生态意识以及推动生态文明建设具有重要的现实意义。自2000年以来，我国已有海南、浙江、山东等15个省份开展了生态省建设，超过1000个县（市、区）开展了生态县的建设，并有38个县（市、区）建成了国家级生态县，1559个乡镇建成国家级生态乡镇。[①]与此同时，我国各地生态城建设也蓬勃发展，其中比较有名的有北京门头沟中芬生态城、天津中新生态城、上海东滩生态城等。生态省建设与生态城建设过程中体现出的生态建设理念和现代绿色发展模式是社会生态文明教育的经典案例，是向社会公众普及生态、低碳、绿色生活理念的生动教材。2011年，环境保护部、中宣部、中央文明办、教育部、共青团中央、全国妇联联合颁布《全国环境宣传教育行动纲要(2011—2015)》（下称《纲要》），本《纲要》对我国未来5年的环境宣传教育工作作了整体规划，提出了本阶段环境宣传教育工作的目标、原则和措施等。《纲要》的颁布不仅是近年来我国生态文明教育工作取得的成绩，同时也为我国未来生态文明教育的健康发展指明了方向，规定了任务。此外，随着节能环保、低碳生活等文明理念在社会成员中的普及，越来越多的城市及企事业单位开展了诸如“双面打印”“人走灯灭”“少乘电梯”“为地球熄灯一小时”“少开一天车”等节能环保活动。上述各种节能环保活动中社会成员参与的主动性与积极性充分说明，近年来我国生态文明教育，特别是社会生态文明教育取得了显著成效，节能环保等文明理念正在为广大民众所接受。

---

① 武卫政：《全国已有15个省份开展生态省建设》，《人民日报》2012年8月27日第1版。

二　中国生态文明教育存在的问题

尽管我国生态文明教育在社会各界与全国人民的共同努力下取得了一定的成绩，但是我们更应该清醒地认识到，我国生态文明教育还存在诸多不足，社会成员的生态文明素质还不能适应推进生态文明、建设美丽中国的需要。当前我国生态文明教育尚存在不少问题，具体来说，这些问题主要表现在以下几个方面。

（一）体制机制不健全、缺乏顶层制度设计

生态文明教育是一项覆盖全社会、涉及每个社会成员的系统工程，这一庞大工程的有效实施需要国家的顶层制度设计和保障其运行的体制机制。尽管在生态文明建设和绿色发展理念的引领下，党和国家一再强调要加强生态文明宣传教育，在全社会牢固树立生态文明观念，以增强全民的生态意识、节约意识和环保意识，但是目前我国生态文明教育在很大程度上还停留在宣传教育层面，尤其是以媒体宣传为主。换言之，当前我国生态文明教育还没有被正式纳入国民教育体系，在学校教育中专门开设生态文明教育课程的还很少，多数教学单位仍停留在口头的宣传教育阶段，而这种宣传教育也大都流于形式。目前我国还没有形成一套指导生态文明教育有效实施的整体规划，保障生态文明教育顺利开展的体制机制还有待完善。生态文明教育作为一项公益事业，其机构设置、隶属关系、职责权益划分等方面国家还没有明确规定。当前我国生态文明教育的管理体制与运行机制，相关政策、法规的制定与执行，国家教育资金、资源的投入与分配，师资队伍与基础设施建设等方面均需国家有关部门从顶层制度设计的高度进行完善。对于如何划定教育、宣传与环保等部门的职责范围，是否需要成立管理生态文明教育的专门机构，以及生态文明教育的内容与目标，生态文明教育实施的法制保障、资金保障与队伍保障等诸多具体运行机制也亟须国家及地方有关部门制定相应政策。

同时，当前我国生态文明教育还没有形成必要的反馈评价机制，尚需进一步发展完善。生态文明教育作为一项实践性较强的社会活动，其目的是让所有的社会成员能够在生产生活中践行保护环境、节

约资源的生态文明理念。生态文明教育的成效如何，在何种程度上达到了教育目的，需要相应的评价反馈机制对前期的教育活动进行有针对性的总结与评价。通过对前期教育过程的诊断与分析，可以从中对原有的教育方案进行改进和优化，以有效指导后期的教育实践。但是，从目前来看，我国生态文明教育还没有建立相关的评价反馈机制，不少学校和教育机构也在积极实施生态文明教育，但是缺少的是对教育效果的评价和教育过程的反馈，这样不但不能对前期的教育效果有客观真实的认识，也不能对后期教育活动提供科学有效的理论指导，最终造成生态文明教育表面形式上轰轰烈烈，实际上效果却不甚理想。显然，当前我国生态文明教育在实施过程中缺少反馈评价的环节，这是理论与实践亟待解决的一大问题。

（二）教育整体效果还不理想、缺乏时效性

近年来，虽然生态文明教育在家庭教育、学校教育和社会教育中得到长足发展，取得了一定的成绩，但是从整体上来看其教育效果并不理想。这主要体现在社会公众的生态文明意识水平及其践行度上。

一方面，当前我国社会公众的整体生态文明素质仍然不高，对生态文明相关常识的知晓度和准确率较低。据 2013 年环境保护部委托中国环境文化促进会开展的全国公众生态文明意识调查结果显示，以百分制计算，我国公众生态文明的总体知晓度仅为 48.2 分。调查中受访者对 14 个有关生态文明知识（包括生态文明、雾霾、生物多样性、能效标识、环境保护法、环境空气质量标准、野生动物保护法、环境影响评价制度、排污收费制度、环境信息公开制度、白色污染、世界环境日、PM2.5、环境问题举报电话）的平均知晓数量为 9.7 项，其中对 14 个知识均知晓的仅占 1.8%。在回答“你了解生态文明吗?”这一问题时，选择“知道的不多”和“没听说过”的被访者约占到 60%—85%。同时，这一调查还体现出社会公众对生态文明知识知晓度准确率低的特点。调查数据显示，受访者对 PM2.5、世界环境日、环境问题举报电话等常识知晓的准确率均在 50% 以下，其中能准确说出 PM2.5 的受访者只有 15.9%。[1]

另一方面，我国公众当前生态文明理念的践行度较低，知而不行的现象较普遍。全国公众生态文明意识调查小组对“随手关灯和水龙头”“抄近路践踏草坪”“买不需要的东西”“向身边人宣传环保”“出行方式”“扔垃圾”“外出就餐”“超市购物”“夏天开空调”“举报污染环境行为”10 项生态文明行为践行度进行调查，以每道题 10 分，总分值 100 分计算，得到公众总体践行度分数为 60.1 分。[2] 可见，当前我国公众生态文明理念的践行度还不理想。在日常生活中很多人并不是不知道如何做有利于节能环保，多数情况下大家是知而不行。比如垃圾分类、购物不使用塑料方便袋等行为有益于环保，乘坐公共交通工具、选用节能家电有利于资源节约，但是具体到个人身上，大家大都出于行为选择的成本和怕麻烦的思维惯性而选择各种非环保的行为方式。这也是当前我国生态文明教育要解决的一大问题，即不仅要让公众“知”，更重要的是解决“行”的问题。

（三）师资力量严重不足且缺乏专业性

教师素质是搞好生态文明教育的关键。只有在教师的正确引导下，教学内容所具有的教育价值才能纳入学生的认知结构中，形成一定的生态道德观和价值观。对生态文明教育内容的选择，对教学方法的运用，对整个教学过程的调节和控制无不依赖于教师。因此，教师在生态文明教育中的主导地位，对学生生态文明意识地提高和相关行为能力的养成具有不可替代的作用。教师生态文明意识水平的高低直接影响生态文明教育工作的顺利开展和成效显微，具备较高生态文明素质和教学能力的师资队伍，对提高生态文明教育水平起着重要的推动作用。正如世界环境与发展委员会布伦兰特在 1987 年指出的，教师在协助实现全面的社会转变，谋求可持续发展方面，扮演着一个关键的角色。[3]

---

① 环境保护部宣传教育司：《全国公众生态文明意识调查研究报告》（2013 年），中国环境出版社 2015 年版，第 30—32 页。

② 同上书，第 37—38 页。

③ 参见崔建霞《公民环境教育新论》，山东大学出版社 2009 年版，第 50 页。

随着党和国家对生态文明建设重视程度的加深，作为生态文明建设的基础工程，生态文明教育越来越受重视。但是，生态文明教育的体制机制还不完善，特别是从事生态文明教育的施教力量较为薄弱，并且各领域的师资队伍专业水平较低。由于全体社会成员均应是生态文明教育的对象，全国十几亿人口需要通过不同的途径接受生态文明教育，这需要大量的师资队伍，而我国生态文明教育起步晚、发展还不成熟也造成了当前师资力量紧缺的现状。从学校教育来看，目前生态文明教育工作主要依靠物理、化学、生物、地理、自然等学科的教师兼任，而生态文明教育专业教师仅能满足部分高等教育的农林、资源环境学院的需要。尽管在中小学从事生态文明教育的教师大多数接受过相关培训，但他们缺乏生态环境知识及生态价值观等方面的专业知识，教学中往往局限于本专业的教育内容，而把生态文明知识和绿色发展理念作为所教学科的内容延伸或附加内容。同时，由于教师本身专业知识的缺乏，渗透相关教育内容时，多数是生搬硬套或者照本宣科，难以获得预期的教育效果。虽然近年来各层次教师生态文明教育培训活动举办的次数和参加的人数越来越多，但与社会对生态文明教育教师的需求相比仍然相差甚远，还难以满足当前生态文明教育发展的需要。[①] 而家庭生态文明教育和企业生态文明教育中的师资力量就更难以适应社会发展的需要了。

（四）学校教育重知识灌输而轻素质培养

学校教育作为生态文明教育的主阵地、主渠道，在普及生态文明理念，培养生态文明建设人才方面具有不可替代的地位。但当前我国学校教育在生态文明教育方面存在重知识灌输而轻素质培养的倾向。从基础教育的中小学情况来看，我国目前生态文明教育多集中在单一的生态文明知识教育和生态危机教育上，而缺乏深入和系统的生态道德教育，还没有完全将生态文明教育融入人文素质教育中，也未从人口与资源、环境与发展的层面认识生态问题，更未从人类可持续发展的高度上审视生态问题。常常以“环保教育”“环境教育”代替生态

---

① 马桂新：《环境教育学》，科学出版社 2007 年版，第 83 页。

文明教育（生态文明教育与环境教育有重大区别，前文已论），学校的生态文明教育大多停留在地球日、爱鸟周、世界环境日等特殊的日子，以“拉拉条幅，喊喊口号”为主。这样做虽然具有一定的宣传教育意义却没有从根本上挖掘生态文明教育的灵魂，即生态伦理道德教育，忽视了树立正确生态价值观的重要性，从而使教育的实效性大打折扣。因此，为使生态文明教育能够取得突破性进展，在教育过程中补充和强化生态道德方面的内容显得十分紧迫。应加强从道德视角审视和指导生态文明教育，强化生态伦理学对生态文明教育的基础和指导作用。①

从我国高等教育来看，多数高校还没有把提高学生的生态文明素质作为人才培养的一项基本目标来重视，还没有把生态文明素质看作学生素质教育的一个重要组成部分；尚未把基础的生态文明教育课程列为所有大学生（大专生、本科生、研究生）必修的公共课，未能对在校学生进行广泛的生态文明素质提升教育。虽然目前大多数综合性大学及理工科院校设有资源环境学院，并开设生态学、水资源工程、环境科学等专业课课程及公共课程，但这些课程主要是自然科学层面的知识灌输、专业技能培养，重点向学生讲授环境、资源、生态等的自然属性及物理意义，而很少涉及人与自然关系及生态价值观的培养。这种状况的存在，主要与我国生态文明教育过分重视知识、技术教育，而忽视人文素质的全面提高有关，重视“授业”，而忽视“传道”。建设生态文明、推进绿色发展，不仅仅需要我们的教育培养科学家，而且还需要培养思想家、政治家、社会学家、社会咨询家以及环境和政治决策的积极参与者和问题解决者。② 这就要求我们的教育特别是生态文明教育必须超越技术和知识教授层次，提升至生态文明意识、态度、价值观、环境伦理的培养高度。

（五）教育方法单一、缺乏实践参与性

当前我国生态文明教育的方式方法整体上还较为单一，受教育者

① 崔建霞：《公民环境教育新论》，山东大学出版社 2009 年版，第 46 页。

② 同上书，第 48 页。

的实践参与性明显不足。在家庭生态文明教育方面，家长对孩子的教育多是躬身示范的榜样教育法。父母在家树立节能环保、讲究卫生的良好榜样固然能在一定程度上引导孩子效仿学习，但若仅靠这一种教育方法对孩子进行生态文明教育，教育效果就不甚理想。从社会生态文明教育来看，其教育方式主要是通过舆论宣传和活动宣传向公众传播生态文明理念。这种宣传教育方式的效果更多的是体现在让社会公众对生态文明“知”的层面，而距离“行”还有较大的差距。在学校生态文明教育中占主导地位的仍是传统的课堂讲授法，其他方法运用较少。讲授法是各科学习必不可少的一种方法，它在传授知识方面具有优越性。但讲授法对学生来说是被动地接受知识，实践性和参与性严重不足。因此，单一的教学方式会直接影响生态文明教育的教育效果。

德国环境教育协会和教师培训中心的赫尔曼教授研究发现：在学校传授的环境知识，大约只有10%可以转化成环境意识，而环境意识和对环境友好的行为之间也只有约10%的转化率。据此他认为更多地传授知识并不一定意味着行为的改变。知识到行动只有1%的转化率。什么才是从知识到行动的有效方法呢？根据他的研究：阅读可以转化10%，通过听可以转化20%，边听边看可转化30%，讨论可转化50%—60%，动手去做可以转化75%，向别人讲述可以转化90%。[①]因此，生态文明教育在实践中必须采用讲授、视听、案例讨论、演讲和实践参与等多种教育教学方法。

生态文明教育的落脚点不仅仅是让学生掌握一些生态环保方面的知识，更重要的是培养学生的生态文明意识、态度、技能并最终形成相应的行为习惯。从心理学来看，多样化的有效刺激方式可以加速人们行为习惯的养成。从生态文明教育本身固有的实践性、跨学科性和参与性等特点来看，要取得良好的教育效果，也必然要求其教育形式多样化，教学方法更加开放实用。随着生态环境问题的凸现，世界各国都逐渐认识到，单纯理论知识的传授远远不够，必须重视生态文明

① 崔建霞：《公民环境教育新论》，山东大学出版社2009年版，第51—52页。

教育中教学方法的开发，努力探索新的教学方式以有助于教育对象把生态文明认知转化为生态意识和实际行动。其中最重要的是要让学生参与其中，亲自实践。为了实现这一目标，生态文明教育内容就要趋向本地化和实际化，即注重从学生身边能见到、可感知的事物起步，如垃圾、污水、森林、交通、能源、住宅等。[①] 因此，要提高我国生态文明教育的实际效果，注重教育对象的实践参与环节至关重要。一方面，学校要因地制宜为学生提供生态文明教育活动的基础设施；另一方面，社会要为生态文明教育建立相应的实践教育基地，为社会公众接受教育提供必要的场所和环境。

三　中国生态文明教育的问题成因

从哲学的角度说，没有无因之果，也没有无果之因，某种结果总是由一种或几种原因造成的。同样，当前我国生态文明教育存在的问题也是由多种原因造成的，具体来说，主要有以下几个方面的原因。

（一）政府相关部门的重视程度不够

多年来，尽管党和国家对环境教育、可持续发展教育以至当今的生态文明教育比较重视，但是，从以上生态文明教育存在的种种问题来看，这种重视程度还不够，公众的生态文明素质距离社会发展的现实需要还有较大差距。部分政府职能部门及企事业单位对待生态文明教育的态度是“说起来重要、做起来次要、忙起来不要”，而保障生态文明教育宣传落实的相关政策规章往往是“写在纸上、贴在墙上、挂在网上”。政府及相关部门对生态文明教育重视程度不足主要表现在以下几个方面。

首先，国家对生态文明教育的投入不足、基础设施建设滞后。尽管国家一再强调要“始终坚持把教育摆在优先发展的位置”，要大力实施“科教兴国、人才强国”战略，但是，我国教育投入占GDP的

---

① 崔建霞：《公民环境教育新论》，山东大学出版社2009年版，第52页。

比例直到2012年才刚突破4%[①]，而美国、日本、法国、英国等发达国家平均水平在2000年就已达到4.8%，古巴、约旦、哥伦比亚等中低收入国家的平均水平在同期已高达5.6%。[②] 国家整体教育投入的不足必然造成生态文明教育的经费紧张，没有充足的教育经费，各方面工作难以顺利开展。地方政府与相关部门对生态文明教育的重视与投入就更加薄弱了，《全国环境宣传教育行动纲要（1996—2010）》中提到，“有的地方对宣传教育在环保工作和整个宣传教育事业中的地位和作用认识不足，机构不健全、关系没理顺、投入不足等问题依然存在，不同程度上影响着队伍的稳定，制约着宣传教育工作的深入开展。”[③] 为此，《全国环境宣传教育行动纲要（2011—2015）》中特别强调，“各级政府要加大对环境宣传教育工作的资金投入力度，把环境宣传教育经费纳入年度财政预算予以保障。各级环保宣传教育部门要积极扩宽资金投入渠道，努力争取各级财政、发改委基础设施建设项目及各类专项资金的投入；要充分调动社会力量，拓展社会资源进入环保宣教的途径，多渠道增加社会融资。”[④] 由于投入经费的不足，生态文明教育基础设施建设相对滞后。全国很多学校缺少供学生操作、演练的实验室和先进的教学器材，不少生态文明教育基地建设不完善。特别是在经济较为落后的山区和农村，几乎没有任何开展生态文明教育的公共设施，有些地方甚至没有像样的宣传栏。基础设施建设的滞后在很大程度上影响了生态文明教育的发展与成效。

其次，生态文明教育的理论研究不足，尚缺乏成熟的指导理论。这也是国家及相关部门对生态文明教育重视程度不够的一个重要方面。没有理论的实践是盲目的，没有实践的理论是空洞的。实践活动

---

① 人民网：《我国超额完成教育经费支出占GDP比例4%目标》（http://edu.people.com.cn/n/2014/0220/c1053-24419181.html）。

② 吕炜：《教育投入4%　目标仍在前方》，《中国财经报》2005年5月17日第1版。

③ 国家环境保护局办公室：《环境保护文件选编（1996）》，中国环境科学出版社1998年版，第283页。

④ 环境保护部等：《全国环境宣传教育行动纲要（2011—2015）》，载环境保护部宣传教育司《全国公众生态文明意识调查研究报告》（2013年），中国环境出版社2015年版，第84页。

要想达到预期的目的必须有正确的理论指导。生态文明教育作为一项实践活动，只有在科学有效的理论指导下才能沿着正确的方向前进，从而实现培养生态公民的教育目的。但我国生态文明教育起步较晚，目前还没有较为成熟的指导理论。从现有资料来看，与之相关的专著文献有三部。一部是由陈丽鸿、孙大勇主编的《中国生态文明教育理论与实践》，本书主要从宏观上介绍了我国生态文明教育的背景、历史渊源、内涵与模式等内容。这一研究侧重于发展历史的梳理和现状的描述，从宏观层面提出了生态文明教育问题，而对于教育的内容、目的、方法、原则等重要内容尚未涉及。另一部是王学俭、宫长瑞主编的《生态文明与公民意识》，本书在生态文明建设的背景下，较全面地介绍了公民生态文明意识培育的历史、渊源、内容、原则及对策。但是生态文明意识的培育只是生态文明教育的一个方面，除此之外，传授生态文明知识和技能、培养生态文明情感、树立生态文明信念、践行生态文明思想、养成生态文明习惯等也是生态文明教育的内容。再一部是崔建霞主编的《公民环境教育新论》，本书系统地研究了我国公民环境教育的历史、目的、内容、原则和对策等内容。但是，如前所述环境教育并不等于生态文明教育，两者有明显的区别。由于理论研究的不成熟，还不能为教育实践提供有效的理论指导，这在很大程度上造成生态文明教育在实施过程中目标不明确、内容不具体、方法不科学、成效不显著的现状。

最后，生态文明教育缺少法律法规、政策制度等方面的配套措施。法律法规具有强制性、规范性与导向性等功能，在推进教育事业的发展中起着至关重要的作用。我国生态文明教育之所以存在种种不足，与相关法律法规的不健全有一定的关系。尽管我国早已把保护环境作为国家的一项基本国策，并于 1989 年 12 月 26 日正式颁布实施《中华人民共和国环境保护法》。因此，在我国环境教育是有法律依据和政策支持的，这也体现了国家对环境保护和环境教育的极大重视。但是，生态文明教育毕竟与环境教育有所区别，从生态文明教育的性质、内容与现状等方面来看，用环境教育的法律法规来支撑生态文明教育在很多方面不合适。同时，生态文明教育是新时期、新阶段针对我国环境、资源与人口矛盾的实际情况而开展的一项新型教育，而关于环境教育的一些法律法规大都已经不适合当前生态文明教育的现实情况，因为社会、经济、人口、资源等与过去相比发生了较大变化，出现了新情况、新问题。因此，由于缺少相关法律法规的规范与引导，这在某种程度上影响了我国生态文明教育的健康发展。除了相关法律法规不健全外，国家及地方政府在支持生态文明教育发展方面的政策、制度也较为乏力。生态文明教育作为一项政府部门主导的公益性教育工程，需要各级政府出台支持、鼓励其发展的政策和制度，特别是需要教育、环保与宣传部门对生态文明教育的顺利开展做好相关制度设计。另外，生态文明教育之所以存在诸多不足与地方政府在相关政策、制度方面的支持力度不够有关。因此，完善有关生态文明教育的法律法规，为生态文明教育提供有利的发展政策规章是促进其快速健康发展的重要举措。

此外，很多人把生态文明教育与环境教育混为一谈（两者的区别见第一章第二节），尽管环境教育早已经纳入我国正规教育体系之中，但是生态文明教育尚未被纳入国家正式教育体系，这说明国家和社会对生态文明教育的重视程度还需进一步加深。

（二）生态文明教育本身的艰巨性

如前所述，生态文明教育是一项覆盖全体社会成员的社会系统工程，它涉及社会政治、经济、文化、法律等各方面，教育对象包括生活在我国境内的每一个人，而社会整体生态文明意识的提高很难在短时间内实现，因此，生态文明教育自身发展的艰巨性注定这一庞大工程的建设与完善是一个漫长的过程。具体来说，这种艰巨性主要表现在三个方面。

首先，我国生态文明教育起步较晚，发展历史较短。从生态文明教育的发展历程不难发现，即使从环境教育在我国的发端算起，自1972 年我国派代表团第一次参加联合国人类环境会议到现在为止，生态文明教育的历史也不过 40 多年，而若从真正意义上的生态文明教育开始（即从 2002 年党的十六大国家提出建设“生态良好的文明社会”开始）算起，其发展历史前后仅 15 年左右。如此浩大的社会工程在短短的15年内是很难发展完善的，不要说国家及相关部门的重视程度不够，即使国家足够重视生态环境问题，生态文明教育工作需要大批的资金投入，需要完备的法律制度规范，需要学术界的研究探索为其提供理论指导，而这些工作很难在短时间内完成。可见，我国生态文明教育当前存在的各种不足与其起步晚，发展历史较短不无关系。相比之下，英国、德国、美国、俄罗斯、南非和新加坡等国较早开展生态文明教育，并且政府大力支持生态文明教育的发展，同时它们拥有雄厚的经济后盾，因此，这些国家在生态文明教育方面取得了显著成绩。

其次，生态文明教育对象的数量庞大、差异性大。由于生活在我国国内的全体社会成员都应接受不同层次的生态文明教育，因此，生态文明教育的对象是全体社会成员。据有关数据统计显示，目前我国人口已超过13.5亿，再加上在我国境内短期与长期居住的外国友人，我国社会成员总数要远远大于这个数字。对如此庞大的人口数量开展生态文明教育，其难度可想而知，同时，每一个教育者在对其他社会成员进行生态文明教育时首先自己要受到良好的教育，具备较高的生态文明素质。另外，社会成员还存在较大的差异，从年龄阶段看，中小学生、大学生、成年人和老年人各有特点；从地域角度来看，老少边穷地区、一般发展地区和相对发达地区的民众难以同日而语；从身份职业来看，领导干部、企业高管、工人、农民之间千差万别。这就注定在实施生态文明教育的过程中，对于教育内容、教育目标和教育途径的制定与选择不能一概而论、搞“一刀切”，必须针对各个群体的不同特点因地制宜、因材施教，只有这样才能使生态文明教育富有成效。因此，生态文明教育对象数量的庞大性与复杂性大大增加了生态文明教育的难度，这也是我国生态文明教育存在种种问题与不足的重要原因。

最后，生态文明教育是一项长期的系统工程。生态文明教育的长期性主要表现在三个方面。一方面，生态文明教育涉及的面广、对象庞杂，实施难度较大，同时生态文明教育作为一个新兴的教育领域，它的发展成熟需要一个长期的过程。另一方面，从社会成员的生态文明素质来说，在实施生态文明教育的过程中很多人的生态文明理念基本是“从无到有”“从错到对”。然而，正确生态文明理念的形成并非一朝一夕之功，同时，从理念到实际行动的外化过程也需要较长的时间。在现实生活中，很多人对于生态文明行为知而不行，在某种意义上正说明理念外化为行动需要一定的时间考验。此外，生态文明教育不是只针对当代人的教育，而是需要世世代代地延续下去的长期教育。总之，生态文明教育的长期性在很大程度上体现出其艰巨性与复杂性，这也是我国生态文明教育发展缓慢、问题较多的原因之一。

（三）各种“非生态”价值观的影响

生态文明教育的目的是提高社会公众的生态文明意识，使其树立坚定的生态文明信念，进而把这种价值信念转化为实际行动。但是，社会上各种“非生态”价值观念的流行与泛滥在很大程度上影响了人们对生态文明意识的接受与外化。改革开放 30 多年来，随着市场经济在我国迅速发展，西方的一些价值观念也随之在国人的意识中滋生蔓延。市场经济的负面影响与某些西方消极价值观的泛滥对我国社会生态文明教育的健康发展有一定的负面作用。另外，在人们日常生活中长期形成的陈俗陋习以及各种“非生态”的行为方式对人们生态文明素质的提高也具有不同程度的负面影响。

作为有效配置资源的经济运行方式，多年来市场经济在社会主义制度下为国家经济的发展、人民生活水平的提高发挥了重要的作用。但是，我们在肯定市场经济积极作用的同时，也不得不清醒地看到，市场经济具有自身难以克服的盲目性、自发性、滞后性、逐利性。特别是市场经济的逐利性，使不少人片面地认为，市场经济就是利益经济，只要能获得利润，即使污染了空气和水也无关紧要，因为这是为国家经济发展做贡献。很多人在对“不管黑猫白猫，抓住老鼠就是好猫”的片面理解下，为了个人利益与眼前利益不顾对环境的破坏和资源的浪费，使青山变秃山、绿水变黑水，空气质量越来越差，给人们生产生活带来重大损失和恶劣影响。单纯的逐利性使很多人唯利是图、铤而走险，在他们的意识里几乎没有什么环境保护和资源节约的必要性，而这种“尚利”的价值观念和行为方式在社会上的流行与泛滥对于生态文明观念的传播与普及无疑具有一定的冲击。同时，西方的一些消极价值观，如个人主义、享乐主义、拜金主义等，在我国也有不小影响。以自我为中心，不顾他人与后代人的生存与发展，这种价值观与可持续发展的生态文明理念背道而驰，因此，对具有个人主义倾向的人进行生态文明教育难度会更大。另外，不少人热衷于大吃大喝、爱面子、讲派头，过度消费、超前消费，这种行为方式是对资源的巨大浪费，同时会把社会风气带坏，也不利于资源节约理念的普及与传播。拜金主义的思想倾向就是为了金钱可以不择手段，只要有利可图，什么生态、环境、资源都可以置之不理，这种价值观念的泛滥对于生态文明意识的传播有百害而无一利。

长期以来，人们日常生活中的不少陈规陋习和“非生态”的行为模式，不仅浪费资源、破坏环境，而且有碍于生态文明理念的传播和生态文明教育的健康发展。从个人生活习惯来看，不少人随地吐痰、随手扔垃圾，有的人甚至随地大小便，家庭生活和公共生活中的“长流水、长明灯”等资源浪费现象更是司空见惯。这些生活中看似平常的小事，其实反映的是很多人长期以来在“非生态”价值观影响下养成的坏习惯。所谓“积习难改”，显然，这些不良习惯给当前的生态文明教育带来了很大障碍。另外，在一些落后地区特别是山区农村，还有不少人把生活垃圾甚至人畜粪便随处倾倒，这不仅会污染水源、破坏环境，更重要的是会传播各种疾病。然而，长期以来当地人却习以为常，因为在他们的观念里根本就没有环保与生态的意识。这说明人们长期形成的陋习很难改变，因为他们从来没有认为那样做有何不妥。前些年，人们一味地为了增加粮食产量、发展农业而大面积围湖造田、毁林开荒，结果几年后由于当地生态环境遭到破坏、生态严重失衡，不但粮食产量减少而且带来各种自然灾害。20 世纪 80 年代以来，我国经济发展中片面追求产量和规模，而忽视质量和效益，从而造成高投入、高耗能、高污染而低产出的局面。这种粗放式经济发展方式以环境与资源为巨大代价换取经济的低效发展很不可取。而这种局面的出现，在很大程度上也是片面价值观指导的结果，尽管现在这种社会价值取向已有所改观，但还有一定的影响。凡此种种都与“非生态”价值观有一定的关系。从另一个角度来说，这也为生态文明教育提供了很好的反面教材，尽管我们为此付出了沉重的代价。

总之，以上各种“非生态”价值观与行为方式的长期累积影响了我国生态文明教育的健康发展，阻碍了节能环保等生态文明理念在全社会的普及与传播。当前我国生态文明教育之所以存在种种问题与形形色色的“非生态”价值观念不无关系。因此，我国生态文明教育的有效开展需要引导全体社会成员更新观念、提高认识，摒弃陈旧落后、消极堕落的不良价值观，树立科学环保的生态文明理念。

第三章　中国生态文明教育的思想基础与理论借鉴

“生态文明”的概念虽然是在20世纪80年代才被提出来，然而，以善待自然、尊重自然、追求天人和谐为核心的思想理论古今中外早已有之。马克思、恩格斯的著作中不乏正确处理人与自然关系的经典论述，我国传统文化中也有天人和谐的生态主张，西方现代各生态伦理学派更有自己鲜明的生态思想。同时，我国历届党的主要领导人也提出了许多具有指导意义的生态文明建设思想。这些思想主张虽然不是从教育学意义上直接论述生态文明教育，但却对当前我国生态文明教育的理论研究与实践探索具有重要的启发和指导意义。

第一节　马克思、恩格斯的人与自然关系思想

苏联学者弗罗洛夫曾指出：“无论现在的生态环境与马克思当时所处的情况多么不同，马克思对这个问题的理解、他的方法、他的解决社会和自然相互作用问题的观点，在今天仍然是非常现实和有效的”。[①] 虽然马克思和恩格斯主要生活在自由竞争的资本主义时代，资源环境问题尚不突出，但是他们已经洞察到资本主义发展给环境造成的破坏并深刻论述了人与自然之间的辩证关系思想，同时提出了正确处理人与自然关系的相关主张。这些思想为我国现阶段进行生态文明

---

① ［苏］H. T. 弗罗洛夫：《人的前景》，王思斌、潘信之译，中国社会科学出版社1989年版，第153页。

教育提供了重要的理论基础。本节主要从马克思、恩格斯的自然观、实践观与历史观等角度对其生态文明思想进行梳理，以加深对马克思、恩格斯生态文明思想的认识。

一 人类源于自然并且依赖自然

马克思与恩格斯从唯物主义及进化论的科学立场指出，自然界的产生与发展对人类而言具有先在性，人类只是自然界漫长演进历程中的一个组成部分，是自然界长期发展的产物。同时他们认为，自然界为人类的发展提供基本的物质生产条件和生活条件，人类依赖于自然界提供的环境和资源生存与发展。因此，人类要与自然和谐相处，取利自然并保护自然。

（一）人类是自然界的一部分

人类作为自然界中的一分子，同其他自然物有着不可分割的联系。马克思指出："所谓人的肉体生活和精神生活同自然界相联系，不外是说自然界同自身相联系，因为人是自然界的一部分。"[①] 马克思、恩格斯主要从以下两个方面论述了这一思想。

一方面，马克思、恩格斯认为，人是自然界的产物。马克思指出："整个所谓世界历史不外是人通过人的劳动而诞生的过程，是自然界对人来说的生成过程，所以关于他通过自身而诞生、关于他的形成过程，他有直观的、无可辩驳的证明。"[②] 马克思还指出："全部人类历史的第一个前提无疑是有生命的个人的存在。因此，第一个需要确认的事实就是这些个人的肉体组织以及由此产生的个人对其他自然的关系。"[③] 对此，恩格斯指出，"我们连同我们的肉、血和头脑都是属于自然界和存在于自然界之中的"[④]。由此可见，他们认为，自然界存在于人类社会之前，是孕育人类的基础；经过自然界漫长的进化，人类社会才得以产生。马克思还指出："人直接地是自然存在物。人

① 《马克思恩格斯文集》第1卷，人民出版社2009年版，第161页。
② 同上书，第196页。
③ 同上书，第519页。
④ 《马克思恩格斯文集》第9卷，人民出版社2009年版，第560页。

作为自然存在物，而且作为有生命的自然存在物，一方面具有自然力、生命力，是能动的自然存在物；这些力量作为天赋和才能、作为欲望存在于人身上；另一方面，人作为自然的、肉体的、感性的、对象性的存在物，同动植物一样，是受动的、受制约的和受限制的存在物，就是说，他的欲望的对象是作为不依赖于他的对象而存在于他之外的；但是，这些对象是他的需要的对象；是表现和确证他的本质力量所不可缺少的、重要的对象。”① 另一方面，马克思、恩格斯认为人是属人的自然存在物，人既能通过自己的劳动占有外部世界，又能通过自己的劳动使自然界受自己的支配，这与其他自然存在物有本质的不同。所以马克思强调：“人不仅仅是自然存在物，而且是人的自然存在物，就是说，是自为地存在着的存在物，因而是类存在物。他必须既在自己的存在中也在自己的知识中确证并表现自身。”② “有意识的生命活动把人同动物的生命活动直接区别开来。正是由于这一点，人才是类存在物。”③ 在马克思看来，人不是为了其他存在物而存在，而是为了自身的存在而存在。人类爱护动植物、维护生态平衡，其目的在很大程度上还是为了人类自身的利益，即人类自身的生存与发展需要。

上述思想对于正确认识人与自然的关系，进行生态文明教育，有着深刻的启示。首先，作为自然存在物，人不应该肆意破坏自然，应该尊重自然，敬畏自然。鉴于此，要对传统的价值理念和行为方式重新思考，倡导同其他自然存在物和谐共生的科学理念。其次，作为有意识能思考的自然存在物，人类对生态危机应该有清醒的认识。在应对生态危机，促进全球可持续发展方面，人类应当担当重任。此外，人类的主观能动性不可以任意妄为，必须尊重自然规律，因为违背自然规律，必然受到自然规律的惩罚。所以，人应该在尊重自然规律的前提下利用自然为人类服务，这也体现了马克思主义基本原理中尊重

---

① 《马克思恩格斯文集》第 1 卷，人民出版社 2009 年版，第 209 页。

② 同上书，第 211 页。

③ 同上书，第 162 页。

客观规律与发挥人的主观能动性辩证统一的思想。

（二）人类依靠自然界生存与发展

人类的生存与发展不仅需要自然界提供必要的物质资料，而且离不开大自然为人类提供的丰富精神食粮。马克思、恩格斯从以下几个维度论述了这一问题。

首先，自然界是人类生存与发展的物质基础。自然界为人类的生存和发展提供了必备的自然环境和物质条件。正如马克思所说："类生活从肉体方面来说就在于人（和动物一样）靠无机界生活，而人和动物相比越有普遍性，人赖以生活的无机界的范围就越广阔。……人在肉体上只有靠这些自然产品才能生活，不管这些产品是以食物、燃料、衣着的形式还是以住房等等的形式表现出来。"① 在强调自然界对人的重要性时，马克思提出："自然界，就它自身不是人的身体而言，是人的无机的身体。人靠自然界生活。这就是说，自然界是人为了不致死亡而必须与之处于持续不断的交互作用过程的、人的身体。"② 既然自然是"人的无机的身体"，是与人类生存与发展息息相关的，那么，人类就应该像对待自己的身体一样来对待自然界，时时处处尊重自然、爱护自然，树立良好的节能环保意识和高尚的生态价值观念。

其次，自然界为人类的生存和发展提供了宝贵的精神财富。作为人的精神的无机界，自然界赋予人类智慧、情感、意志与灵气等。马克思认为，"从理论领域来说，植物、动物、石头、空气、光等等，一方面作为自然科学的对象，一方面作为艺术的对象，都是人的意识的一部分，是人的精神的无机界，是人必须事先进行加工以便享用和消化的精神食粮"③。因此，可以说自然界的博大浩瀚造就了人类的厚德与包容；大自然的奇妙神秘启迪着人类的求索与智慧；山川溪流的伟岸灵秀使人审美感得以提升、情操得以陶冶。为了使人类的精神源泉永不枯竭，我们必须提高认识、身体力行，让绿水长流、青山常在。

---

① 《马克思恩格斯文集》第1卷，人民出版社2009年版，第161页。
② 同上。
③ 同上。

最后，自然界是人与人联系的中介与桥梁。“自然界的人的本质只有对社会的人来说才是存在的；因为只有在社会中，自然界对人来说才是人与人联系的纽带，才是他为别人的存在和别人为他的存在，只有在社会中，自然界才是人自己的合乎人性的存在的基础，才是人的现实的生活要素。”① 在此，马克思、恩格斯把人与自然的关系放到人类社会的发展历程视野下，强调了自然界是人类赖以生存发展的物质基础和精神来源的同时，认为自然界也是人与人发生社会联系的纽带，是促进人类社会发展的重要中介因素。

总之，人类不仅是自然的产物，而且要靠自然界生存与发展。人类社会的生死存亡与整个自然界息息相关，我们对待自然的态度与行为方式将决定人类社会发展的方向和质量。如果将人和自然对立，将人类置于自然界之上而肆意征服和控制自然，就会对整个生态系统造成巨大破坏，人类最终也将遭到自然的报复，受到大自然的惩罚，从而对人类的生存和发展产生不利影响。我们只有与自然和谐相处、互惠互利，才能实现自身的永续发展。

二 实践活动使自然人化

马克思、恩格斯认为，实践是人与自然关系的中介，是人与自然关系的实现形式。自然界不仅是人类实践活动的必要场所，同时是人类实践活动的主要对象。在改造自然、利用自然的活动过程中，人类将自己从自在自然中提升出来，又在能动的实践中把自在自然改造成适合人类生存、发展的人化自然。

（一）实践是人与自然关系的中介

人类是自然界的产物，也是其重要组成部分，然而，人类并不像其他动物一样只是被动地适应自然、依赖自然，而是可以通过各种实践活动改造自然、利用自然。其他动物的生命活动与生存方式直接与自然融为一体，或者说就是原本自然的一部分，而人类却可以按照自身的意志对自然界施加各种影响，从而使自然产生作用的方式与结果

① 《马克思恩格斯文集》第1卷，人民出版社2009年版，第187页。

有利于人类的生存与发展。正如马克思所指出的，“动物只是按照它所属的那个种的尺度和需要来构造，而人却懂得按照任何一个种的尺度来进行生产，并且懂得处处都把固有的尺度运用于对象”①。可以说，“动物和自己的生命活动是直接同一的。动物不把自己同自己的生命活动区别开来。它就是自己的生命活动。人则使自己的生命活动本身变成自己意志的和自己意识的对象”②。因此，人是“对象性存在物”，即指人在自身之外有对象。自从人类从自然界中分化出来，人就成为以自然界为对象的“对象性存在物”，人和自然就建立起“对象性的关系”。

实践是人与自然对象性关系的中介。一方面，实践的主体、手段、客体、结果都是可感知的客观实在。实践是人类凭借物质手段改造客观对象的能动性活动。它可以在一定范围内影响、作用、改造自然界，因而实践具有客观现实性。另一方面，实践具有自觉能动性。实践活动总是在一定的思想或理论指导下有目的的能动活动过程，正如马克思所说：“正是在改造对象世界的过程中，人才真正地证明自己是类存在物。这种生产是人的能动的类生活。通过这种生产，自然界才表现为他的作品和他的现实。”③ 这充分体现了实践主体对自然的影响力和改造自然的创造性，表现了它能动性的特点。另外，只有在社会关系中，实践活动才得以开展，“人同自身以及同自然界的任何自我异化，都表现在他使自身、使自然界跟另一些与他不同的人所发生的关系上。”④ 因此，人类自身的社会关系与自然界的关系具有内在的统一性，这是由于人类的实践活动不是纯粹的人类与自然界的物质交换关系，它“表现为双重关系：一方面是自然关系，另一方面是社会关系”。⑤

总之，实践是人与自然辩证统一关系的基础。一方面，自然是人

---

① 《马克思恩格斯文集》第1卷，人民出版社2009年版，第163页。
② 同上书，第162页。
③ 同上书，第163页。
④ 同上书，第165页。
⑤ 同上书，第532页。

实践活动的对象，为人类实践活动的顺利进行提供了必要条件，没有自然，人类不仅无法通过资源、环境获取维持生命延续的基本能量要素，而且也将失去安身立命的生存居所；另一方面，人与自然的关系是在社会实践活动中得以形成与体现的，离开人的实践活动，自然也就难以成为人现实的生活要素，人与其他动物也将失去明显的区别。为此，马克思曾指出："环境的改变和人的活动或自我改变的一致，只能被看做是并合理地理解为革命的实践。"[①] 显然，人们只有在实践活动中才能真正做到尊重自然、保护自然，在变革非生态化的生产方式与生活方式的过程中真正实现人与自然的和谐发展。

（二）实践使自在自然转化为人化自然

所谓"自在自然"是指尚未被人类主观把握和实践改造的自然界，是自然而然存在却在人的意识和活动范围之外的那部分自然界。而"人化自然"是在人的实践活动的基础上，自在自然不断被人认识、加工、改造的自然界。连接自在自然与人化自然的纽带是人类的实践活动，人类的各种实践活动使自在自然转化为人化自然。人化自然是作为人的认识活动和实践活动对象的自然界，而不是脱离人、脱离人的实践活动和人的历史发展，仅仅从客体的、直观的意义去理解的纯粹自在的自然界。因此，马克思指出："被抽象地理解的、自为的、被确定为与人分隔开来的自然界，对人来说也是无。"[②] 也就是说，在人类认识与实践范围以外的自然界对我们是没有意义的，我们所能认识与改造的自然界绝不是没有任何人类痕迹的自在自然，而是在人类社会发展历程中被我们施加各种影响后的人化自然。马克思认为："在人类历史中即在人类社会的形成过程中生成的自然界，是人的现实的自然界；因此，通过工业——尽管以异化的形式——形成的自然界，是真正的、人本学的自然界。"[③] 人类通过实践活动把自在自然改造成了有对人具有现实意义的人化自然。

---

① 《马克思恩格斯文集》第1卷，人民出版社2009年版，第500页。

② 同上书，第220页。

③ 同上书，第193页。

马克思、恩格斯认为，人作为能动的自然存在物以社会变革实践、生产实践与科学实验的方式把自在自然改造为人化自然，明确了人对自然的改造能力和人化自然对人类的生产与发展的意义。但是，需要注意的是，人类在发挥主观能动性，通过各种实践活动改造自然使之有利于人的发展时，必须尊重客观规律，使人类的实践活动不仅有益于我们自身的发展也要顾及其他生物的生存状况以及整个生态系统的和谐稳定，因为人类只是整个生态系统中的一员，只有整个生态系统健康有序地运转，人类的生存与发展才有可靠的保障。

三 人类与自然的对立与和解

在人与自然的关系方面，马克思、恩格斯不仅认识到人类源于自然、依赖自然，可以通过实践改造自然、利用自然，而且立足资本主义社会的现实，深入分析了人与自然对立的原因，在此基础上，他们还从尊重自然规律、合理利用科学技术以及变革社会制度等方面给出了实现人与自然和解的途径。

（一）人类与自然对立的根源

马克思、恩格斯认为，在资本主义社会中，由于资本家生产的目的主要是为了实现剩余价值的最大化，从而导致资本主义生产呈现出无限扩大的趋势，人类对资源的利用和对环境的破坏以空前的规模加剧。因此，资本主义制度下社会生产的无限扩大同资源环境有限的承受能力之间的矛盾成为人与自然对立的根源，逐渐导致了环境污染和资源枯竭的加剧。

马克思指出："资本主义生产使它汇集在各大中心的城市人口越来越占优势，这样一来，它一方面聚集着社会的历史动力，另一方面又破坏着人和土地之间的物质变换，也就是使人以衣食形式消费掉的土地的组成部分不能回归土地，从而破坏土地持久肥力的永恒的自然条件。"①"资本主义农业的任何进步，都不仅是掠夺劳动者的技巧的进步，而且是掠夺土地的技巧的进步，在一定时期内提高土地肥力的

① 《马克思恩格斯文集》第5卷，人民出版社2009年版，第579页。

任何进步，同时也是破坏土地肥力持久源泉的进步。……资本主义生产发展了社会生产过程的技术和结合，只是由于它同时破坏了一切财富的源泉——土地和工人。”[①] 并且同时指出：“只有资本才创造出资产阶级社会，并创造出社会成员对自然界和社会联系本身的普遍占有。由此产生了资本的伟大的文明作用；它创造了这样一个社会阶段，与这个社会阶段相比，一切以前的社会阶段都只表现为人类的地方性发展和对自然的崇拜。只有在资本主义制度下自然界才真正是人的对象，真正是有用物；它不再被认为是自为的力量；而对自然界的独立规律的理论认识本身不过表现为狡猾，其目的是使自然界（不管是作为消费品，还是作为生产资料）服从于人的需要。”[②] 可见，资本主义制度下社会的发展与资本积累是以压榨工人和对自然资源的掠夺性开采为基础的，尤其是以对土地资源的破坏性利用为代价。尽管人与自然之间的对立统一关系自人类社会产生就开始了，但是在资本主义社会中资本家对资本与资源的贪婪性掠夺使得人与自然间的对立加深，并且逐渐超出了自然界的承受能力。

资本主义制度下资本家唯利是图的本性与对利润不择手段的追求方式是加剧人与自然对立的重要原因。正如马克思所说：“在各个资本家都是为了直接的利润而从事生产和交换的地方，他们首先考虑的只能是最近的最直接的结果。当一个厂主卖出他所制造的商品或者一个商人卖出他所买进的商品时，只要获得普通的利润，他就满意了，至于商品和买主以后会怎么样，他并不关心。关于这些行为在自然方面的影响，情况也是这样。西班牙的种植场主曾在古巴焚烧山坡上的森林，以为木灰作为肥料足够最能盈利的咖啡树利用一个世代之久，至于后来热带的倾盆大雨竟冲毁毫无保护的沃土而只留下赤裸裸的岩石，这同他们又有什么相干呢？在今天的生产方式中，面对自然界和社会，人们注意的主要只是最初的最明显的成果，可是后来人们又感到惊讶的是：取得上述成果的行为所产生的较远的后果，竟完全是另

① 《马克思恩格斯文集》第5卷，人民出版社2009年版，第579—580页。
② 《马克思恩格斯文集》第8卷，人民出版社2009年版，第90—91页。

外一回事，在大多数情况下甚至是完全相反的"[①]。其实并不是资本家们意识不到对资源与环境进行疯狂掠夺与破坏的严重后果，"每个人都知道暴风雨总有一天会到来，但是每个人都希望暴风雨在自己发了大财并把钱藏好以后，落到邻人的头上。我死后哪怕洪水滔天！这就是每个资本家和每个资本家国家的口号"[②]。资本家这种贪婪与侥幸心理在很大程度上导致了自然资源的过度消耗和环境污染的加剧。

马克思、恩格斯还认为，资本主义生产的目的在某种程度上也导致了科学技术的滥用，进一步加剧了环境污染和资源破坏。马克思说："随着资本主义生产的扩展，科学因素第一次被有意识地和广泛地加以发展、应用并体现在生活中，其规模是以往的时代根本想象不到的。"[③] 然而，在资本主义社会，资本家一味地追求获得更大的剩余价值并没有考虑如何利用科学技术的问题，仅仅把科学技术当作提高生产效率、减少生产成本的工具而已。这样一来，先进的矿产开采技术和高效的生产工艺在满足资本家贪得无厌的逐利欲望的同时，也造成对自然资源的掠夺性开采和对自然环境的严重性污染，从而加剧了人与自然之间的矛盾和对立。

（二）人类与自然的和解和谐之路

分析问题的目的在于解决问题，马克思、恩格斯立足当时资本主义社会发展的现实状况，深刻地揭示了人与自然对立的根源与制约因素，在此基础上为化解人口与资源、环境之间的矛盾，实现人与自然的和解和谐指明了方向。

首先，马克思、恩格斯认为，实现人与自然和解和谐的前提是认识与尊重自然规律。马克思明确指出："不以伟大的自然规律为依据的人类计划，只会带来灾难"。[④] 恩格斯也在《自然辩证法》中说："我们不要过分陶醉于我们人类对自然界的胜利。对于每一次这样的胜利，自然界都对我们进行报复。每一次胜利，起初确实取得了我们

---

① 《马克思恩格斯文集》第9卷，人民出版社2009年版，第562—563页。
② 《马克思恩格斯文集》第5卷，人民出版社2009年版，第311页。
③ 《马克思恩格斯文集》第8卷，人民出版社2009年版，第359页。
④ 《马克思恩格斯全集》第31卷，人民出版社1972年版，第251页。

预期的结果，但是往后和再往后却发生完全不同的、出乎预料的影响，常常把最初的结果又消除了。”① 恩格斯还举例说明了这一点，“美索不达米亚、希腊、小亚细亚以及其他各地的居民，为了得到耕地，毁灭了森林，但是他们做梦也想不到，这些地方今天竟因此而成为不毛之地，因为他们使这些地方失去了森林，也就失去了水分的积聚中心和储藏库。阿尔卑斯山的意大利人，当他们在山南坡把那些在山北坡得到精心保护的枞树林砍光用尽时，没有预料到，这样一来，他们就把本地区的高山畜牧业的根基毁掉了；他们更没有预料到，他们这样做，竟使山泉在一年中的大部分时间内枯竭了，同时在雨季又使更加凶猛的洪水倾泻到平原上。在欧洲推广马铃薯的人，并不知道他们在推广这种含粉块茎的同时也使瘰疬症传播开来了。”② 同时，恩格斯指出：“我们对自然界的整个支配作用，就在于我们比其他一切生物强，能够认识和正确运用自然规律。”③ 作为能动的自然存在物，“事实上，我们一天天地学会更正确地理解自然规律，学会认识我们对自然界习常过程的干预所造成的较近或较远的后果。”④ 可见，马克思、恩格斯强调对自然应抱尊重与顺应的态度，只有遵循自然界的生态平衡规律，并按照客观规律办事，才有可能消除人与自然之间的对立。

其次，马克思、恩格斯认为，缓解资源与环境压力的重要途径是在生产过程中合理利用科学技术，实现变废为宝、节能环保。马克思尽管承认在资本主义社会中由于对科技的滥用带来了严重资源环境问题，但是他并不反对对先进科学技术的合理利用。相反，他是最早提出在生产过程中利用化学工艺的进步等科技手段实现废物循环再用等先进理念的先驱。把一个生产过程中产生的废料科学转化为另一个生产过程中的原料，不仅节约了资源，还高效地实现了废物的无害化回收，保护了环境。马克思指出：“所谓的废料，几乎在每一种产业中

---

① 《马克思恩格斯文集》第9卷，人民出版社2009年版，第559—560页。
② 同上书，第560页。
③ 同上。
④ 同上。

都起着重要的作用。”[①] 并且进一步指出，“机器的改良，使那些在原有形式上本来不能利用的物质，获得一种在新的生产中可以利用的形态；科学的进步，特别是化学的进步，发现了那些废物的有用性质。”[②] 他还用实例印证了这一点，“化学工业提供了废物利用的最显著的例子。它不仅找到新的方法来利用本工业的废料，而且还利用其他各种各样工业的废料，例如，把以前几乎毫无用处的煤焦油转化为苯胺染料，茜红染料（茜素），近来甚至把它转化为药品。”[③] 更为深刻的是，马克思、恩格斯在19世纪中期就意识到了社会性质与科学技术应用的关系，极力主张对科学技术的应用要去“资本主义性质”，即对科学技术的应用不能像资本家那样仅仅把科学技术当作获取利润的手段与工具，而不考虑科学技术滥用对资源、环境带来的危害。科学技术是一把“双刃剑”，它本身无所谓“好”与“坏”，但它在资本主义社会之所以对生态环境产生巨大的破坏作用，从根本上说仍然是科学技术的“资本主义应用”问题。这就启示我们，对科学技术的应用不能仅仅考虑经济利益而不顾社会效益和环境效益，应该实现科学技术应用的综合效益最大化。

最后，马克思、恩格斯认为变革不合理的社会制度，是实现人与自然和解和谐的根本出路。马克思、恩格斯认识到，社会制度及其生产方式不仅反映着人与人之间的社会关系，而且在很大程度上决定着人与自然之间的关系状况，影响着包括社会系统和自然系统在内的整个生态系统的平衡与稳定。因此，要使人与自然之间的矛盾与对立走向和谐与统一，其根本措施在于变革不合理的社会制度及其生产方式。所以，他们指出，要防止人类对自然环境的污染与破坏“仅仅有认识还是不够的。为此需要对我们的直到目前为止的生产方式，以及同这种生产方式一起对我们的现今的整个社会制度实行完全的变革”[④]。由于在资本主义制度下，人与自然的关系以一种异化的形式得

① 《马克思恩格斯文集》第7卷，人民出版社2009年版，第116页。
② 同上书，第115页。
③ 同上书，第117页。
④ 《马克思恩格斯文集》第9卷，人民出版社2009年版，第561页。

以体现，因此唯有推翻资本主义，实现共产主义，人与自然之间才能实现真正的和解。马克思极富远见地指出："这种共产主义，作为完成了的自然主义，等于人道主义，而作为完成了的人道主义，等于自然主义，它是人和自然界之间、人和人之间的矛盾的真正解决，是存在和本质、对象化和自我确证、自由和必然、个体和类之间的斗争的真正解决。"① 马克思所说的"自然主义"主要指的是尊重自然、顺应自然，按照自然规律办事，追求人与自然的和解和谐。这就要求人类不仅要增强生态意识和环保理念，还要以自己的实际行动来贯彻落实人与自然和谐的思想。这里的"人道主义"一方面，强调要以人为本，体现人的价值，遵循人性的发展规律；另一方面，强调自然万物享有平等的生存发展权利，要摈弃人类中心主义。实施人道主义，要求人们尊重包括动植物在内的所有生命个体的生存及发展权利，通过维护地球生物的多样性实现生态系统的平衡与稳定。这里的"共产主义"在遵循社会发展规律的基础上追求实现人与自然、人与人之间的和谐统一。可以说，自然主义、人道主义、共产主义"三位一体"的有机统一，体现了马克思、恩格斯关于人与自然关系的核心理念与最高追求。

总之，马克思、恩格斯早在19世纪中期就全面深刻地分析了人与自然对立统一的辩证关系，极具前瞻性地为实现人与自然的和解和谐指明了方向。生态的破坏、环境的恶化以及各种人与自然的对立，在很大程度上是人类自身的无知与贪欲所致。人与自然关系的和解和谐，极为重要的一点是实现全社会思想观念的生态化转变，使人们从思想意识上认识到人与环境、资源的关系，树立人类与自然万物一损俱损、一荣俱荣的生态整体理念，切实把人类的生存与发展放到整个地球生态系统的整体中来考量。马克思、恩格斯的人与自然关系思想不仅为我国建设生态文明，走绿色发展道路指明了方向，而且也为我国生态文明教育顺利开展提供了的理论基础。

---

① 《马克思恩格斯文集》第1卷，人民出版社2009年版，第185页。

第二节　中国共产党主要领导人的生态文明思想

自中华人民共和国成立以来，我国社会一直面临着人口众多、人均资源占有量不足、生态环境脆弱等多方面的压力，同时由于生产力水平低下，社会发展方式粗放、落后等原因，我国的生态环境问题越来越突出、资源压力越来越大。面对严峻的资源环境形势和巨大的发展压力，中国共产党历代领导人立足我国的基本国情，坚持以马克思主义理论为指导，在不断发展生产力、提高人民生活水平的过程中，探索人与自然和谐共生的发展道路。本节将对毛泽东、邓小平、江泽民与胡锦涛为核心的历届领导集体的生态文明思想进行梳理与总结，以期为我国当前大力开展生态文明教育、建设生态文明社会提供必要的理论参考。

一　毛泽东强调利用自然、节约资源的思想

作为伟大的无产阶级革命家、政治家、战略家的毛泽东，虽然在人口、环境、资源等方面没有专门的著作，但他在谋划新中国发展战略和探索中国社会主义建设道路的过程中，在人与自然的关系和节约环保等方面也有所论及。这些探索对当前我国生态文明教育的开展不乏指导与启发意义。

（一）人是自然界的奴隶同时又是它的主人

早在1917—1918年，毛泽东在湖南省立第一师范学校读书时，就开始从哲学角度阐发对人与自然关系的看法，尽管此时他还没真正接触马克思主义理论，但在他对《伦理学原理》（由蔡元培翻译德国人鲍尔森的著作）一书的批语中就已透露出唯物论与辩证法的苗头。他指出："人类者，自然物之一也，受自然法则之支配，有生必有死，即自然物有成必有毁之法则。……且吾人之死，未死也，解散而已。凡自然物不灭，吾人固不灭也。"[①] 在承认人是自然存在物的基础上，

① 中共中央文献研究室、中共湖南省委《毛泽东早期文稿》编辑组：《毛泽东早期文稿（1912.6—1920.11）》，湖南出版社1990年版，第194页。

毛泽东强调人对自然界的反作用，人可以对自然发挥主观能动性。他在批语中强调："吾人虽为自然所规定，而亦即为自然之一部分。故自然有规定吾人之力，吾人亦有规定自然之力；吾人之力虽微，而不能谓其无影响（于）自然。"[①] 这说明在毛泽东年轻时就已经初步认识到人是自然的产物，受自然制约，同时人又不像其他生物那样只能被动地适应自然，而是可以在主观意识的指导下通过实践活动反作用于自然。毛泽东在接受了马克思主义理论之后，结合中国革命和建设的实践对人与自然关系的认识进一步深化。他认为人是自然界的一部分，自然界存在物质、能量转换与循环的客观规律，人与自然之间是对立统一的。毛泽东 1965 年在《错误往往是正确的先导》一文中指出："人类同时是自然界和社会的奴隶，又是它们的主人。"[②] 在毛泽东看来，人类是自然界的奴隶和主人的统一。这就从主客体关系的视角对人与自然关系进行了辩证分析，强调了人们只有掌握了自然界的客观规律，才能成为自然界的主人，否则就只能是自然界的奴隶；只有认识了自然界的客观规律，人类的认识才能实现由必然王国到自由王国的飞跃。毛泽东在《错误往往是正确的先导》一文中特别强调了人类掌握、遵循自然规律的重要性，他指出："对客观必然规律不认识而受它的支配，使自己成客观外界的奴隶，直至现在以及将来，乃至无穷，都在所难免。"[③] 然而，由于社会和历史原因，在实践中毛泽东对利用自然强调的较多，而对尊重客观规律却一度有所忽视。例如，中华人民共和国成立初期他曾主张鼓励生育、"向自然开战""毁林开荒"等。当然，这不是说毛泽东在实践上与理论脱节，而是由于当时的具体社会现状造成的。中华人民共和国成立后我国社会经济各方面百废待兴，急需发挥全国人民的积极性与主动性利用自然资源，恢复工农业生产。在这种背景下，大力提倡发挥人的主观能动性，改造自然、利用自然，解决人民的温饱问题，是国家领导人总揽

---

① 《新湘评论》编辑部：《毛泽东同志的青少年时代》，中国青年出版社 1979 年版，第 58 页。

② 《毛泽东文集》第 8 卷，人民出版社 1999 年版，第 326 页。

③ 同上。

全局的当务之急。总之，毛泽东对人与自然的关系有清醒正确的认识，只是限于具体历史原因侧重于对自然的利用，而这段历史的实践对当前我国生态文明教育具有正反两方面的启发意义。

（二）厉行节约、反对浪费

毛泽东一向主张勤俭节约、反对铺张浪费。他指出："勤俭节约和反对浪费是我们党的一贯方针和优良传统，什么时候都不能改变！"① "应该使一切政府工作人员明白，贪污和浪费是极大的犯罪。"② 中华人民共和国成立初期，为了恢复生产，平衡开支，国家陆续发出《关于增加生产、增加收入、厉行节约，紧缩开支，平衡国家预算的紧急通知》和《关于进一步开展增产节约运动竞赛，保证全面地完成国家的生产计划的紧急通知》等。毛泽东还提出："在企业、事业和行政开支方面，必须反对铺张浪费，提倡艰苦朴素作风，厉行节约。在生产和基本建设方面，必须节约原材料，适当降低成本和造价，厉行节约。"③ 他在1956年也指出："什么事情都应当执行勤俭的原则。这就是节约的原则，节约是社会主义经济的基本原则之一。"④ 在制定国家发展战略时，他曾强调："要使我国富强起来，需要几十年艰苦奋斗的时间，其中包括执行厉行节约、反对浪费这样一个勤俭建国的方针。"⑤ 勤俭节约、反对浪费是我们党的优良传统，不仅艰苦的条件下需要，人民生活水平大大提高的今天仍然需要。因为人类所需的很多自然资源非常有限，且不能再生。只有十分珍惜、合理利用我们有限的能源资源，才能有效缓解我国巨大的资源需求压力。

此外，毛泽东也很重视植树造林、美化环境。在"大跃进"之后，他明确提出："要使我们祖国的河山全部绿化起来，要达到园林

---

① 沈同：《我们怎样保卫毛主席》，中央文献出版社2009年版，第73—74页。
② 《毛泽东选集》第1卷，人民出版社1991年版，第134页。
③ 《毛泽东文集》第7卷，人民出版社1999年版，第160页。
④ 《毛泽东文集》第6卷，人民出版社1999年版，第447页。
⑤ 《毛泽东文集》第7卷，人民出版社1999年版，第240页。

化，到处都很美丽，自然面貌要改变过来。”① “一切能够植树造林的地方都要努力植树造林，逐步绿化我们的国家，美化我国人民劳动、工作、学习和生活的环境。”② 毛泽东还非常重视水利建设，治理大江大海，他认为兴修水利是保证农业增产的大事，要保证遇旱有水，遇涝能排。为此，毛泽东强调一定要把淮河修好，要把黄河的事办好。

总之，毛泽东在利用自然、节俭绿化等方面的思想主张对当前我国建设生态文明具有多方面的启发与借鉴意义。在人与自然的关系方面既要发挥人的主观能动性，改造自然、利用自然，更要尊重自然、尊重客观规律，自然不是人类的敌人，而是与人类休戚与共的朋友。毛泽东的节约资源、反对浪费主张以及植树造林、美化环境等思想，既为我国生态文明教育研究提供了思想基础，也为我国生态文明教育实践提供了多方面的教学案例。

二 邓小平重视控制人口、法制环保的思想

邓小平作为党和国家的第二代主要领导人、改革开放的总设计师，在领导全国人民致富奔小康的同时，也面临着经济发展与资源、环境、人口之间的矛盾问题。他以长远眼光从战略高度提出计划生育、完善法制、绿化祖国等有利于人与自然和谐的发展思想。在这些科学理念的指导下，社会主义现代化建设在大力发展经济的同时也在积极探索人与自然和谐发展的道路。

（一）正确处理人口与经济社会发展的关系

人口是制约经济社会发展的关键因素，正确处理人口与经济社会发展的关系是实现社会稳定、生产发展与生态良好的重要条件和保障。为了实现经济社会的持续健康发展，邓小平非常重视人口的数量与质量在社会发展中的作用。他在 1953 年第一次全国人口普查后，就认为应该节制人口数量。随后，他提出完全有必要实行有计划的生

---

① 中共中央文献研究室、国家林业局：《毛泽东论林业》（新编本），中央文献出版社 2003 年版，第 51 页。

② 同上书，第 77 页。

育政策。党的十一届三中全会胜利召开后，针对人口与经济社会发展不协调的现状，邓小平提出了自己的人口主张。他在1979年3月党的理论工作务虚会上着重分析了人口与现代化的关系。邓小平指出："人口多，耕地少。现在全国人口有九亿多，其中百分之八十是农民。人多有好的一面，也有不利的一面。在生产还不够发展的条件下，吃饭、教育和就业就都成为严重的问题。我们要大力加强计划生育工作，但是即使若干年后人口不再增加，人口多的问题在一段时间内也仍然存在。……现代化的生产只需要较少的人就够了，而我们人口这样多，怎样两方面兼顾？不统筹兼顾，我们就会长期面对着一个就业不充分的社会问题。"① 他还指出，应该立些法，限制人口增长。在邓小平的主持下，1982年，计划生育被列为我国的一项基本国策，并写入新修改的《宪法》。其中，对此明确规定：夫妻双方有实行计划生育的义务。我国正式进入通过法制实现人口有序增长的轨道。计划生育政策实施40多年来，使我国累积少生4亿多人，使世界70亿人口日推迟5年左右。② 邓小平不仅注重控制人口数量，而且强调要提高我国公民的人口素质，他主张通过教育等手段开发人力资源、提高人口素质。在他看来，提高人口素质的关键在于教育。通过教育可以大力提高人口素质，造就大批有用人才，进而可以有效提升我国的综合国力。他曾强调："我们国家，国力的强弱，经济发展后劲的大小，越来越取决于劳动者的素质，取决于知识分子的数量和质量。一个十亿人口的大国，教育搞上去了，人才资源的巨大优势是任何国家比不了的。"③ 总之，邓小平在控制我国人口数量、提高我国人口素质方面起了关键作用，正是计划生育政策的实施使我国人口逐步与社会经济发展相适应，从而在稳步提高人民生活水平的基础上，促进了我国从人口大国向人力资源强国的迈进。

---

① 《邓小平文选》第2卷，人民出版社1994年版，第164页。

② 代丽丽：《计划生育累积少生4亿人 我国使世界70亿人口日推迟5年》，《北京晚报》2013年11月12日第15版。

③ 《邓小平文选》第3卷，人民出版社1993年版，第120页。

（二）通过完善法制保护生态环境

“文化大革命”之后，邓小平深刻地认识到法制对于一个国家的重要性，所以他非常重视法制建设，强调一切工作都要有法可依、依法办事。这一时期邓小平主持制定、修订了一系列关于生态环境建设方面的法律法规。1978 年新修订的《宪法》明确规定：国家保护环境和自然资源，防治污染和其他公害。这是在我国《宪法》中首次出现有关环境保护的规定。这一规定为我国环保工作与环境教育提供了强有力的法制保障。1979 年，我国又针对环境保护问题专门制定了《中华人民共和国环境保护法（试行）》，其中明确规定：要合理利用自然环境，防止环境污染和生态破坏。从此，我国环境保护和环境教育工作走向了法制化轨道。为了贯彻落实《环境保护法（试行）》，1981 年 2 月 24 日，我国还出台了《关于在国民经济调整时期加强环境保护工作的决定》。这一《决定》对切实保护环境、节约资源以及有效开展环境教育进行了详细周密的部署。在党和国家的重视下，保护环境逐步成为我国的一项基本国策。

截至 20 世纪 90 年代初，在邓小平的大力推进下，全国人大常委会颁布、修订了关于资源环境方面的法律法规多达十几部，具有代表性的有：1979 年制定并于 1989 年修订的《中华人民共和国环境保护法》、1982 年制定的《中华人民共和国海洋环境保护法》、1984 年制定的《中华人民共和国水污染防治法》和《中华人民共和国森林法》、1985 年制定的《中华人民共和国草原法》、1987 年制定的《中华人民共和国大气污染防治法》以及 1991 年制定的《中华人民共和国水土保持法》等。[①] 这些法律、法规，对保护、利用、开发和管理整个生态环境及其资源提供了强有力的法律保障。在邓小平法制思想的指导下，我国环境保护和资源开发逐步迈向法治化、制度化的时代。从当前我国生态文明教育的开展来看，普及、宣传环境、资源等方面的法律法规是生态文明教育的重要任务，让每一个社会成员知

---

① 参见刘静《中国特色社会主义生态文明建设研究》，博士学位论文，中共中央党校，2011 年，第 96 页。

法、懂法、用法，而不违法、犯法是提高公民生态文明素质的基本要求。

此外，邓小平也很重视植树造林、绿化祖国以造福后代。在他的关怀与支持下，我国成功建立了三北防护林体系工程，为我国改善生态环境、减少自然灾害建立了绿色屏障。1979 年 2 月，第五届全国人大常委会第六次会议通过“把每年 3 月 12 日定为植树节”的决议。邓小平不仅是义务植树的倡导者，也是义务植树运动的积极践行者。他认为，植树造林是改善生态环境的基本途径，是利国利民、造福后世的重要举措。邓小平作为当时国家的主要领导人不仅在政策上大力倡导植树造林、绿化祖国，而且在实际行动上自己身体力行、率先垂范，无形中为全国人民树立了植树造林的榜样。国家政策的正确引导和领导人的感染带动，使我国从 20 世纪 80 年代以来植树绿化面积大大增加。这不仅可以达到防风固沙、涵养水源、美化环境的目的，还可以为未来社会建设储备大量建筑材料。即使今天看来，植树造林、绿化祖国的思想主张与行为实践对全国人民、特别是青少年也具有积极的教育意义，对他们生态环保意识的形成具有重要的推动作用。

总之，作为新中国第二代主要领导人和改革开放的总设计师，邓小平在正确处理人与自然关系，协调发展经济与保护环境的关系等方面提出了具有转折意义的建设思想。他积极倡导在我国实施计划生育与保护环境的基本国策，这对当前我国经济社会发展仍然具有重要的指导意义。同时，他主张用法制治理资源浪费与环境污染，使我国的生态环境保护与节能增效工作逐步走上了法治化轨道。此外，他主张植树造林、美化环境的思想，不仅有利于改善我国的生态环境，同时也对提高青少年的生态文明素质具有教育意义。因此，邓小平在生态环境建设方面的诸多思想是我国生态文明教育研究的重要理论来源，为生态文明教育在实践中的顺利开展提供了思想基础。

三　江泽民以可持续发展为主的节能环保思想

江泽民是继毛泽东、邓小平之后党的第三代领导核心，他从 20 世纪 80 年代末主政以后，在深化改革、扩大开放的基础上继续领导全国人民探索中国特色的社会主义发展道路。面对社会主义现代化建设过程中出现在人口、资源、环境等方面的新问题、新情况，江泽民立足国情、联系实际进行了深入思考，在探索正确处理人与自然关系的道路上提出了一系列新观点、新论断。

（一）可持续发展思想

“可持续发展是既满足当代人的需要，又不对后代人满足其需要的能力构成危害的发展。”[①] 自国际社会在 20 世纪 90 年代初提出可持续发展理念以来，我国政府积极响应，在认识逐步深化的基础上，可持续发展成为我国重要的战略性发展理念。江泽民作为当时党和国家领导集体的核心，多次强调要在我国坚定不移地实施可持续发展战略。1995 年 9 月，在中国共产党的十四届五中全会上，江泽民提出：“在现代化建设中，必须把实现可持续发展作为一个重大战略。”[②] 1997 年 9 月，江泽民在党的十五大报告中再次强调：“在现代化建设中必须实施可持续发展战略。”[③] 可持续发展战略的提出，重申了发展是解决所有问题的根本对策，突出了什么样的发展才是我们需要的发展，我们需要的发展不是“唯 GDP”的单纯经济发展，而是从长远角度考虑综合效益的可持续发展。对于什么是可持续发展，江泽民在 1996 年 3 月的中央计划生育工作座谈会上说：“可持续发展，就是既要考虑当前发展的需要，又要考虑未来发展的需要，不要以牺牲后代人的利益为代价来满足当代人的利益。”[④] 面对我们有限的资源和脆弱的环境，当代人在满足自身物质与精神需求的同时，决不能采取急功近利、杀鸡取卵式的经济发展方式，而需要从人类社会发展的长远利益出发，尽可能协调人口、资源、环境之间的关系，使个人利益与社会利益、当代利益与后代利益有机统一。2001 年 7 月，在建党 80 周年纪念大会上，江泽民

---

① 世界环境与发展委员会：《我们共同的未来》，王之佳、柯金良等译，吉林人民出版社 1997 年版，第 52 页。

② 《江泽民文选》第 1 卷，人民出版社 2006 年版，第 463 页。

③ 《江泽民文选》第 2 卷，人民出版社 2006 年版，第 26 页。

④ 《江泽民文选》第 1 卷，人民出版社 2006 年版，第 518 页。

详细阐述了贯彻落实可持续发展战略的要求和要实现的目标，即“坚持实施可持续发展战略，正确处理经济发展同人口、资源、环境的关系，改善生态环境和美化生活环境，改善公共设施和社会福利设施，努力开创生产发展、生活富裕和生态良好的文明发展道路。”① 随着党和国家对可持续发展理念认识的不断加深，2002年11月党的十六大报告进一步把可持续发展作为衡量未来社会发展水平的一个重要指标，即“可持续发展能力不断增强，生态环境得到改善，资源利用效率显著提高，促进人与自然的和谐，推动整个社会走上生产发展、生活富裕、生态良好的文明发展道路。”② 并且在我国的可持续发展过程中要“走出一条科技含量高、经济效益好、资源消耗低、环境污染少、人力资源优势得到充分发挥的新型工业化路子”③。在江泽民的积极推动与倡导下，我国社会经济逐步迈向可持续发展的道路，为进一步化解人口与资源、环境之间的矛盾开辟了新道路、提供了新方法。

（二）保护资源环境就是保护生产力

“环境意识和环境质量如何，是衡量一个国家和民族的文明程度的一个重要标志。”④ 江泽民非常重视对资源和环境的保护与合理利用。他强调指出：“我国耕地、水和矿产等重要资源的人均占有量都比较低。今后，随着人口的增加和经济的发展，对资源总量的需求更多，环境保护的难度更大。必须切实保护资源和环境，不仅要安排好当前的发展，还要为子孙后代着想，决不能吃祖宗饭、断子孙路，走浪费资源和先污染、后治理的路子。”⑤ 江泽民还指出：“我国人口众多，人均资源相对短缺，科技水平不高，经济技术基础比较薄弱，保护生态环境面临的任务很艰巨。因此，在经济社会发展中，我们必须

① 《江泽民文选》第3卷，人民出版社2006年版，第295页。
② 同上书，第544页。
③ 同上书，第545页。
④ 《江泽民文选》第1卷，人民出版社2006年版，第534页。
⑤ 同上书，第463—464页。

努力做到投资少、消耗资源少，而经济社会效益高、环境保护好。”①1996 年 7 月，江泽民在第四次全国环境保护会议上作了“保护环境，实施可持续发展战略”的重要讲话。在这次会议上他提出了“保护环境的实质就是保护生产力”② 的重要论断。这次会议还确定了坚持污染防治和生态保护并重的方针，同时要求实施《污染物排放总量控制计划》和《跨世纪绿色工程规划》两大举措。全国开始展开了大规模的重点城市、流域、区域、海域的污染防治及生态建设和保护工作。1998 年 11 月，国务院通过《全国生态环境建设规划》，其中指出：“生态环境是人类生存和发展的基本条件，是经济、社会发展的基础。保护和建设好生态环境，实现可持续发展，是我国现代化建设中必须始终坚持的一项基本方针。”③ 江泽民还提出了保护资源环境的基本路径：“在全国实行最严格的资源管理制度，坚持‘在保护中开发，在开发中保护’的总原则不动摇。要努力提高资源利用水平和效率，走出一条资源节约型的经济发展路子。”④ 江泽民把保护环境与合理利用资源上升到与生产力同等的高度，充分说明资源、环境等因素在社会发展中的重要作用，生产力是社会发展的动力，而资源环境是这一动力的重要来源。只有在发展的过程中注重保护环境、合理开发利用资源，才能真正实现可持续发展。

总之，江泽民在继承邓小平发展思想的基础上探索了“实现什么样的发展以及如何发展”的问题，促使我国经济社会逐步走上了可持续发展的道路。可持续发展注重发展的长远性、持续性和协调性，可以避免发展中单纯求速度、上规模而破坏生态、浪费资源的弊端。可持续发展理念为我们解决环境、资源问题提供了一个全新的视角，即把节能环保放在发展的过程中综合考虑、统筹兼顾，而

---

① 《江泽民文选》第 1 卷，人民出版社 2006 年版，第 532 页。

② 同上书，第 534 页。

③ 中共中央文献研究室：《十五大以来重要文献选编》（上），中央文献出版社 2011 年版，第 532 页。

④ 《江泽民在中央人口资源环境工作座谈会上强调：切实做好人口资源环境工作　确保实现跨世纪发展宏伟目标》，《人民日报》2000 年 3 月 13 日第 1 版。

不是就污染谈环保、就资源谈节能，这样更有利于从长远和根本上解决生态环境问题。同时，江泽民把保护环境同保护生产力相提并论，一方面说明党和国家已经认识到环境、资源对国家发展与民族振兴的意义；另一方面也告诫国人保护环境、节约资源是每个人义不容辞的责任。江泽民在生态环境建设方面具有与时俱进的思想主张，这些思想主张为我国进一步建设生态文明提供了实践基础，也为我国生态文明教育在理论与实践中的发展提供了思想基础。

四　胡锦涛建设和谐社会和生态文明的思想

进入新世纪、新阶段，以胡锦涛为核心的党中央领导集体，面对我国社会主义现代化建设出现的新形势、新矛盾，提出了构建“两型社会”、建设和谐社会、科学发展观、生态文明建设等一系列富于时代特色的战略思想，不断将中国特色社会主义推向新的发展阶段。

（一）科学发展观

科学发展观与可持续发展既一脉相承又体现了新时期、新阶段的新特点，是胡锦涛在可持续发展理论的基础上与时俱进的重要理论成果。2003 年 10 月，中共十六届三中全会第一次全体会议通过了《中共中央关于完善社会主义市场经济体制若干问题的决定》，其中要求“坚持以人为本，树立全面、协调、可持续的发展观，促进经济社会和人的全面发展。”[①] 这是党的政策文件中较早涉及科学发展观的表述。胡锦涛在中共十六届三中全会第二次全体会议上，对科学发展观的概念及意义作了进一步阐发：“树立和落实全面发展、协调发展和可持续发展的科学发展观，对于我们更好地坚持发展才是硬道理的战略思想具有重大意义。树立和落实科学发展观，这是二十多年改革开放实践的经验总结，……也是推进全面建设小康社会的迫切要求。”[②] 为了使科学发展观在实践中得到有效落实，胡锦涛于 2004 年 3 月在

---

① 中共中央文献研究室：《十六大以来重要文献选编》（上），中央文献出版社 2005 年版，第 465 页。

② 同上书，第 483 页。

中央人口资源环境工作座谈会上，详细阐述了科学发展观的内涵与基本要求，即“坚持以人为本，就是要以实现人的全面发展为目标，从人民群众的根本利益出发谋发展、促发展，不断满足人民群众日益增长的物质文化需要，切实保障人民群众的经济、政治和文化权益，让发展的成果惠及全体人民。全面发展，就是要以经济建设为中心，全面推进经济、政治、文化建设，实现经济发展和社会全面进步。协调发展，就是要统筹城乡发展、统筹区域发展、统筹经济社会发展、统筹人与自然和谐发展、统筹国内发展和对外开放，推进生产力和生产关系、经济基础和上层建筑相协调，推进经济、政治、文化建设的各个环节、各个方面相协调。可持续发展，就是要促进人与自然的和谐，实现经济发展和人口、资源、环境相协调，坚持走生产发展、生活富裕、生态良好的文明发展道路，保证一代接一代地永续发展。”① 多年来，我国经济社会发展中人口、资源、环境间的矛盾比较突出，特别是水体污染严重、雾霾天气增多及各类生态环境群体性事件频发。鉴于此，胡锦涛从我国实际出发提出我们追求的发展是科学发展，要统筹兼顾，要尊重自然、顺应自然，这是形势所迫也是中华民族永续发展的必然选择。随着理论研究的深化与实践活动的深入，科学发展观在党的十七大上被写入党章，十八大把科学发展观正式确定为党的指导思想。

（二）建设和谐社会

胡锦涛还针对我国社会各方面的不和谐、不文明，立足人民群众对美好生活的期盼，提出了构建社会主义和谐社会的伟大号召。2004年9月，中共十六届四中全会公报中首次使用“构建社会主义和谐社会”的表述。2005年2月，胡锦涛在中央党校省部级主要领导干部构建社会主义和谐社会能力专题研讨班上，对社会主义和谐社会的内涵及任务等方面进行了详细论述，即“我们所要建设的社会主义和谐社会，应该是民主法治、公平正义、诚信友爱、充满活力、安定有

---

① 中共中央文献研究室：《十六大以来重要文献选编》（上），中央文献出版社2005年版，第850页。

序、人与自然和谐相处的社会。……人与自然和谐相处，就是生产发展，生活富裕，生态良好。”[①] 显然，和谐社会应该是具备上述六个基本特征的一种美好社会形态，其中人与自然和谐相处是和谐社会的重要特征之一，也是整个人类社会持续发展的基础和前提，它直接制约着人与自身、人与人、人与社会的发展状况。人与自然和谐相处在和谐社会中的表现就是通过发展社会生产力，提高人民的生活水平，同时又不破坏人类赖以生存的自然环境。建设生态良好的和谐社会需要充分认识自然万物的价值，特别是自然对人类生存与发展的价值，要尊重自然、尊重自然规律，切实做到保护环境、节约资源。为此，胡锦涛在2004年3月的中央人口资源环境工作座谈会上指出：“自然界是包括人类在内的一切生物的摇篮，是人类赖以生存和发展的基本条件。保护自然就是保护人类，建设自然就是造福人类。要倍加爱护和保护自然，尊重自然规律。对自然界不能只讲索取不讲投入、只讲利用不讲建设。发展经济要充分考虑自然的承载能力和承受能力，坚决禁止过度性放牧、掠夺性采矿、毁灭性砍伐等掠夺自然、破坏自然的做法。”[②] 因此，只有在尊重自然、保护自然的基础上改造自然、利用自然，才能真正实现人与自然的和谐，和谐社会的构建才具有坚实的物质基础和良好的建设环境。

（三）建设两型社会

环境与资源是社会发展中的两个重要条件，更是推进生态文明，建设美丽中国的基础支撑。面对资源供应趋紧、环境恶化日益严重的形势，胡锦涛在2005年的中央人口资源环境工作座谈会上，提出在“高效利用资源、减少环境污染、注重质量效益的基础上，努力建设资源节约型、环境友好型社会。”[③] 同年10月，胡锦涛在党的十六届

---

① 中共中央文献研究室：《十六大以来重要文献选编》（中），中央文献出版社2006年版，第706页。

② 中共中央文献研究室：《十六大以来重要文献选编》（上），中央文献出版社2005年版，第853页。

③ 《胡锦涛在中央人口资源环境工作座谈会上强调：扎扎实实做好人口资源环境工作推动经济社会发展实现良性循环》，《人民日报》2005年3月13日第1版。

五中全会上指出："要加快建设资源节约型、环境友好型社会，大力发展循环经济，加大环境保护力度，切实保护好自然生态，认真解决影响经济社会发展特别是严重危害人民健康的突出的环境问题，在全社会形成资源节约的增长方式和健康文明的消费模式。"① 资源节约型社会强调的是整个社会发展以对资源的科学合理利用为基础，其核心内涵是节约资源；环境友好型社会追求的是一种在社会经济繁荣发展的过程中，不仅不对生态环境构成危害，还能有效改善环境的社会形态，其核心内涵是重视社会发展的环境效益。然而，我国资源与环境现状不容乐观，"全国 2/3 的国有骨干矿山进入中老年期，400 多座矿山因资源枯竭濒临关闭；全国受污染耕地多达上千万公顷，1.9 亿人饮用水有害物质含量超标，雾霾等极端天气频发；生态系统退化，全国水土流失面积占 37%，荒漠化土地占 27.4%，生物多样性下降。"② 面对我国严峻的资源与环境形势，应该如何通过环境友好型社会建设与资源节约型社会建设实现人与自然的和谐持续发展，当时以胡锦涛为核心的党中央立足现实、放眼长远，从理论与实践相结合的高度一再重申，要把两型社会建设作为重要的战略任务来抓，要通过努力"实现速度和结构质量效益相统一、经济发展与人口资源环境相协调，使人民在良好生态环境中生产生活，实现经济社会永续发展"③。

（四）建设生态文明

"建设生态文明"的提法第一次出现在国家的政策文件里，是在 2007 年 10 月党的十七大报告中，时任国家主席的胡锦涛在报告中指出"建设生态文明，基本形成节约能源资源和保护生态环境的产业结构、增长方式、消费模式。……循环经济形成较大规模，可再生能源比重显著上升。……主要污染物排放得到有效控制，生态环境质量明

① 《中国共产党十六届五中全会公报》，《青年报》2005 年 10 月 12 日第 2 版。

② 李军：《走向生态文明新时代的科学指南——深入学习贯彻习近平同志关于生态文明建设系列重要讲话精神》，《人民日报》2014 年 4 月 23 日第 7 版。

③ 中共中央文献研究室：《十七大以来重要文献选编》（上），中央文献出版社 2009 年版，第 12 页。

显改善。……生态文明观念在全社会牢固树立。”[①] 这不仅从国家政策与战略高度指明了我国生态文明建设的要求和任务，也为我国生态文明教育的开展提出了目标，即在全社会牢固树立生态文明理念，同时也为生态文明教育的实施提供了政策依据。2012 年 11 月，党的十八大报告进一步指出：“建设生态文明，是关系人民福祉、关乎民族未来的长远大计。面对资源约束趋紧、环境污染严重、生态系统退化的严峻形势，必须树立尊重自然、顺应自然、保护自然的生态文明理念，把生态文明建设放在突出地位，融入经济建设、政治建设、文化建设、社会建设各方面和全过程，努力建设美丽中国，实现中华民族永续发展。”[②] 在这次会议上生态文明建设被列入了“五位一体”的中国特色社会主义事业的总体布局，并且被写入了党章。可见，国家对生态文明建设的重视达到了空前的程度。生态文明建设思想的提出与践行是以胡锦涛为核心的党中央领导集体，在继承我国传统生态文化的优秀成果，借鉴西方生态文明建设的科学理念基础上，结合我国资源环境的实际情况，富有时代性与创造性地解决人口与资源、环境矛盾的重大举措，是对自然生态规律和社会发展规律认识的深化，同时也彰显了党和国家治理污染、节能减排，走可持续发展道路的决心。

总之，胡锦涛作为这一时期党和国家的主要领导人，面对资源约束趋紧、环境污染严重、生态系统退化的严峻形势，高瞻远瞩地提出了科学发展理念，为新时期我国社会主义现代化建设提供了行动指南，特别是为我们在生产生活中正确处理人与自然的关系，走生态文明发展道路指明了方向。同时，他根据我国的现实国情和社会发展状况提出了构建社会主义和谐社会、建设“两型”社会的战略思想，在此基础上奏出了推进生态文明、建设美丽中国的时代最强音。这些思想主张是当前我国开展生态文明教育，提高国人生态文明素质的重要理论根据。

---

① 胡锦涛：《高举中国特色社会主义伟大旗帜　为夺取全面建设小康社会新胜利而奋斗——在中国共产党第十七次全国代表大会上的报告》，人民出版社 2007 年版，第 20 页。

② 胡锦涛：《坚定不移沿着中国特色社会主义道路前进　为全面建成小康社会而奋斗——在中国共产党第十八次全国代表大会上的报告》，人民出版社 2012 年版，第 39 页。

自党的十八大以来，新一届国家主席习近平一如既往注重生态文明建设，要求在全社会普及生态文明理念，提高国人的生态文明素质。他不仅从理论上阐释了人与自然的关系，论述了生态文明建设的意义、指导思想和实施策略，而且分析了什么是生态文明、如何建设生态文明等一系列重大战略问题。习近平还提出，生态兴则文明兴，生态衰则文明衰；绿水青山就是金山银山；保护生态环境就是保护生产力等重要论断，他主张用最严格的制度和最严密的法治治理环境污染和资源浪费[①]，从制度设计层面为美丽中国建设提供了保障。习近平有关生态文明建设的思想与论断为当前我国开展生态文明教育、普及生态文明理念提供了最直接的思想基础和行动指南。

第三节　中国古代与西方现代的主要生态文明思想

马克思、恩格斯的人与自然关系思想以及中国共产党主要领导人的生态建设思想是我国生态文明教育的重要理论基础，除此之外，生态文明教育的理论研究与实践探索还可以从我国传统生态文化与西方现代生态思想中继承和借鉴其合理成分，以丰富我国生态文明教育理论，指导我国生态文明教育实践健康发展。

一　继承中国古代的合理生态文明思想

我国传统文化可谓博大精深、源远流长，其中不乏对人与自然关系、社会发展和资源环境关系的关注。以儒、道、佛三家为主的中华传统文化格局，从不同的层面探讨了天人关系，形成了各自的生态理论体系。总结我国传统文化中的生态文明思想，以探寻中国古人在天人关系方面的理论建树，从而为我国生态文明教育的理论与实践提供文化基础。

---

① 参见李军《走向生态文明新时代的科学指南——学习习近平同志生态文明建设重要论述》，中国人民大学出版社 2015 年版，第 17—33 页。

（一）儒家的生态文明思想

1. “天人合一”

“天人合一”是传统儒家思想中关于人与自然关系的核心理念，在我国传统文化史上具有极其重要的地位和价值。尽管儒家先贤由于时代局限对天人关系的认识不乏自然崇拜的色彩，但孔子、孟子及荀子都认识到人与天（自然）的相通性，主张尊重自然、善待自然，认为只有尊重自然、善待万物，人才能更好地生存于天地间，以实现自身价值。首先提出“天人合一”思想的是西汉儒学大家董仲舒，他在其政治哲学著作《春秋繁露》一书中说，“天人之际，合而为一。”书中论及了人与天的合而为一的表现，“人之人，本于天。天亦人之曾祖父也”。也就是说尽管人是由人一代一代繁衍而来的，但是追溯到人类的祖先，他们却源于天（即自然界）。按此推理，世间万物皆是从无到有，无不源于天，由此董仲舒从仁爱的角度强调要“质于爱民，以下至鸟兽昆虫莫不爱。不爱，奚足以谓仁?”而明确使用“天人合一”这一提法的却是北宋理学家张载，他在《正蒙·乾称》篇中说：“儒者则因明至诚，因诚至明，故天人合一”。意思是说有智慧的儒者是与天地（自然）融合在一起的。张载还在《西铭》篇中说：“民吾同胞，物吾与也”，即世间万物都是天地所生，人类命运与自然万物息息相关。他还认为人类是与其他万物一样由“乾父坤母”的阴阳二气聚合所生的子女。因此，人类应该把自然万物看作朋友，善待、尊重他人的同时要泛爱万物。这种对万物博爱尊重的主张是“天人合一”思想的扩展与延伸，是一种具有积极意义的朴素的生态自然观。人类与自然万物同宗同源、由天而生，人应该在爱同胞的同时，泛爱其他自然万物。明朝大家王夫之也强调，“于民必仁，于物必爱。”他从统治者的角度认为，对待自然万物和对待老百姓一样，都应该施以仁爱之心，使其和谐共生。虽然在处理天人关系时，儒家主要关心的是人的价值，但是，儒家也看到了人的生存同自然的依赖关系，认为包括人在内的万事万物都从属于自然界，是大自然长期进化演变的产物，我们人类在自然界中只是其中一员，对于人来讲自然界是人的生命来源，也是人创造价值的来源。儒家的古圣先贤由此主张

"泛爱众生"，认为应该把对人类自身的关怀扩展到了自然万物。

2. "天行有常"

我国传统儒家思想在自然观上的另一个重要观点是"天行有常"，即认为自然界存在着不以人的意志为转移的客观规律。儒家的古圣先贤们早在春秋战国时期就认识到春华秋实、夏雨冬雪、斗转星移、阴晴圆缺等各种自然现象，无不有其自身固有的运行规律。在《论语·阳货》篇中孔子曾说："四时行焉，百物生焉。"即是说四季分明交替运转，世间万物自然而然的生长都有其运行法则。孟子也意识到，人类可以认识并利用独立于我们之外的这些自然规律，但是尊重客观规律是利用自然和改造自然的前提条件。作为我国古代朴素唯物主义的杰出代表，荀子在其著作《天论》中对自然界存在的恒常规律有其经典深刻的论述，他说："天行有常，不为尧存，不为桀亡"，又说"天不为人之恶寒也辍东；地不为人之恶辽远也辍广……天有常道矣，地有常数矣。"即是说自然界的运行变化有固定不变的规律，它不会因为尧的圣明而存在，也不会因为桀的残暴而消失。天气变化不会因为人们厌恶寒冷就停止冬天的到来，地域的广袤也不会因为人们厌恶其辽远而改变，天象自然的变化有一定的规律，土地滋育万物生长有一定的法则。可见，自然界普遍存在着各种客观规律，这些规律不会因人之善恶、位之高低而变化。既然自然界的规律无法改变，人类要在与自然的较量中生存发展就必须认识自然规律、尊重自然规律。于是，荀子从人道与天道的关系角度论证了人类社会的发展必须以尊重自然规律为前提。所谓人道即一个国家的道德准则与治国原则；天道就是指天地间万物变化的客观规律，荀子认为人道源于天道，天道规范人道，在实践中就是要求人们善待自然、顺应天道。

3. "节用养物"

在对自然资源的利用方面，传统儒家思想提倡"节用养物"，主张在节约资源的基础上给动植物足够的休养生息时间。在《论语·学而》篇里孔子曾说："节用而爱人，使民以时"，在这里，孔子从治国理政的角度建议统治者不仅要爱戴百姓，使老百姓不违农时，而且强调治理好一个国家很重要的一点是节约资源。在对各种需要繁衍生息的动植物资源利用方面，孔子要求人们开采林木、狩猎捕鱼要适时适度，切不可对其进行滥伐滥捕、竭泽而渔式的利用。他在《论语·述而》篇中曾说："钓而不纲，弋不射宿，"意思就是要求人们捕鱼时只用竹竿钓取大鱼，而不要用网把小鱼一起赶尽杀绝；捕鸟打猎时只射杀成年的大鸟，而不要把巢穴里的幼鸟一起猎杀。这样做不但可以给生物资源留下繁衍生息的机会，以供人们将来持续利用这些资源，而且在客观上也可以防止物种灭绝、维护生物的多样性。孟子在对自然资源的利用方面也很注重取之有时、用之有节。他在《孟子·告子上》篇中曾说："苟得其养，无物不长，苟失其养，无物不消"。这里孟子主要是针对当时齐国东南部牛山上的树木被人们乱砍滥伐后的状况所说，他认为树木的成长成才需要给予良好的养护，而如果失去人类良好的养护，对其任意砍伐就会让树木失去成才的机会。同时，孟子在《孟子·梁惠王上》篇中告诫人们："不违农时，谷不可胜数也；数罟不入洿池，鱼鳖不可胜食也；斧斤以时入山林，林木不可胜用也。"意思是说人们只有按照自然节气耕作，才可以获得丰收；捕鱼不赶尽杀绝才能长期享用鱼鳖；按照时令科学伐木才有用不完的木材。这充分体现了孟子尊重自然规律、主张合理利用资源的思想。而这一思想与当前我们提倡的可持续发展理念具有一致性。

可见，儒家思想作为我国传统文化的主流，一向重视人与自然的关系，主张天人和谐、尊重客观规律；在生活上提倡节俭财物，给动植物必要的休养生息时间，以保证人类社会的持续发展和自然生态系统的和谐稳定。尽管由于历史时代的局限性，古人对人与自然关系的认识带有一定的自然崇拜色彩，但是其所倡导的关爱自然、尊重自然规律、节约资源等思想主张仍是当前我国开展生态文明教育的重要内容。

（二）道家的生态文明思想

1."道法自然"

相对于儒家主要从人的价值角度出发尊重自然、顺应自然来说，我国传统道家思想更注重从整体宇宙观的视角看待人与自然的关系。道家认为，包括人类在内的所有自然存在物与其生存环境一起构成了一个有机整体，人类在自然界中与其他自然存在物的地位是平等的，这是确认人的价值、规范人的行为的基础。老子在《道德经》第二十五章中说："道大，天大，地大，人亦大"，也就是说人与包括自然万物在内的天、地、道是平等的。既然人与自然万物之间是平等的，而人与人之间要相互尊重、讲伦理道德，那么人作为高层次的能动性自然物也应该尊重其他自然物，人与其他自然物之间也必然存在伦理道德关系。这种人与自然之间的生态伦理关系要求人们在实践中关爱草木、善待动物，维护自然界的平衡状态。在此基础上，老子提出了影响深远的"道法自然"思想，他在《道德经》第二十五章中还说："人法地，地法天，天法道，道法自然。"意思是说人类的繁衍生息遵循大地的法则，其行为活动取法于大地；大地的运行变化取法于上天，遵循其寒暑交替，化育万物的法则；上天的运行变化取法于道，遵循道的规律性；道的规律性取法于自然，顺其自然而成其所以然。这里老子所说的"道"应该是万物的根本，是看不见、摸不着而又可以主导万物生长存续的一种东西，是自然界普遍存在的规律。老子认为人要在整个宇宙中安身立命必须取法于天地间不以人的意志为转移的客观规律，要遵守自然之道，尽可能按照事物的自然本性行事，任万物自然而然地生长而不对其妄加干涉。总而言之，在人与自然关系方面，道家认为人类只是包含天地万物的整体宇宙之一，自然界有不以人的意志为转移的客观规律，整个宇宙整体是按照自然界固有的规律自然而然地运行变化的。道家这种对自然的整体认识论体现了我国古代朴素唯物主义的萌芽，客观上有利于引导人们在实践中关爱环境、保护自然。

2. "自然无为"

道家对宇宙运行"道法自然"的认识论，也决定了其在实践观上主张"自然无为"。这里的"自然"不是指自然界，而是指自然界存在的客观规律，"无为"不是无所作为，而是在尊重自然规律的前提下实现"有为"的一种手段。既然自然界存在人类无法改变的客观规律，那么，人在行为活动中只有顺应自然、尊重规律才能在天地间安身立命、繁衍生息。老子这种对待宇宙万物的"自然无为"思想主要是通过建议统治者在治国理政方面要采取“无为而治”的方式来体现的。老子认为，只要统治者能做到无为、不争，无欲、好静，一切顺其自然，不干涉人民的生活，社会各方面自然而然会好起来。他说：“是以圣人处无为之事，行不言之教。万物作而不辞，生而不有，为而不恃，功成而弗居。夫唯不居，是以不去。”（《老子》第二章）意思是说以“无为”的法则治理国家，一切要顺应自然，身教重于言教，孕育万物而不占为己有，帮助万物而不依赖它们，建立了功勋而不居功自傲，这样就会功绩永存。[①] 老子在治理国家、对待万物上的顺其自然、无为而治主张不仅是一种方法策略，也是一种治理国家、应对自然的境界，是一种不治而治、不为而为的境界。需要说明的是，道家的无为而治在治国理政方面并不是主张无所作为、任其发展，而是要通过有所为有所不为的方式使社会治理达到自觉、自治的境界；道家对待自然万物的无为思想也并不是阻止人们发挥主观能动性而不对自然进行任何改造和利用，而是主张不要以人类为中心对自然与环境任意妄为，因为违背自然规律的人类行为最终也将损害人自身的生存与发展。

3. “见素抱朴”

道家在个人生活方面主张朴实无华，反对奢华浪费，认为这是人类最本真的自然属性。在这方面老子有诸多经典的论断，如：“见素抱朴，少私寡欲”（《老子》第十九章）、“治人事天莫若啬”（《老子》第五十九章）、“是以圣人去甚，去奢，去泰”（《老子》第二十九章）。显然，老子主张个人生活要简朴，应该过一种淳厚质朴、淡然静心的生活。这种思想主张不仅可以使人们养成健康的生活习惯，培养高尚的生态道德，而且有利于节约资源，缓解人与自然之间的矛盾。老子在《道德经》第六十七章中还说：“我有三宝，持而保之，一曰慈；二曰俭；三曰不敢为天下先。”这里老子三宝之一的“俭”就是指生活节俭朴实，在衣食住行与感官欲望方面节制、简行。同

① 余谋昌：《环境哲学——生态文明的理论基础》，中国环境科学出版社 2010 年版，第 42 页。

时，老子反对人有过多的欲望，认为人类过多的欲望不仅不利于自然和谐，也会伤害人的身体，使人失去质朴的自然属性。为此他在《道德经》第十二章中提出：“五色令人目盲，五音令人耳聋，五味令人口爽。驰骋畋猎，令人心发狂。难得之货，令人行妨。是以圣人为腹不为目，故去彼取此。”大意是说过多的感官和心理欲望会对人的身体和心理造成严重的伤害，使人心智异常、行为不端。同时，老子提倡对自然资源与环境的开采与利用要把握“知足”“知止”的原则，反对对自然资源实行掠夺式的开发和利用。要求人们充分考虑生态环境的承受能力，开发自然资源要适时、适度，如果贪得无厌、纵欲无度就会适得其反，带来祸端。所以，老子在《道德经》第四十六章中告诫世人：“祸莫大于不知足，咎莫大于欲得。故知足之足，常足矣。”可见，老子认为寡欲知足是实现人与自然和谐的重要途径，提倡人们在物质生活上以满足自身基本生活需要为准，不要纵欲妄为；在精神生活上倡导养心修德，追求人的精神境界与自然完美融合。现实生活中，人们过多的欲望不仅浪费了大量的宝贵资源，而且加剧了人与自然之间的对立，给整个社会带来种种负面影响。因此，道家所主张的简朴生活、节制欲望思想具有重要的现实意义，也为当前我国生态文明教育的开展提供了良好的教育素材。

总之，我国传统道家思想在人与自然关系方面更加注重天、地与人的整体性与规律性，同时，提倡人们对自然资源的利用和开发要适度，实质就是主张保持整个自然界的生态平衡。道家认为自然界有不以人的意志为转移的客观规律，进而要求人们在生活上要尊重自然、顺应自然，力求做到“无为而治”，只有这样，才能实现人与自然的和谐共生。尽管道家思想在个别方面存在争议，但其主张的尊重规律、顺应自然的理念与我国当前建设生态文明的思想却是不谋而合。此外，道家还要求人们在生活中要节制欲望、勤俭朴素，追求人与自然合一的高尚道德境界。人类的衣、食、住、行等方面的需要都是自然界提供的，而这些资源并不是用之不尽、取之不竭的，因此，我们只有采取节俭惜物、合理利用资源的生活方式，做到与自然同呼吸、共命运，才能真正实现人类的永续发展。可见，道家思想中的诸多积极方面对我国当前生态文明教育在理论与实践中均具有重要的启发意义和实践价值。

（三）佛家的生态文明思想

1. “万物平等”

佛家认为，一切生命都是平等的。从整个宇宙范围来看，生命形式可以分为无情众生与有情众生。无情众生包括植物以及山河湖泊等；有情众生包括人类以及所有的动物。佛家不但认为有情众生之间地位平等，应该尊重所有的生命形式，而且强调无情众生的自然权利，主张敬畏自然，爱惜万物，彰显了佛家尊重自然、敬重生命的自然伦理观。在平等的基础上，佛家认为人类善与恶的最高标准是对生命的态度。因此，尊重生命、珍惜生命是佛家善的最高标准。为了使人类做到尊重生命，爱护生命，佛家提出了一系列戒律，主张对构成整个生命群体的有情众生要慈悲为怀，戒杀生，把“不杀生”作为众戒律之首，佛家弟子既要做到不杀人、不杀鸟兽虫蚁，而且还要做到不乱折草木，即善待一切众生。《大智度论》卷十三记载有：诸罪当中，杀罪最重；诸功德中，不杀第一。这不仅是对人与人关系的规定，也是人与动物关系的规定。杀生意味着剥夺其他生命存在的权利，而生命对人、动物都是一样的可贵。因此，佛家的众生平等、关爱生命、保护自然与忌杀生的传统思想，是一种高尚的伦理道德，对于维护地球生物的多样性，保持生态平衡具有积极意义。显然，佛家思想中包含许多有关人与自然关系的理论精华，对当前我国开展生态文明教育，建设生态文明社会具有重要的启示意义。

2. “依正不二”

佛家还强调人与世间众生“依正不二”的整体论思想。所谓“依正”，也就是佛语里“依报”和“正报”之义。“依报”，主要是指佛及众生的生存环境；“正报”一般是指包括佛与众生在内的生存主体。“不二”强调“依报”和“正报”紧密联系，不能分开。“依正不二”实际上突出了生存主体和生存环境的整体性、系统性。现代生态伦理学的观点认为，对于世界的划分，不能仅仅从人和社会视角划分，还应该从生命和自然界层面划分；人的世界与自然界紧密联系，不可分割，是既对立又统一的矛盾统一体。因此，佛家在很大程度上主张构建一个以“人—社会—自然”为核心的复合整体生态系统。① 日本著名佛教思想家池田大作曾说：“以佛教思想为基础培养起来的东亚文化，在自然和人之间美好的协调中，一方面使人在内心赋有一种安详平静的感觉；另一方面又有一种求‘生’的强大动力。”② 英国著名历史学家汤因比说：“中国化了的共产主义和中国化了的佛教一样，会对中华民族的世界观和生活方式有很深影响，并会使其有很大的改观。”③ 尽管汤因比把中国化了的共产主义和中国化了的佛教相提并论不免有偏颇之处，但是他对我国佛教的整体性精神内涵的肯定及这种精神内涵对广大佛教徒的影响之深可见一斑。

虽然佛家思想中有一些消极成分，但是佛家认为世间万物是平等的，应该善待一切生命而不能随意杀生，每一个生命都有其存在的价值和意义，这一思想对维护地球生物多样性，促进生态平衡具有积极影响。同时，佛家认为每一个生命个体乃至整个人类都与自然环境是不可分割的整体，这与我们今天所推崇的整体论与系统论具有一致性。在开展生态文明教育的过程中，不管是教育主体还是教育客体都应该意识到，每个人都是整个地球生态系统的一分子，我们同其他生物是平等的并且是相互联系的，因此，人类要善待自然、善待生命。而佛家的上述主张让我们更深刻地认识到这一点。

二　借鉴西方现代的相关生态文明思想

20 世纪 60 年代以来，全球环境恶化和生态失衡的趋势开始加剧，并且开始威胁人类的生存，西方工业发达国家在经济飞速发展的同时，更早、更严重地受到资源危机与环境污染的威胁。于是，各国学者开始重视并深入研究生态环境问题，以期为遏制环境污染、化解生

---

① 余谋昌：《佛学环境哲学思想》，《上海师范大学学报》（哲学社会科学版）2006 年第 2 期。

② ［英］汤因比、［日］池田大作：《展望 21 世纪》，荀春生等译，国际文化出版公司 1985 年版，第 286 页。

③ 同上书，第 292 页。

态危机提供理论指导。西方学者从不同的视角对生态环境进行研究，形成了诸多观点鲜明的流派。限于篇幅，以下仅对我国生态文明教育具有较大启示意义的生态马克思主义、生态中心主义和生态后现代主义三派进行探讨，以期对我们建设生态文明、提高国民生态素质提供有益的借鉴。

（一）生态马克思主义

20世纪中叶，环境污染和生态破坏逐渐开始威胁人类的生存，成为资本主义社会新的危机。在关系人类前途命运的思考中，在化解生态危机以维护人的生存与发展过程中，西方马克思主义学派主张把生态学与马克思主义理论相结合，在生态学的视域下研究资本主义的现代性危机，从而建立新的马克思主义理论，寻求社会发展的新途径。一般把这种理论称为生态马克思主义。[①] 生态马克思主义主要由莱斯、阿格尔在20世纪中后期创建，其代表人物除了莱斯和阿格尔，还有奥康纳、福斯特等。

生态马克思主义的基本思想观点主要体现在以下几个方面[②]：第一，强调以生态危机代替经济危机。虽然生态马克思主义者对资本主义的生产社会化同生产资料的资本主义私人占有这一基本矛盾予以认可，但是，他们却认为经济危机与资本主义灭亡并无必然联系。在他们看来，在西方资本主义国家飞速发展和政府普遍实施福利政策的情况下，工人生活条件明显改善，这就避免了经济危机的爆发。进而，他们认为，资本主义充分运用先进科技来改造和征服自然，使得人与自然的矛盾不断激化，资本主义经济的发展以破坏自然为代价。鉴于此，资本主义社会的基本矛盾由生产社会化同生产资料的资本主义私人占有转变为人与自然的矛盾，经济危机处于次要地位，生态危机上升到主要地位。第二，指出了生态危机产生的直接原因在于异化消费。通过对马克思提出的“异化理论”进行加工和改造，生态马克思

① 余谋昌：《环境哲学——生态文明的理论基础》，中国环境科学出版社2010年版，第112—113页。

② 参见刘仁胜《生态马克思主义概论》，中央编译出版社2007年版，第4—5页。

主义者提出“异化消费”的概念，强调在资本主义异化劳动的条件下，人们只有通过购买“虚假需求”商品的方式，才能获得一种满足感和幸福感，这就使得经济危机难以发生。在他们看来，劳动异化是异化消费产生的直接原因，在异化消费的驱动下，资本主义生产循环往复，资本主义制度得以维持。垄断资本主义则是在原有的基础上强化了这种异化消费，造成了自然生态系统的持续破坏，从而危及人类的生存和发展。第三，强调需求理论是解决异化消费的有效途径。在生态马克思主义者看来，随着资本主义发展到垄断阶段，资本主义危机已经实现了从生产领域向消费领域的转变。为了维系资本主义社会的存续，资本家通过各种宣传和促销手段刺激人们的购买欲望，以使其购买自己并非需要的商品，最终导致全球生态危机的出现。鉴于此，只有减少需求，才能克服异化消费。然而他们并未创造出实际的需求理论，只是从马克思《1844 年经济学哲学手稿》中挖掘出了一种抽象的思想，强调只有实现人自我实现的劳动与有益消费的统一，人才能真正幸福。第四，强调构建“稳态”经济模式，主张生产适度发展，实现生产过程的分散化和民主化。在吸收和借鉴马克思、穆勒和舒马赫等人思想的基础上，生态马克思主义者提出了“稳态”经济模式，主张实现工业生产的减量化，重视人的能动性，在人与自然和谐的前提下进行生产和生活。

生态马克思主义者在理论上主张以生态危机取代资本主义经济危机的观点虽然有失偏颇，但他们主张把生态学与马克思主义相结合，以此探究资本主义制度下生态危机对资本主义社会的影响，探寻生态危机产生的根源，并且试图通过消除异化消费、建立“稳态”经济等方式解决生态危机的思想主张，把生态危机提到了至高的位置，客观上有利于消除人与自然之间的矛盾与对立。我国尚处于社会主义初级阶段，同样存在人与自然关系的矛盾与对立，这一矛盾的解决需要在生产、消费与供求等方面探索相关对策。从当前我国开展生态文明教育的角度来看，要明确资本主义生态危机与社会主义制度下生态问题的本质区别，在解决路径上可有选择地借鉴。

（二）生态中心主义

生态中心主义主要从伦理学层面强调生态系统的整体性。在生态中心主义者看来，道德关注的重点不完全是生物，还包含生物和环境所构成的系统整体。生态中心主义的典型代表人物主要有美国生态学家利奥波德、美国环境伦理学家罗尔斯顿和挪威哲学家奈斯等。

作为生态伦理学的奠基人，利奥波德因发表《大地伦理》一书一举成名。他对生态伦理学的主要贡献体现在两方面：第一，将对自然的关注纳入伦理学的概念框架之中，以此来正确处理人与自然的关系；第二，为自然界的实体和过程赋予权利，以促进它们的长远发展。他首创“大地共同体”这一崭新概念，提出“大地是一个共同体”的论断，认为大地共同体是生态学的一个基本概念。大地提供了保障人类生存的各种资源和营养，养育了人类及其他生物，应该受到人类的爱护与敬重。从这一意义来说，应该把人与大地的这种关系扩展到伦理学的范围之内。利奥波德认为，只有将处理人与自然关系的内容纳入到伦理学道德规范的框架下，将自然界的实体赋予道德权利，才能促进人与自然的和谐发展。他指出：“从什么是道德的，以及什么是道德权利，同时什么是经济上的应付手段的角度，去检验每一个问题。当一个事物有助于保护生物共同体的和谐、稳定和美丽的时候，它就是正确的，当它走向反面时，就是错误的。”①

罗尔斯顿生态哲学思想的核心就在于他的自然价值论及关于自然价值的评价，他的代表作《哲学走向荒野》是生态伦理学的经典著作之一。罗尔斯顿认为，只有实现从生态规律到道德义务的转变，生态伦理学才更加有价值；自然界的价值是多样的，不仅具有内在价值，还具有外在价值，其价值既有客观性，也具有主观色彩；要将生态伦理学理论与生态伦理学实践结合起来；将环境伦理学的应用范围扩展到全球。此外，针对环境伦理学这一学科体系不完善的情况，罗尔斯顿建构了一个完整的学科体系，并对环境伦理学的基本内涵进行了概

---

① 余谋昌：《环境哲学——生态文明的理论基础》，中国环境科学出版社 2010 年版，第 158 页。

括。他认为在环境伦理学的视域下，虽然环境在本质上不可或缺，但它的作用主要是辅助性和工具性的。原发性环境伦理学强调人类对自然应该尊重并尽到责任，而不只是以审慎的态度利用自然。这是由于人类与其他非人类自然物存在一个本质的区别，即包括植物在内的其他自然生命物只能以被动适应自然的方式维持其生存以及种群繁衍，而人类却能够在实现自身繁衍生息的基础上关注并维护其他生命形式的生存与发展。环境伦理学的主题就应该是人类对其他生命形式以及所有个体的尊重与责任。人类生存是以对生命的爱为原则的，尊重生命的内涵要求人类超越那种只把地球作为资源来使用的观点，而把它看作是人和其他生命的共同家园。[①] 人类在生态系统中的位置，位于食物链和生命金字塔的顶端，但是人类具有维护生态平衡完美性的责任与义务，而人类展示这种完美性的一个途径是“看护地球”，即通过发挥人的主观能动性积极调整整个生态系统，使之始终处于平衡与稳定状态之中。

总之，生态中心主义从整体观把道德与权利的范围扩展到整个生态系统，这显然对于人与自然的和谐相处及整个生态系统的良性循环大有裨益。更为可贵的是，生态中心主义特别强调建立生态意识，主张把保护土地，保护自然景观的美丽和多样性等生态意识在全社会普及传播。利奥波德认为，如果缺少良好的生态意识，要求人们承担私利以外的义务就难以实现。于是，他提倡把社会道德意识的范围从人类扩展到自然界。其实，生态文明教育的重要任务就是要在全社会普及生态文明意识，使社会成员广泛树立节能环保、珍爱自然的生态文明理念。

（三）生态后现代主义

生态后现代主义是后现代主义文化思潮的重要组成部分，这一流派试图通过对现代主义机械论世界观和科学主义的批判，对有机整体论的世界观、价值观以及思维方式进行重新恢复，旨在对现代性辩证

① 余谋昌：《环境哲学——生态文明的理论基础》，中国环境科学出版社 2010 年版，第 161 页。

否定的基础上，实现对传统有机论和生态神圣世界观在更高层次上的辩证回归。正如大卫·格里芬所说：“这种建设性的、修正的后现代主义是现代真理和价值观与前现代真理观和价值观的创造性的结合。”① 这种对现代性的否定，抓住了现代性危机的关键所在，顺应了人类超越工业文明、迈向生态文明的时代潮流，即在扬弃现代性的基础上追求人、社会及自然的有机统一与良性互动。生态后现代主义的主要代表人物除了美国过程哲学家大卫·雷·格里芬，还有美国后现代思想家小约翰·柯布等。

生态后现代主义尊崇过程哲学的有机整体观，明确提出了生态世界观。生态世界观认为，地球上所有的生命存在物与全部非生命存在物之间是存在内在联系的统一整体，人类社会与自然界共存于全球生态系统之中。在这一庞大系统的整体运行下，各个组成部分之间相互联系、相互作用，可以使世界变成一种有序的状态。从自然与人类有机统一的哲学整体观来看，人类不仅不是整个宇宙的主人，而且也不是整个宇宙的中心，人类在宇宙的地位中充其量只是其中一个有机组成部分而已。因此，人类应该通过创造性的活动方式建立人与自然的和谐关系，要在维护自然生态系统平衡稳定的基础上，科学有效地利用各种生态资源，使世界整体的各方面得以协调发展，这样才能为人类提供良好的生存环境，进而才有可能实现人类的永续发展。后现代生态世界观是人们对未来人类社会与自然发展总的观点，是人们对整个世界从整体到联系层面的深刻把握，体现了当前人们对环境、资源等生态要素的重视。此外，生态后现代主义还强调，宇宙中自然万物都有其存在的价值与目的，价值不是人类的专利。从整体与部分的关系来说，人类只是整个自然生态系统的一个部分，如果没有这一庞大系统的正常运转，人类也将难以在地球上安身立命。因此，人类的价值应该从属于整个自然生态系统的价值。这也说明人与其他自然物的生存与发展息息相关。所以，人类不要单单从自身的生存与发展行

① ［美］大卫·雷·格里芬：《后现代精神》，王成兵译，中央编译出版社 1997 年版，第 237 页。

事，也要尊重自然、爱惜资源，学会与自然和谐相处，自觉维护地球生态系统的平衡与稳定。

生态后现代主义在对现代主义扬弃的基础上，积极探求化解现代性危机的对策，为重构人与社会及自然之间的和谐关系进行了富有价值与新意的理论探索。当前我国生态文明建设与生态文明教育应该积极吸取其具有启发意义与借鉴价值的思想主张。一方面我们要认真审视西方发达国家走过的道路，积极吸取它们的经验教训；另一方面在借鉴后现代主义世界观、价值观中合理成分的基础上，结合我国的具体国情开创一条具有中国特色的生态文明建设道路。而在我国开展生态文明教育的过程中也要积极吸收生态后现代主义的合理成分，将其所倡导的系统整体论、自然价值论等思想融入生态文明教育的理论与实践，为我国生态文明教育的健康发展提供理论参考。

第四章　中国生态文明教育的指导思想、目标及内容

“伟大的实践需要伟大的理论，伟大的理论对伟大的实践必将起到积极的作用。”[①] 生态文明教育是一项复杂的社会系统工程，是一项覆盖全民、全社会的教育实践活动。实践要达到预期的目标就需要科学的理论指导；没有理论指导的实践是盲目的，也难以实现预期目标。科学发展观是在新时期、新阶段指导我国经济社会实现可持续发展的重要理论成果，它不仅是新时期党和国家各项事业蓬勃发展的行动指南，也是当前我国开展生态文明教育，普及生态文明理念的指导思想。在这一科学理论的指导下，生态文明教育目标的制定应该以社会发展要求、教育发展规律以及人的心理发展规律为依据。教育目标是整个教育活动的实践方向，与之相关的各项工作都要紧紧围绕教育目标开展。作为传授知识、灌输思想的基本载体，教育内容也要根据教育目标科学划定，既要注重教育内容的全面性和层次性，又要突出其目的性与现实性。

第一节　中国生态文明教育的指导思想

2003 年 10 月，党的十六届三中全会在阐述深化经济体制改革的指导思想和原则时要求，“坚持以人为本，树立全面、协调、可持续

① 弓克：《论“五个文明”》，《新长征》2007 年第 11 期。

的发展观，促进经济社会和人的全面发展。”[①] 这是科学发展观的最初表达，也是在党的政策文件中首次出现。2007 年 10 月，在中国共产党的第十七次全国代表大会上，胡锦涛系统阐述了科学发展观的实践基础、历史地位、科学内涵、精神实质和根本要求。他指出：“科学发展观，第一要义是发展，核心是以人为本，基本要求是全面协调可持续，根本方法是统筹兼顾。”[②] 这一言简意赅的概括体现了科学发展观对我国经济社会发展的指导意义与实践原则，为各项事业的健康发展指明了方向。随着认识与实践的深化，在党的十八大报告中，科学发展观被正式确立为党的指导思想，进一步成为国家在政治、经济、文化和社会各方面必须坚持的行动指南。特别是当前面对国内经济发展和国际碳排放的种种压力与壁垒，我们更要坚持科学发展观，既要发展经济又要保护生态环境，努力建设生态文明、实现绿色发展。在这一背景下，生态文明教育应以科学发展观为指导，为社会培养具备生态文明理念及相应行为能力的生态公民，从而为推进生态文明、建设美丽中国提供人力资源保障。本节主要分析我国生态文明教育以科学发展观为指导思想的原因和科学发展观对生态文明教育的指导意义。

一　生态文明教育以科学发展观为指导

科学发展观不仅是指导国家社会经济发展的行动指南，而且已成为我国治国、治党、治军的重要战略思想。作为教育发展的一个新领域，生态文明教育之所以要以科学发展观为指导，具体原因有如下几方面。

首先，科学发展观是党的指导思想。我国教育是在党的指导思想引导下培养人才、服务社会的公益性事业。《中华人民共和国教育法》明确规定：“国家坚持以马克思列宁主义、毛泽东思想和建设有中国特色

---

① 中共中央文献研究室：《十六大以来重要文献选编》（上），中央文献出版社 2005 年版，第 465 页。

② 胡锦涛：《高举中国特色社会主义伟大旗帜　为夺取全面建设小康社会新胜利而奋斗——在中国共产党第十七次全国代表大会上的报告》，人民出版社 2007 年版，第 15 页。

社会主义理论为指导，遵循宪法确定的基本原则，发展社会主义的教育事业。"[①]《国家中长期教育改革和发展规划纲要（2010—2020年）》也指出，教育的改革与发展要"高举中国特色社会主义伟大旗帜，以邓小平理论和'三个代表'重要思想为指导，深入贯彻落实科学发展观，实施科教兴国战略和人才强国战略，……"[②]教育是民族振兴、国家富强的社会公益工程，教育事业的改革与发展必须在党的指导思想引领下，才能沿着正确的方向前进。生态文明教育作为我国教育的一个新兴领域也必然要以党的指导思想为指导。党的指导思想是治国、治党、治军的重要理论武器，同时是指导国家政治、经济、文化、教育等各项事业发展的行动指南。科学发展观作为党的指导思想的重要组成部分，是党在社会转型期面对突出的生态矛盾和人们对发展的片面认识而提出的主导价值观，它对重塑社会公众对科学发展的价值信仰，提高人们对人与自然关系的认识具有重大的指导作用。生态文明教育以科学发展观为指导，有利于培养具备科学发展理念的现代公民，有利于促进美丽中国建设的步伐。同时，在党的指导思想特别是科学发展观的指导下，生态文明教育能够沿着社会主义方向健康发展，也可以体现教育在解决实际问题、服务社会发展方面的时代性与现实性。总之，党的指导思想以及相关法律法规为生态文明教育以科学发展观为指导提供了政策依据。

其次，科学发展观本身具有科学性、教育性与时代性。科学发展观以马克思主义哲学为指导，提出全面、协调、可持续发展的战略方针，进一步体现了马克思主义生态文明思想。科学发展观还确立了人与自然的辩证统一、和谐相处的观念，追求自然环境、经济、社会的协调发展，以解决人类无限的发展需求同有限的自然资源之间的矛盾。科学发展观的着眼点是对自然环境的珍视，而最终关怀的是人类的生存和发展。这一理论能更好地指导人们处理人与自然、人与社会

---

① 国务院法制办公室：《中华人民共和国教育法典》，中国法制出版社2012年版，第5页。

② 国家中长期教育改革和发展规划纲要工作小组办公室：《国家中长期教育改革和发展规划纲要（2010—2020年）》（http://www.moe.edu.cn/srcsite/A01/s7048/201007/t20100729_171904.html）。

及人与人之间的关系，充分体现了马克思主义的人文关怀。[①] 因此，科学发展观的科学性主要体现在它以马克思主义唯物辩证法为指导。同时，科学发展观主张以人为本，促进人的全面发展，这也说明了科学发展观具有鲜明的教育性。因为科学发展观中的“以人为本”主要是指以人民群众的物质利益与精神需求为根本出发点，其中人们精神需求的满足、综合素质的提高在很大程度上需要教育来实现。而科学发展观中强调的“促进人的全面发展”正是我国教育的根本目标，教育是促进社会个体各方面的素质与能力发展的最重要途径。另外，科学发展观还具有鲜明的时代性。进入21世纪，全球资源环境问题日益突出，环境恶化、资源危机等各种生态问题越来越严重地影响着人类的生存与发展。如何处理好人与自然之间的关系，有效解决人口与资源、环境之间的矛盾，解决这一世界性难题在当今比以往任何时代都显得迫切和重要。而科学发展观正是立足于此，为解决这一难题指明了新的方向，即通过全面、协调、可持续的发展方式统筹人与自然之间的关系，体现了鲜明的时代特点。因此，之所以把科学发展观作为生态文明教育的指导思想是因为它具备科学性、教育性及时代性等特点，能够正确指导生态文明教育在我国的顺利开展。

最后，科学发展观的核心理念是生态文明教育向社会成员普及的重要内容。科学发展观的提出是对原来片面追求经济增长、缺乏科学性的发展模式的突破与超越，其核心理念就是可持续发展、协调发展、全面发展，在追求经济效益的同时要兼顾生态效益、环境效益。而生态文明教育向全社会普及的不单单是节约资源、保护环境等方面的知识，更重要的是向人们灌输这种持续、协调、全面的发展理念。可见，生态文明教育向社会成员普及的主要思想也是科学发展观的核心理念。因此，生态文明教育要取得理想的教育效果必须以科学发展观为指导，切实把科学发展的理念灌输给所有教育对象。此外，如前所述，生态文明教育是落实科学发展观的重要途径，科学发展观的思想理念首先需要宣传、教育等手段让普通民众接受并外化为实际行动

① 参见王学俭、宫长瑞《生态文明与公民意识》，人民出版社2011年版，第184页。

才能真正体现科学发展观的科学性与先进性。从这一意义上来说，生态文明教育只有以科学发展观为指导，真正把科学发展观的精神实质融入教育教学的过程中，才能使社会成员接受这种新的发展理念，进而在生产、生活中自觉践行。

总之，把科学发展观确立为我国生态文明教育的指导思想，一方面，有国家法律法规方面的政策依据；另一方面，科学发展观本身所具备的诸多积极属性适合为生态文明教育提供理论指导。另外，科学发展观与生态文明教育关系密切，生态文明教育是落实科学发展观的重要途径。所以，我国生态文明教育要以科学发展观为指导思想。

二　科学发展观对生态文明教育的意义

科学发展观作为生态文明教育的指导思想，对我国生态文明教育的理论研究和实践发展具有多方面的意义和价值。具体来说，科学发展观对生态文明教育的指导意义表现在以下几个方面。

首先，以科学发展观为指导，有利于在生态文明教育的过程中突出以人为本，促进人的全面发展。胡锦涛指出："坚持以人为本，就是要以实现人的全面发展为目标，从人民群众的根本利益出发谋发展、促发展，不断满足人民群众日益增长的物质文化需要，切实保障人民群众的经济、政治和文化权益，让发展的成果惠及全体人民。"①以人为本是科学发展观的核心内容，也是社会发展的价值追求。人民群众是社会发展的主体，是历史前进的最终推动力量，以人为本也就是以广大人民群众的利益为本。具体来说，以人为本主要体现在以下四个方面：其一，在经济发展的基础上不断提高人民群众的生活水平和生活质量；其二，不断提高人们的思想道德素质、科学文化素质和身心健康素质；其三，维护人的尊严，尊重和保障人的各项权利；其四，调动人民群众参与发展的热情，保证人民群众共享发展成果。②

---

① 中共中央文献研究室：《十六大以来重要文献选编》（上），中央文献出版社 2005 年版，第 850 页。

② 参见张彬、黄龙保《科学发展观概论》，国防大学出版社 2007 年版，第 39—41 页。

同时，科学发展观要求在以人为本的基础上，积极促进人的全面发展。所谓人的全面发展，是指人的个性的各个方面和人的各种才能都得到协调发展。这要求我们在生态文明教育的实施过程中，必须立足以人民群众为主体的全体社会成员，从提高人的生态素质和环保意识出发，培养其尊重自然、热爱自然的生态情感。在此基础上引导社会成员树立坚定的生态文明信念，培养其在日常生活中自觉践行生态文明理念的良好习惯，切实把提高社会成员的生态文明素质与生态文明行为技能作为衡量教育成效、促进人全面发展的重要指标。

其次，以科学发展观为指导，有利于生态文明教育始终贯彻人与自然和谐的发展理念。人与自然的和谐相处，是指在人和自然的关系中，保持着一种平衡发展、互利发展、可持续发展的状态。科学发展观把人与自然和谐相处，作为实现社会和谐的一项战略任务，这就要求我们在发展经济时要充分考虑自然的承载能力和承受能力，要努力促进自然资源系统和社会经济系统的良性循环，统筹人与自然的和谐发展，要通过建设环境友好型社会与资源节约型社会来实现生产发展，生活富裕，生态良好。同时统筹人与自然和谐发展是深入贯彻落实科学发展观，构建社会主义和谐社会的需要。胡锦涛同志曾指出，"我们所要建设的社会主义和谐社会，应该是民主法治、公平正义、诚信友爱、充满活力、安定有序、人与自然和谐相处的社会。"[①] 这一论述既强调了社会内部的和谐，也强调了人与自然的和谐。而人与自然的和谐共处，则是人与人之间和谐的前提与基础。因为从根本上说，人是自然的一部分，没有人与自然的和谐，就没有人与社会的和谐，也就谈不上人与人的和谐。没有人与自然的和谐，就不可能有高度的物质文明、政治文明和精神文明。因此，实现人与自然的和谐，既是人类文明社会发展的必然方向，也是落实科学发展观的目标要求。生态文明教育作为落实科学发展观的重要途径，在具体实施的过程中也需要在这一目标的导引下开展工作。只有把人与自然和谐的发

① 中共中央文献研究室：《十六大以来重要文献选编》（中），中央文献出版社 2006 年版，第 706 页。

展理念融入教育教学的各方面与全过程，真正使社会成员了解人与自然的辩证关系、认识到人与自然和谐的重要性，引导其树立自觉维护生态平衡、节约资源的坚定信念，才能使人们的社会行为生态化、绿色化。因此，可以说把人与自然和谐的理念融入生态文明教育的方方面面是落实科学发展观的内在要求。

总之，作为我国生态文明教育的指导思想，科学发展观要求生态文明教育在以人为本、以促进人的全面发展为努力方向的基础上，在全社会普及人与自然和谐的发展理念，提高全民族的生态文明素质，从而为建设美丽中国培养合格的现代公民。同时，科学发展观也为当前乃至未来我国生态文明教育的总体发展指明了方向。

第二节　中国生态文明教育的目标

一般说来，目标是指在一定的条件和环境下，人们的行为活动所期望达到的结果。简言之，目标是人们根据一定的主、客观条件对未来的一种期望。目标和目的是两个既有联系又有区别的概念。目的是指人们希望自己的行为所要取得的结果的规格，具有高度的概括性和抽象性。目标是目的的分解和具体化，回答的是某一时期、某一阶段人们所要达到的那些预期目的。在一定意义上说，目标就是目的的具体体现，它与目的实质上表述的是同一含义，只不过更为具体一些而已。[1]

生态文明教育的目标，就是生态文明教育所期望达到的结果。它规定了生态文明教育的内容及其发展方向，是生态文明教育的出发点和归宿，制约着整个生态文明教育活动的进展情况。目标的科学性直接关系到生态文明教育的成效，生态文明教育要取得成功，一个基本的前提是必须有一个科学的目标。只有目标正确，才可能为生态文明教育的实施确立正确的方向，使之沿着正确的轨道发展，从而取得良好的效果。

① 邱伟光、张耀灿：《思想政治教育学原理》，高等教育出版社1999年版，第181页。

一　生态文明教育的最终目标

生态文明教育的最终目标即生态文明教育的目的，就是通过家庭教育、学校教育和社会教育等途径提高社会成员的生态文明素质和相关行为能力，以使其逐渐树立生态文明理念，从而能够在生产生活中自觉践行生态文明理念。简言之，生态文明教育的最终目标就是培养和塑造具备科学生态观、适应社会发展需要的生态公民。

那么，什么是科学生态观？它与非科学生态观有何区别？什么样的公民才是生态公民？下文将在回答上述问题的基础上深化对生态文明教育目的的认识。

生态观是人类对生态问题的总的观点与认识。这些观点建立在生态科学所提供的基本概念、基本原理和基本规律的基础上，是在人类与全球自然生态系统的基本层次上进行哲学世界观的概括，是能够用以指导人类认识和改造自然的基本思想。基于对人与自然关系的理解和认识，人们的生态观也在不断演进之中。从历史发展的先后来看，具有代表性的生态观主要有人类中心主义生态观、生物中心主义生态观和生态中心主义生态观。人类中心主义生态观主张，人是整个宇宙的中心，处于最高位置，只有人类才有价值，其他物种基本上不存在价值问题。所以人类的行为活动都是从对人有利的方面出发，把维护、实现人类的利益作为最高标准与最终目标，至于人类的行为是否会伤害到其他物种的生存与发展，一般不在人们的考虑范围之内。随着人类对自然界实践的深入与理论认识的深化，人们逐渐认识到应该把所有有生命的物种纳入到生态伦理的视野之中。于是，在生态观方面，人类中心主义逐渐被生物中心主义所取代。生物中心主义强调，一切有生命的个体都有自身的价值，尤其是动物，把判断善恶的标准定为对生命存在的伤害与否，提出只要是使生物产生痛苦感受的行为都是非道德的。在人类道德视野不断扩展的基础上，人们不仅把所有生物纳入伦理的范围之中，而且把自然界中的所有存在物，包括空气、水、岩石等都融入了人类道德伦理的范畴中。于是，生态中心主义逐渐取代生物中心主义而在人们对待自然的态度方面占据主流。生态中心主义认为宇宙中的万事万物都有其存在的价值，整个世界是一个具有内在联系的统一整体，其中包括无机界和有机界，整体中的各个部分之间相互联系、相互影响。生态中心主义还认为不管是对无机界个体或整体的伤害，还是对有机界个体或整体的伤害都会在某种程度上对世界整体产生不利影响。[①] 然而，上述种种生态观都有一定的缺陷，在指导人类社会发展的过程中会带来各种危害。人类中心主义把人类的利益与发展作为一切的中心，在伦理价值观上的表现是“对自然的控制”。人类行为在以人类利益为中心的生态观支配下，产生了过度生产、过度消费和严重污染的粗放式生产消费模式，从而造成生态失衡、资源短缺和环境恶化等威胁人类生存的种种生态危机。而生物中心主义和生态中心主义的缺陷在于：首先，把生物及自然界看作与人平等的主体，是对人的拒斥和消解，是一种“泛主体”思想；其次，把自然万物的存在价值与人类的价值等同，实质上是将人物化和价值关系泛化；最后，把伦理的范围扩大到自然万物是对伦理道德的误解，因为除人以外的自然万物不可能承担道德责任、履行道德义务。

尽管以上几种生态观均有其合理之处，但同时它们也都有自身难以克服的缺陷。那么，什么是科学生态观呢？笔者认为，科学生态观是人们科学对待包括人、社会和自然界在内的整个生态系统的主要思想观点，是指导社会成员在生产、生活中主动践行保护环境、节约资源、维护生态平衡的行动指南。科学生态观在扬弃传统生态观的基础上，充分吸取他们各自合理的成分，立足人类的长远利益与社会发展的现实状况，从人与自然和谐的整体观与事物发展的过程论求解人口与资源、环境等方面的矛盾与对立。在深层次上，科学生态观还体现了在提高国人综合素质的基础上，使人们形成一种生态自觉意识，从而实现人与自然自然而然地和谐相处。

具体来说，科学生态观与传统非科学生态观有如下区别。

首先，从人与自然之间的关系来看，科学生态观认为人与自然之

---

① 冯之浚：《“美丽中国”需要科学的生态观》，《中国经济周刊》2013 年第 17 期。

间还存在主体间关系，并非单纯是传统生态观认为的主客体关系。长期以来，在人类中心主义的影响下，人们大都认为只有人类是主体，其他自然物都是人类的客体。于是，人类以自然界中有智慧、会劳动的高级动物而自居，在谋求自身生存、发展的过程中把自然资源及其他生物当作逆来顺受的纯粹客体。然而，事实证明，不仅其他生物对人类的不当行为有反作用，而且自然界的河流山川等都会对人类破坏自然的行为进行反抗与报复。近年来不断严重的沙尘暴、雾霾、海啸、地震等在某种程度上就是自然对人类的报复与反抗。显然，自然并不是在人类控制下任其为所欲为的对象。从物种平等与系统论的角度来说，世界上的所有物种都是平等的，都是针对其他存在物而言的主体，自然界也均有其存在的价值，在维护整个生态系统平衡方面有其不可或缺的意义。因此，科学生态观反对把自然只是看作人类可以任意驾驭和利用的对象与工具，而使自然到处充满被人类征服与破坏的痕迹。当然，我们也不会甘愿做自然界的奴隶被动地适应自然，而是要在尊重客观规律的基础上改造自然、利用自然。历史发展表明，人类对自然的改造和利用自原始社会以来就没有停止过。不同的是，科学生态观主张在顺应自然、尊重自然的基础上利用自然，强调应该把自然万物看作是与人类平等的主体，主体间应该互惠互利、相互促进、共同发展。

其次，从价值观方面来看，科学生态观超越了传统生态观在价值观方面的狭隘认识。传统生态观在价值方面通常认为，只有人类才有价值，其他生物是没有价值可言的，就更不用说自然界的非生命存在物有什么价值。当然，这种观点在以人类为中心的世界观中有其积极的意义，但从人类的长远发展与整个自然界的发展规律来看，这种“价值唯人论”是片面的，也是不科学的。从自然界的发展演进来看，大自然中的万事万物都有其独立于人之外的价值，并非对人没有用的东西就没有价值。其实，一直以来，我们对价值的判断，都停留在人类中心主义的束缚中，从人类与其他物种的主体间关系来看，所有的自然存在物都有其自身价值，正是无机界与有机界中所有物种的存在与相互作用，才使整个生态系统运转平衡、稳定，成为一个相互依存、相互影响的有机整体。为此，人类要尊重、保护其他物种，包括其他动物、植物乃至自然界的山川河流，我们应该在谋求自身生存、发展的同时考虑对其他物种的影响。只有人与自然万物和谐相处、共同繁荣，人类才能真正实现自身的永续发展。

最后，科学生态观在社会发展理念、生产方式、消费方式等方面超越了传统生态观。从资源、环境、人口与社会经济发展的联系来看，科学生态观主张在人类社会的发展过程中，对自然的索取要以对自然的回馈为基础，只有留给自然充足的循环修复的时间和空间，才能使其为人类持续提供各种自然资源和良好的生存环境。科学生态观还认为社会发展的水平不仅体现在经济总量的大幅增长上，同时生态环境状况也是社会发展层次的重要方面，如果失去了人类赖以生存的环境条件，那么经济发展取得成就也将毫无意义。在生产方式上，科学生态观主张积极探索低排放、低消耗、低投入、高产出的新型高效经济发展方式，彻底扭转原来那种高排放、高污染、高耗能、低产出的落后经济增长方式，大力发展以低碳经济、循环经济、生态经济为主体的绿色产业。在消费方式方面，科学生态观倡导合理消费、适度消费及绿色消费，认为应该尽量杜绝过度消费、超前消费、奢侈浪费以及各种以环境资源为代价的不良消费。同时，科学生态观还强调通过教育、社会宣传等方式在全社会普及生态文明理念，把生态文明同政治文明、精神文明等一起作为我国社会建设的重要目标。

总之，科学生态观“内蕴着平等与友好，表征着协调与秩序，指示着适度与均衡，追求着和谐与共赢，是人类在现阶段摆脱日益严重的生态环境危机，创造更加绚丽多彩的生态文明不可或缺的理念”①。因此，为了使生态文明理念在全社会牢固树立，生态文明教育应该引导社会成员逐步形成科学生态观，扬弃人类中心主义和生态中心主义等传统生态观，从而逐步成长为适应现代社会需要的生态公民。那么，什么是生态公民？

“公民”既是一个法律概念，也是一个政治概念。从法律上说，

① 项松林：《树立和谐的生态观　构建环境友好型社会》，《理论导刊》2006 年第 3 期。

公民指的是具有一国国籍，并依据该国宪法和法律规定，享有权利和承担义务的人。根据我国《宪法》规定，凡具有中国国籍的人，不论其年龄、性别、出身、职业、民族、种族、宗教信仰等，都是中华人民共和国公民，都依法受到中国法律的保护，享有宪法和法律规定的权利，同时必须履行宪法和法律规定的义务。在政治上，公民拥有的法定权利集中体现为参与公共事务并担任公职的正当资格。

20世纪末以来，有些学者已从培养生态公民的角度研究环境保护和生态危机问题，并发表、出版了相关专著和论文，成为环境伦理学、环境哲学和环境政治学领域的一道独特的风景。有学者认为，“生态公民可规定为能够将实现人与自然的自然性和谐作为其核心理念与基本目标，依法享有生态环境权利和承担生态环境义务，其中也表现为具有参与生态环境管理事务并担任公职资格的人。而真正的或合格的生态公民不仅应该具有坚定的生态理念，而且要具备明确的公民意识，并能积极地参与到生态环境事务行为中去。”① 也有学者认为，具有生态文明意识且积极致力于生态文明建设的现代公民就是生态公民。生态公民应该具备如下四个特征：第一是具有环境人权意识；第二是具有良好的生态道德和责任意识；第三是具有世界主义理念；第四是具有生态意识。② 以上学者对生态公民的界定与描述都有其合理之处，但笔者认为，所谓生态公民是指具备一定的生态文明素质和行为能力，在生产生活中积极践行生态文明思想的新时代公民。生态公民应该具备生态环保知识和生态文明理念，并且能够在生产生活中主动践行这种理念。从公民的权利与义务相统一的角度来说，生态公民在享受环境权、公平权和安全权等生态环境权利的同时，要承担维护生态平衡、保护环境和节约资源等义务。

同时，生态公民应具备以下三个方面的显著特征：

首先，要具备较高的生态文明素质。所谓生态文明素质是指人们

---

① 黄爱宝：《生态型政府构建与生态公民养成的互动方式》，《南京社会科学》2007年第5期。

② 杨通进：《生态公民论纲》，《南京林业大学学报》（人文社会科学版）2008年第3期。

生产生活中的行为方式所体现出来的对生态知识与生态理念的认知水平。公民的生态文明素质包括两个方面的内容：其一是人的意识中的生态保护知识与生态文明观念；其二是社会实践中的生态化行为表现。其中，生态文明观是生态文明素质的突出表现，生态文明观是对生态文明知识认知的升华，同时是指导生态文明行为的重要引擎。现代社会中，社会成员的生态文明素质对于应对生态环境恶化与资源约束趋紧的严峻形势具有重要意义，因为社会成员的生态文明认知水平和践行程度会直接影响生态环境建设的质量和速度。

其次，享受生态环境权利。公民身份的获得标志着某些基本权利的确定，比如生命权、自由权、安全权等。生态公民身份的确立也就意味着基本权利向自然界的延伸。一般说来，生态公民享有的基本权利包括三个层次：其一是生态公民享有为了维持其基本生活需要而获取清洁的空气、淡水、食物和有益身心健康的住所的权利；其二是生态公民享有在一定范围内参与改造自然而获得的基本文化生活权利；其三是生态公民享有不遭受环境污染与环境破坏引起的危害的基本生存权利。总之，生态公民在不违背自然生态规律和社会整体利益的前提下，享有为了维持其自身基本生存和基本需要的权利，享有不遭受环境污染和环境破坏的权利。2005 年国务院发布的《关于落实科学发展观加强环境保护的决定》指出，要让人民群众喝上干净的水、呼吸清洁的空气、吃上放心的食物，在良好的环境中生产生活。这也是党和国家承诺我国公民应该享有的重要生态环境权利。

最后，承担生态环境义务。权利与义务是一对孪生兄弟，享受权利的同时必须承担相应的义务。没有无义务的权利，也没有无权利的义务。同样，社会成员在享用清洁的空气、干净的水、安全的生活环境等权利的同时，必须承担保护生态、爱护环境的义务，不能把废气、废水、废渣等有害物质随意排向空中或水中。有学者认为，生态责任是一定社会或阶级，在保证维护生态系统平衡的条件下，对个人确定的任务、活动方式及其必要性所做的某种有意识的表达。即生态公民要对自然界做自己应当做的事，对自然界做与自己的义务、职责和使命相宜的事情。总体来说，生态公民的义务、职责和使命便是维护良好的生态环境，为保持生态安全和生态平衡而积极行动。因此，生态公民必须做到尊重生命，保持地球的生命力；进行清洁生产，合理利用资源；履行适度消费的原则，反对奢侈浪费。

那么，为什么要在全社会培养和塑造生态公民呢？笔者认为有以下原因。

首先，培养生态公民是应对人口危机，提高人口素质的需要。所谓人口危机是指由于人口过度增长、人口素质不高等原因造成的社会危机，也指发达国家出现的人口零增长或负增长给社会经济和政治生活造成的严重后果。而对我国来说，上述两种情况都存在，只不过前者是显在的，后者是潜在的（虽然我国还不是发达国家）。一方面，多年来，我国人口基数大，增长快，文化素质低的现状一直困扰着社会经济的快速发展。据统计，2012 年年底我国人口已超过 13.5 亿，未来几年将达到 15 亿。过于庞大的人口数量不仅给国家的粮食供应、社会稳定、教育、医疗、就业、交通和住房等带来巨大的压力，更为重要的是使有限的资源和脆弱的生态环境不堪重负。另一方面，随着国家计划生育政策的实施，我国人口数量已经得到有效控制，据估算，执行了 40 多年的“计划生育”政策使我国少生了大约 4 亿人，可以说，我国在控制人口增长方面为世界作出了巨大的贡献。但是，我们也必须清醒地认识到：经济上的“人口红利”期过后将进入劳动力短缺的困境，同时中国老龄化社会的来临，也会使人口危机更加严重。在人类的发展过程中，诸多因素可以影响生态环境，但是人口是最主要、最根本的因素。面对正反两方面的人口危机，通过培养适应社会发展需要的生态公民，来提高人口素质、平衡人口数量是促进我国社会经济平稳、健康发展的必由之路。特别是当前，在人口与资源、环境的矛盾日益突出的形势下，更需要高素质的生态公民对自己的生育行为进行合理规划，从而使我国人口的数量、质量与资源、环境的承载力相协调。

其次，培养生态公民是应对资源危机，实现可持续发展的需要。众所周知，能源、原材料、水、土地等自然资源是人类赖以生存和发展的基础，是经济社会可持续发展的重要物质保障。我国是一个资源紧缺的国家。从总量上来看，中国的资源总量居世界第3位，但人均资源占有量只居世界第53位，仅为世界人均占有量的一半左右，因此，资源紧缺状况在我国将长期存在。“电荒”“煤荒”“水荒”“缺油”都昭示了中国的能源紧缺问题，同时作为发展中国家，我国目前已成为全球第二大石油消费国和第三大石油进口国。[①] 此外，我国还是全球13个贫水国之一；人均森林占有面积仅为世界平均值的21.3%；石油、天然气、铝土矿等重要矿产资源不足世界人均水平的10%；人均耕地不到1.4亩，是世界平均水平的1/3。[②] 而且，在资源利用方面，我国存在资源利用效率明显偏低，经济增长方式粗放，资源需求增长过快，资源约束的矛盾不断加大等问题。还有现实生活中严重的资源浪费也在很大程度上制约了我国社会经济的健康发展。针对我国资源紧缺、使用不当和浪费严重的问题，除了开发利用新能源和积极提高资源利用效率外，必须教育和培养具备节能意识的生态公民，以科学合理地利用有限的资源，促进经济社会的可持续发展。

最后，培养生态公民是应对生态危机，建设生态文明的需要。生态危机是指由于人类不符合自然生态规律的经济行为长期积累，使自然生态破坏和环境污染程度超过了生态系统的承受极限，导致人类生态环境质量迅速恶化，影响生态安全的状况和后果。也就是生态系统的结构和功能被严重破坏，从而威胁人类生存和发展的现象，是人与自然关系矛盾冲突的结果。我国的淡水污染和空气污染形势严峻，据有关统计数据显示，目前近三成的淡水流域水质达不到人类生活饮用水标准；一些大城市的灰霾天气天数已达全年的30%以上，有的甚至达到一半左右。2002年以来，我国环保部门收到的环境投诉以每年30%的速度增长，2004年达到60多万件，环境污染引发的群体事件以每年29%的速度递增。[③] 我国土地资源退化也很严重，现有水土流

---

① 陈彩棉：《环境友好型公民新探》，中国环境科学出版社2010年版，第45页。

② 张晓松：《资源！资源！形势到底有多严峻?》，《新华每日电讯》2007年4月23日第4版。

③ 中共中央党校经济学教研部：《九个怎么办：“十二五”热点面对面》，新华出版社2011年版，第76页。

失面积356.92万平方公里，占国土总面积的37.2%。最新统计显示，中国荒漠化土地已达74万平方公里，占国土面积的8.2%，近4亿人口受到荒漠化的影响，并且荒漠化面积每年仍以1436平方公里的速度扩展。[①] 此外，我国生物多样性也在急剧减少，全国共有濒危或接近濒危的高等植物约5000种，占高等植物总数的近20%。[②] 我们要从当前资源、环境及生物多样性存在的问题及面临的严峻形势出发，建设天蓝、地绿、水净的美丽中国，努力实现生产发展、生活富裕、生态良好。相比之下，现实与理想还存在较大的差距。有效化解各种生态危机，建设生态文明除了靠法律制度和科学技术外，更重要的是要提高社会成员的生态环保素质，培养生态公民。因为各种生态危机的出现在很大程度上是社会成员缺乏环保和节约等生态文明意识造成的，要扭转生态环境恶化的趋势，建设生态文明也必须从人的素质和观念入手，培养具备较高生态文明素质的生态公民，从而使之在生产生活中自觉践行生态文明理念。

总之，培养和塑造生态公民是我国提高人口素质、积极应对人口危机的需要；是推进可持续发展、有效应对资源危机的需要；是促进生态文明建设、逐步化解生态危机的需要。

二　生态文明教育的具体目标

（一）具体目标的确立依据

生态文明教育作为培养人的活动，其具体目标在思想认识和行为表现上具有不同的层次表现。生态文明教育目标的设定一方面要反映社会发展的现实需求；另一方面必须遵循人的身心发展规律。只有当目标建立在社会发展与人的发展相结合的基础上，才能真正成为生态文明教育活动的努力方向。生态文明教育具体目标的设定要依据一定标准，考虑相关的制约因素，具体来说，确立生态文明教育的目标层次要考虑以下几个方面的因素。

---

① 陈永森：《开展生态文明教育的思考》，《思想理论教育》2013年第7期。

② 李永峰、梁乾伟、李传哲等：《环境经济学》，机械工业出版社2016年版，第13页。

1. 社会发展的客观要求与党和国家的奋斗目标

生态文明教育是一种社会实践活动，必须适应社会发展的需要。可以说，社会发展的客观需要是确立生态文明教育目标的第一个重要依据。近年来，全球气候多变、臭氧层破坏、生物多样性减少、资源紧缺、环境恶化等问题越来越严重地影响人类的生存与发展。我国同样面临这些问题，甚至在某些方面表现得更为突出。生态危机与资源危机越来越成为制约经济社会发展的巨大障碍，而实现民族振兴与社会发展必须要克服这些障碍，必须处理好人与自然的关系，处理好代内发展与代际发展的关系。因此，生态文明教育的具体目标制定，必须依据我国人口众多、资源短缺和环境污染严重的社会现实。

我国是人民民主专政的社会主义国家，共产党是执政党，是广大人民利益的主要代表者，因此，党和国家的奋斗目标反映了社会发展的客观要求和人民群众的根本利益。所以，生态文明教育的目标应同党和国家的奋斗目标保持一致。党的十七大报告提出，“坚持生产发展、生活富裕、生态良好的文明发展道路，建设资源节约型、环境友好型社会，……使人民在良好生态环境中生产生活，实现经济社会的永续发展。”[①] 同时，这次会议还提出建设生态文明，改善生态环境质量，使生态文明理念在全社会牢固树立的伟大号召。党的十八大报告则进一步提出，必须树立尊重自然、顺应自然、保护自然的生态文明理念，努力建设美丽中国，给子孙后代留下天蓝、地绿、水净的美好家园，实现中华民族的永续发展。针对社会整体的发展状况，从长远角度考虑，国家把建设生态文明、实现美丽中国作为了长期坚持的治国方略与发展目标。而生态文明教育本身就是为建设生态文明、实现美丽中国服务的基础工程，因此，生态文明教育目标的制定要以党和国家的奋斗目标为依据。

2. 生态道德形成规律和公民生态文明素质现状

生态文明教育是培养人的实践活动，它的所有活动都直接作用于

---

① 中共中央文献研究室：《十七大以来重要文献选编》（上），中央文献出版社 2009 年版，第 12 页。

人。因此，人的生态道德形成规律及教育对象的生态文明素质状况是确定生态文明教育目标的重要依据。

生态道德是人们正确处理人与自然关系的基本道德规范，是个人生态文明素质的重要体现。作为道德范畴的一个组成部分，生态道德的形成、发展、巩固也是一个有规律的发展过程。生态道德的形成以认知为基础，以情感与意志为必要条件，以信念为核心与中介，以行为习惯的养成为检验标准。同时，个体生态道德的形成和发展，不仅是一个认识过程，还应当是一个实践过程。它是把社会要求的生态文明理念逐步"内化"为个体的思想、观念、品质，进而"外化"为行为习惯的过程。因此，确定生态文明教育目标，不仅要注重理论素养和观念、理想层面的要求，同时还要强调知行统一、行为践履层面的要求。所以，确定生态文明教育目标决不是教育者主观想象的设计，而要依据教育对象的生态道德基础与形成规律。教育目标所提出的各项素质规格及其地位、顺序，都是为了帮助教育对象形成一个完整的生态道德结构。[①]

受教育者的生态文明素质水平及思想状况，对生态文明教育的具体目标制定尤其重要。因为，在现实生活中，教育对象的类型和层次各不相同。依据教育对象的职业、经济状况、文化程度、性别、年龄等状况，可以把教育对象分为不同类别，每一类又可按照思想觉悟、道德水准等分为不同层次。显然，不同类别、不同层次的教育对象的思想状况有所不同，这就要求我们在确定生态文明教育目标时，要充分考虑教育目标与受教育者思想状况之间的联系，充分考虑教育对象的可接受程度，这样才能确定恰当的教育目标。如果忽视教育对象的思想实际，就有可能把具体目标定得过高或过低，从而影响教育的成效。[②] 教育对象的思想层次不同，决定了生态文明教育目标的层次差异。在统领全局的根本教育目标的指导下，生态文明教育的具体目标必须是多层次的，要根据具体教育对象的思想状况来确定各行业、各

① 参见邱伟光、张耀灿《思想政治教育学原理》，高等教育出版社1999年版，第184页。
② 陈万柏、张耀灿：《思想政治教育学原理》，高等教育出版社2007年版，第76页。

部门、各单位生态文明教育的具体目标。

（二）具体目标的层次结构

关于生态文明教育具体目标制定的研究，学者们多是参照了1975年的贝尔格莱德国际环境会议和1977年的第比利斯国际环境会议对于环境教育目标的规定，主要是从意识、知识、态度、价值观、技能和参与六个方面对生态文明教育的目标层次进行界定。当然，这种主流的界定方式有其合理之处，但是，笔者认为，生态文明教育作为一种培养人的教育活动，从人的道德形成过程与知行统一的视角制定教育目标更具体、更合理。

1. 获得生态文明认知

认知是指通过人的心理活动（如形成概念、知觉、判断或想象）而获取知识。一种认知的获得，需要对客观事物进行加工，通过形成概念、判断、推理等方式形成。一般认为，认知与情感、行为等相对存在，是情感和行为产生之基础。认知对行为习惯的养成具有导向作用，一个人在某方面的认知状况对其行为活动具有直接影响。通常情况下，人们对事物的认识越正确、越全面、越深刻，就越有助于将其转化为思想信念以及相应的行为。可见，认知是把一定社会的价值观念、规范转化为社会成员日常行为习惯的基础和前提。生态文明认知是指人们对生态环境客观状况的认识，是有关生态环境的基本常识和人与自然关系的价值态度。从内容上说，生态文明认知不仅包含了关于人类之外的生态环境的所有认知，也包括了人类自身及其与外部生态环境之间关系的认识，乃至包括人与人、人与社会相互关系的认识。从层次上看，生态文明认知不仅包含对生态现象的表面知识、深层原因以及规律的把握，而且涵盖人们对自然万物的价值性评价以及对人类行为方式的科学性评价。在指导人行为的整个心理结构中，生态文明认知以其对环境、资源的认识及对自身的价值意义为直观反映，进而促使人的生态文明情感产生并逐步加深，随着认识的深化和情感的升华，人们的行为也自然向节能环保、绿色发展的方向转化。显然，生态文明认知对于一个人形成较为深刻的思想信念具有基础性意义。需要指出的是，这里的生态文明认知主要是指理性认识意义上对生态环境及其相关知识的知晓与领悟。当然，这种对生态文明的理性认知是建立在感性认识基础之上的，而由感性认识上升到理性认识恰恰需要教育在其中发挥积极的推动作用。

当前，我国社会公众对生态文明知识与理念的知晓度并不高，受经济发展水平和文化程度等因素影响，许多社会成员对“低碳”“生态”“PM2.5”等知之甚少。据2013年由国家环境保护部与中国环境文化促进会联合开展的《全国生态文明意识调查研究报告》显示，公众对生态文明建设的知晓度仅为48.2%。[①] 因此，生态文明教育的最基本目标就是让受教育者通过各种途径与方法认识和学习有关生态、环保、资源、节约等方面的知识，为进一步培养生态文明情感、树立生态文明理念打下基础。这是生态文明教育的起点，没有对生态文明的基本认知，社会实践中也不可能表现出生态化的行为方式。

2. 培养生态文明情感

情感是人对客观事物是否满足自己的需要而产生的态度体验。生态文明情感是人们在现实生活中对自然万物、生态环境以及人与自然关系等方面表现出来的一种爱憎好恶的态度。它是一种非智力因素，是认识转化为行为的催化剂。一般说来，情感是伴随着人们的认识而产生和发展的，对人的行为起着很大的调节作用。心理学研究表明，人们对于自己所从事的活动、所接触的对象的情感喜恶及其程度，对一个人的态度表现与行为选择具有重要的影响。假如一个人非常喜欢某种活动，他就会想方设法参与这一活动，会把自己的时间和精力都放在上面，极为投入，反之，就会表现出敷衍、淡漠等消极态度。[②] 心理学认为，情感一旦占据心灵，就会支配人的思想和行为。列宁也曾说：“没有‘人的感情’，就从来没有也不可能有人对于真理的追求。”[③] 可见，情感对人的素质和行为方式的形成起着催化、强化作用。

① 新华社：《我国首份〈全国生态文明意识调查研究报告〉发布》(http://www.gov.cn/jrzg/2014-02/20/content_2616364.htm)。

② 陈万柏、张耀灿：《思想政治教育学原理》，高等教育出版社2007年版，第121页。

③ 《列宁全集》第25卷，人民出版社1988年版，第117页。

生态文明情感是人们对山川湖海、各种动物、植物乃至整个生态系统发自内心的尊重、热爱、赞美等心理体验。这种情感的萌生主要源于两个方面：其一，自然物能够满足人的审美需要，人们在审美过程中会油然而生对自然的敬仰和爱惜之情；其二，自然界是满足人的生存需要和提高人的生活质量的物质基础，对此有深刻认识的人们会对自然产生出一种类似于儿女对母亲的认同、依恋、感恩和爱护之情。相比之下，前者比较普遍，后者比较深刻和稳定。生态文明情感在生态文明认知基础上形成，是对生态文明认知的深化和发展，是生态文明观念形成的助推器。通过生态文明情感，可以将外在的客观环境与内在的自我意识建立联系，并积极影响生态认知，在此基础上，共同促进生态行为的产生。通过情感体验，转化受教育者的生态认知，培养其尊重自然、关爱自然、保护自然的生态文明情感，并使之逐步向日常行为习惯转化，从而达到提高全体社会成员生态文明素质的目的。所以说，生态文明情感是受教育者心理在生态认知基础上的进一步提升，是表现生态文明行为的前提条件，培养社会成员的生态文明情感是生态文明教育的重要目标之一。

需要说明的是，人们对自己生活于其中的生态环境所具有的生态文明情感，意味着人在情感上对大自然的一种深刻的依赖性，这些情感在认知达到一定程度后不需要借助于外力，就能自动地促使人们去追寻自己同大自然的和谐统一。也正是这些情感，在促生人们的生态意志，促使人们更好地承担保护生态环境的法律义务和道德责任。同时，这些生态文明情感，还构成了人的心理结构当中一个不同于认知和意志的维度，即审美的维度。也就是说，当人们依靠上述情感来对待生态环境时，其实是在把它作为一个美的对象来进行欣赏。[①] 因此我们可以说，生态文明情感其实也是一种令人愉悦的美感。

3. 锻炼生态文明意志

意志，从心理学层面来说，它以语言或者行为为表现形式，是人

---

① 刘湘溶等：《我国生态文明发展战略研究》（上），人民出版社2013年版，第698页。

们为了达到某种目的而形成的一种心理状态。日常生活中，意志一般是指人们在实现某种理想目标或履行特定义务的过程中，积极排除障碍、克服困难的毅力。同时，意志是产生特定行为的内在引擎，是体现主体认知程度、调节主体行为活动的精神力量。一个人良好行为习惯的形成，就是在其坚强意志力的作用下促使相应的行为反复出现并能够长期坚持。反之，倘若一个人意志力薄弱，其认识能够转化为行为习惯的可能性就很小，即使暂时可以对目标付诸行动，也不可能持之以恒。可见，是否具有坚毅果敢的意志，是人们能否达到一定素质水平的重要条件。

生态文明意志是人们在具备生态文明认知和情感的基础上，在生产生活中自觉克服困难、排除障碍而践行生态、环保、节约等文明理念的毅力。生态文明意志的练就是在获得了基本生态文明认知，培养了尊重自然、热爱自然情感的基础上，个人生态文明素质的进一步提升。这种意志是主动驱使人们自觉承担保护生态环境的责任与义务的行动自觉，正是通过这个意志向自己发出承担保护生态环境责任的行动指令，进而付出保护生态环境的合理行动。它可以命令我们在实际行动中要保护环境而不能破坏环境，要节约资源而不能浪费资源，要绿色消费而不能过度消费……显然，生态文明教育必须致力于帮助人们形成这样的生态意志，不然，人们就难以把生态保护的责任和义务落到实处。而生态文明意志的练就要以生态文明认知与生态文明情感为基础，当生态文明认知和情感发展到一定阶段，就会相互作用而形成生态文明意志，生态文明意志一旦形成总是牵动、引导内心的活动朝着好的方向采取实质性行动。生态文明意志对于生态文明素质的提高和生态文明行为的养成具有关键性作用，是生态文明教育具体目标的进一步深化。美国著名的心理学家弗兰科・哈德克认为，意志力是需要训练的，而且对情绪和想法的自觉调整十分重要。① 显然，社会成员的生态文明意志不是与生俱来的，是需要教育引导和实践锻炼的，因此，把锻炼社会成员的生态文明意志作为生态文明教育的一个

① 刘湘溶等：《我国生态文明发展战略研究》（上），人民出版社 2013 年版，第 697 页。

重要目标，既是实现生态文明教育目的的需要，也是遵循人的心理发展规律的重要体现。

4. 树立生态文明信念

信念是人们的心理发展过程在认知、情感、意志基础上的进一步提升，是人们自内心深处对某种理论或规范的正确性、科学性的虔诚信任。信念是连接人的思想认识和行为活动的直接桥梁和纽带。人们的某种认知，只有经过大脑的理性思维提升和人生经历的反复检验才能使之上升为信念，进而成为人们行为活动的指南。“信念就是一种被个体所理解的认识，是一种被个体情感所肯定的认识，并带有个体坚持与固守这种认识的意志成分。因此，信念是深刻的认识、强烈的情感和顽强的意志的有机统一，其统一的基础”①，就是人们承担某种义务的社会实践活动。信念比起前三者，更具有持久性、稳定性和综合性的特征，它在个人综合心理素质中处于核心位置，对个体在实践中的行为选择具有决定性作用。

生态文明信念是人们对人与自然和谐的生态价值、保护环境与维护地球生态平衡的责任意识的深刻认识与坚定信仰；是热爱地球、热爱自然、珍惜资源、珍爱生命的生态道德体现；是超越人类中心主义、生态中心主义而形成的整体观、系统观及和谐观。生态文明信念的形成是在认知、情感和意志基础上的自然升华，是指导生态文明行为的直接引擎。只有人们在思想意识中对生态文明的知识理论与价值观念深信不疑，才能将这些理念切实贯彻到现实生活之中。生态文明信念能够保证一个人的生态化行为具有持久性与稳定性。因此，树立生态文明信念是生态文明教育目标的高层次表现，是衡量一个人的生态文明素质的重要指标。

5. 养成生态行为习惯

从人的道德心理发展角度说，行为是在认知、情感、意志及信念的调控下，主体主动按照思想信念中的道德规范与是非标准在行为选择上的实际表现。行为是人们知识水平及道德素养的综合表现和外在

---

① 陈万柏、张耀灿：《思想政治教育学原理》，高等教育出版社2007年版，第121页。

反映，是衡量个人道德品质与思想素质优劣的根本指标。当然，这里所指的行为不是人的偶然性行为，而主要是指人们经常表现出来的习惯性行为。因为人们的偶然性行为不可能如实地体现其思想素质水平，而在人们的生活中无数次出现乃至形成习惯的行为，则可以比较客观、综合、全面地展现一个人的思想素质情况。同时，多次反复的行为一旦形成习惯之后，这种行为习惯又可以对个人认知的加深、情感的培养、意志的坚定及信念的固化起到积极的促进作用。因此，著名教育家叶圣陶曾指出，教育就是习惯的养成。对此，洛克也曾指出："只有你给他的良好原则与牢固习惯，才是最好的，最可靠的，所以也是最应该注重的。因为一切告诫与规则，无论如何反复叮咛，除非是形成了习惯，全是不中用的"。[①] 可以说，生态文明教育的归宿就是使社会成员养成良好的生态文明行为习惯。因为人们对生态文明方面的认知、情感、意志和信念状况最终都要以行为习惯的方式来体现。

生态文明习惯就是指人们不需要思考在日常生活中就能做到节水、节电、爱护花草、绿色出行、垃圾分类等。也就是说，人们在想问题、办事情时能够自觉地从对环境、资源、其他动植物乃至整个生态平衡的有利角度出发。当然，生态文明习惯的形成不是一蹴而就的指令性行为，而是一个复杂的心理过程，如前所述，生态文明习惯也需要在相关认知的基础上滋生积极的情感体验，在情感升华的基础上形成坚强的意志，在持之以恒的意志力作用下固化成稳定持久、坚定的信念，有了关于生态文明的坚定信念，生态文明习惯才能够水到渠成、自然养成。从心理学来说，这是一个完整的心理发展过程，也是把相关知识先内化为自身的信念，再外化为实际行动的过程。当然，生态文明行为习惯的养成不能仅靠个体的主观努力来实现，还需要从客观方面，如制度规范、法律法规等方面促进社会成员在现实生活中养成节能环保、爱护生态等良好习惯，并且保证其长期坚持，以至达到自觉。一旦养成了生态文明习惯，人们就会主动践行生态文明理

---

① ［英］约翰·洛克：《教育漫话》，傅任敢译，人民教育出版社1985年版，第30页。

念，并以其生态实践活动反作用于社会，影响和带动其他人树立生态文明理念，进而促进整个社会生态文明践行氛围的形成。因此，从教育心理学的目标层次来说，能够在日常生活中养成节约资源、保护环境等良好习惯是一个人生态文明素质高低的最终表现和检验标准，是生态文明教育目标的最高层次。

第三节　中国生态文明教育的内容

一　生态文明教育内容的确立原则

生态文明教育的内容是生态文明教育的一个子系统，其组成要素涉及诸多方面。然而，生态文明教育内容的确定不能任意编排，而是要根据教育目的以及教育对象的思想实际确定。因此，对于生态文明教育内容的选择与确立除了考虑生态文明教育目标的层次性、教育对象的差异性和教育内容的契合性等因素外，还应遵循以下原则。

（一）综合性原则

内容综合性原则是指在生态文明教育内容的选择与确定过程中，要遵循联系、发展和全面的原则，使教育内容不仅包括自然科学方面的知识，还要涵盖社会科学方面的内容。这是由生态文明教育本身的性质及其要实现的教育目的决定的。从这一教育本身的性质与特点来看，生态文明教育，首先要涉及教育学科的相关理论，尤其是环境教育学和思想政治教育学。其次，从教育活动的内涵来看，教育是培养人的活动，要取得理想的教育效果，达到教育目的必须了解人的心理，这意味着开展生态文明教育还要涉及心理学的相关知识，特别是教育心理学和生态心理学的内容。再次，从理论指导来看，有效的教育实践必然要以一定的哲学理论为方法论指导，这涉及生态哲学与生态伦理学方面的知识。最后，从与生态文明教育直接相关的自然科学来看，对生态科学和环境科学知识的了解与整合必不可少。可见，生态文明教育在理论上要吸纳、整合众多学科知识，内容要体现出较强的综合性。

从教育的目的来看，生态文明教育要达到使社会成员在掌握必要的科学文化知识基础上，认识到人与自然相互依存、互利共生的关系，进而树立人与自然和谐的价值观与生态观，使其最终能够在社会活动中践行科学的生态文明观。显然，这一目标的实现首先需要使教育对象掌握一定的自然科学知识，如环境科学方面的相关概念，环境对人的影响，环境污染的治理等；生态学方面的生物圈、食物链、生态平衡以及人在生态系统中的影响等。只有从自然科学知识层面认识到人与环境、资源乃至整个自然生态系统的关系，才能使人们从世界观、价值观的角度树立正确的生态文明理念。如前所述，从人文科学知识层面来看，科学生态观的树立，生态公民的培养离不开教育学、心理学、哲学、历史学等方面的知识。因此，生态文明教育的内容必然是多学科交叉的综合性知识。

（二）目的性原则

目的性原则是指生态文明教育的总体内容和每一项内容的实施，都必须有明确的目的。生态文明教育内容系统是由若干要素组成的，这些要素本身都应该有明确的目的。如资源环境现状教育要使教育对象对我国当前资源、环境、人口与社会经济发展的不协调形势产生认同感，并自觉地为保护环境和节约资源贡献力量；生态消费教育是要帮助教育对象树立正确的消费观，使其能够在日常生活中自觉履行适度消费的原则，以达到既能满足自身正当需求又不给生态环境带来额外压力的目标。在内容系统中，不应该存在没有明确目的的内容，因为这样的内容没有存在的意义，同时，这样也会使得整个内容系统繁杂。需要说明的是，虽然内容系统各组成要素均有自己明确的目的，但这不意味着内容系统有多个目的。所有生态文明教育的内容最终都要服务于培养具备科学生态观的现代生态公民这一目的。而各内容要素的具体目标均是这一教育目的的展开或具体化，都必须与这个目的相一致。

目的性原则要求生态文明教育者一定要正确把握教育内容系统的具体目标，使之与生态文明教育的最终目的一致。同时又要善于把内容系统的根本目标分解到各个要素上去，使每个要素的目标都能与具体的工作、生活紧密联系起来，与内容系统的目标构成一个协调一致的目标体系，从而使教育对象逐步实现各个层次的目标，最终实现生态文明教育系统的终极目标。[①]

（三）层次性原则

层次性原则是指在构建生态文明教育内容体系时，要注意层次性；在进行生态文明教育时要根据不同的教育对象确定、实施不同的教育内容。生态文明教育内容系统由不同层次的要素构成，主要包括生态知识教育、生态技能教育、生态道德教育、生态法制教育、生态经济教育等内容，同时它们各自又由一些具体要素组成，这些具体要素有的又包括更小的要素。如生态知识教育包括生态环境基本常识教育、大众科普知识教育和专业技术教育等层次；生态经济教育包括低碳经济、循环经济和生态经济等方面的教育。这种体现生态文明教育内容及其要素领属关系、从属关系和相互作用的结构形式，就构成了生态文明教育内容系统的层次性。厘清生态文明教育内容系统的层次性，对于发挥内容系统的整体功能具有重要意义。在生态文明教育内容体系中，每个层次的要素都有从体系中分解出来的目标。即使是同一层次的要素，也既相互联系，又相互区别，各具功能。因此，进行生态文明教育，必须处理好各个内容要素之间的功能联系，确定好每项内容要实现的教育目标。只有这样生态文明教育内容系统的整体功能才能得到更好的发挥，生态文明教育才能收到更好的效果。[②]

明确生态文明教育内容系统的层次性，有助于生态文明教育者针对不同教育对象采用不同层次的教育内容，把生态文明教育的针对性要求和广泛性要求结合起来，使不同层次教育对象的生态文明素质得到有效提高。人的生态文明素质的形成和发展是一个循序渐进的过程，生态文明教育内容也应该遵循从较低层次向较高层次发展的原则。因此，生态文明教育内容的遴选与确定要从实际出发，使教育内容的层次与教育对象的层次具有契合性，从而保证生态文明教育的内容发挥应有的作用。

---

① 陈万柏、张耀灿：《思想政治教育学原理》，高等教育出版社 2007 年版，第 179 页。
② 同上书，第 178 页。

二　生态文明教育内容的基本构成

结合上述生态文明教育内容的确定原则，笔者认为当前我国生态文明教育的基本内容主要包括以下几个方面。而对于不同的教育对象群体其具体教育内容应该有所侧重。

（一）生态知识教育

对社会成员开展生态文明教育，首先要对其普及生态环境、物质能量流动、人口资源等方面的基本知识教育。由于文化层次的不同，许多人对于生态、环境、生态平衡与生态危机等方面的知识知之甚少，特别是在一些生态理念落后地区，人们只关心自己的温饱和收入，而对于环境、资源、生态等问题关注不够。只有在普及生态环境基本知识的基础上，才能促使人们明白生态危机是人类的不当行为造成的恶果，若不能有效遏制将会断送人类的未来；而有效维护生态平衡才是人类文明发展与社会进步的基本保障，其中人的行为方式在维护生态平衡的过程中起着关键作用。人们只有顺应自然、尊重自然才能在与自然和谐相处的过程中实现自身利益和经济社会的长期繁荣发展。有了相关知识背景，人们才能够比较容易地接受生态文明理念，从而做到节约资源、保护环境，否则，生态文明教育很可能是对牛弹琴，效果甚微。

具体来说，生态文明知识主要包括以下两大方面：一方面是自然生态与资源环境方面的基本常识，如生态、资源、环境的概念，生态系统、生态平衡、生态危机、生物多样性等知识；另一方面是维护生态平衡的基本规律，主要包括以下六个方面：其一是生物圈的相互依存和相互制约规律；其二是相互适应与补偿的协同进化规律；其三是物质输入和输出动态平衡规律；其四是物质循环与再生规律；其五是环境资源的有效极限规律；其六是自然生态系统与社会生态系统协调发展规律。认识生态平衡的基本规律是人类尊重自然，自觉与大自然为伴，确立人与自然共生共荣和谐发展的基本要求，是确立生态文明价值观的知识基础。①

---

①　廖福霖：《生态文明建设理论与实践》，中国林业出版社2003年版，第325页。

（二）生态现状教育

生态现状教育是激发社会成员对生态环境问题的危机感，树立对国家、民族生态安全责任意识的必要前提。心理学认为，只有对问题现状有深刻的认识，才能对问题可能导致的负面后果产生危机感，进而激发其解决问题的责任感和使命感。而人们一旦产生危机感和责任感，就会主动去关注这一问题，从而调动人们解决问题的主动性、积极性和创造性。在开展生态环境现状教育的过程中，只要把我国当前的生态环境现状讲得比较全面，把道理讲清讲透，不但不会使人们产生悲观情绪，更有利于激发人们投入生态文明建设的积极性。从生态文明搞得好的国家或城市来看，都离不开社会成员对生态环境现状的深刻认识。所以在全社会开展生态环境现状教育是生态文明教育的基本要求和基本内容。

对社会成员开展生态文明教育时，应该让受教育者了解当前生态环境的现状，包括人口数量、生态破坏、温室效应、资源枯竭等带来的各种生态危机，还有我国的灰霾天气、水体污染、生物多样性减少等现象。当然对不同的教育对象群体进行现状教育也应该各有侧重，如对农民应该侧重于水污染和化肥农药污染方面；对领导干部则应该从整体上突出我国人口与社会经济发展之间的种种矛盾现状；对企业经营管理者则应该强调当前我国资源利用与环境污染等方面的严峻形势；而对于学生群体则应该根据不同的年龄段进行全面教育。

（三）生态消费教育

所谓生态消费，实际上指的是一种既能适应物质生产和生态生产的发展水平，又能在满足消费者需求的同时不对社会环境和生态环境造成威胁的绿色消费行为。可以说，它是一种全新的消费理念，其主要意义在于通过倡导健康文明的生活方式节约资源、保护环境。正是基于人与生态环境应该协调发展这一基础，生态消费观提倡消费者选择科学理性的生活消费方式，积极践行国家倡导的适度消费、低碳消费、绿色消费等科学消费理念，培育健康积极的消费心理。需要指出的是，生态消费在全社会的普及能够带动生产模式的变革，对产业经济结构的优化升级具有积极的促进作用。当生产领域不再生产高耗能、高污染的产品时，低碳消费、绿色消费也就从客观上形成了。具体来说生态消费包括三个方面含义："一是倡导消费者在消费时选择未被污染或有助于公众健康的绿色产品；二是在消费过程中注重对垃圾的处置，不造成环境污染；三是引导消费者转变消费观念，崇尚自然、追求健康，在追求生活舒适的同时，注重环保、节约资源和能源，实现可持续消费。"①

可以说，消费关系到每一个社会成员，我们每天都在吃穿住行等方面进行不同层次的消费，健康科学的消费观念对于社会经济的发展和资源环境压力的缓解具有重要影响。然而，当前社会中不少人摆阔气、讲排场，吃山珍海味、穿名牌、戴金表；也有许多人虚荣心强，爱攀比，特别是青年人比手机、拼豪车；还有些人贪图享受，只要自己乐意，挥金如土、穷尽己欲。上述种种不良消费行为不仅浪费资源、破坏社会风气，而且给社会环境和生态系统造成巨大压力。鉴于此，需要在全社会大力开展生态消费教育，大力提倡适度消费、绿色消费，从而给生态环境和社会资源减压，以促进社会经济的可持续发展。

（四）生态道德教育

德育在我国整个教育内容体系中居于首要地位，同样，生态道德教育也是生态文明教育的重要内容之一，在整个生态文明教育内容体系中处于核心地位。如前文第一章所述，生态道德教育就是把人与自然万物的关系上升到道德高度，进而把这一理念向广大社会成员普及的教育。具体来说，生态道德教育是指一定的社会或阶级，为了使人们在实践活动中遵循生态道德行为的基本原则和规范，自觉地履行维护生态平衡的义务，有组织、有计划地对人们施加系统的生态道德影响，使生态道德要求转化为人们的生态道德品质的实践活动。② 生态道德教育，对于培养人们正确的生态道德意识，养成良好的生态道德行为习惯，维护人类生存发展的正常环境，具有重要的理论价值和现实意义。

---

① 张宏武：《中国经济发展中的低碳转型研究》，厦门大学出版社 2015 年版，第 440 页。

② 梁兴邦：《医学伦理学概论》，甘肃文化出版社 1996 年版，第 108 页。

生态道德教育在全社会的广泛开展，需要引导广大社会成员树立正确的生态道德观。生态道德观具体包括有关人与自然方面的伦理观、价值观、哲学观、绿色科技观以及社会发展观等，其主旨是在谋求人类发展的基础上，促进人与自然的统一、协调与平衡，使社会发展与自然环境相互适应。生态道德教育的主要任务就是把社会倡导的生态道德转化为个体思想品德的一部分。为此应该在全社会认真落实生态文明伦理观、价值观和哲学观等方面的教育。通过教育使广大社会成员以发展的眼光看待人类社会的未来，以全球视野和长远利益分析人与自然的对立统一关系，使人们在学习与实践中明确人类在宇宙中的地位，引导公众以平等公正的态度对待自然及其他生物，树立起“我为自然、自然为我”的互利发展理念。总之，广大社会成员生态文明素质的提高和生态文明行为的养成，需要生态道德的感化和践履，只有通过教育等方式使公众树立正确的生态道德观念，才能有效促进人们生态文明行为习惯的养成。

（五）生态法制教育

为了保护自然资源和生态环境，除了要对人进行生态科学知识和生态道德等方面的教育外，还必须实施生态法制教育。生态法制教育是指为了提高公众的生态意识，调节和规范人与自然的关系，使社会公众自觉地保护和善待自然，防治环境污染和其他公害，以保证经济社会的可持续发展而进行的各种法律、法规教育的总称。通过生态法制教育，可以使人们了解和掌握生态环境与资源保护等方面的法律法规，从而提高社会公众的环境意识，增强人们的生态法制观念。生态法制教育还可以使人们熟悉环境污染防治法、自然资源保护法、国际环境法以及各类法规之间的相互关系，进而提高人们运用法律武器保护自我生态环境权的能力。[①]

具体来说，对社会成员开展生态法制教育要根据对象群体的特点和教育条件开展以下方面的教育：首先，对公众普及环境权方面的教育，环境权作为一项新的人权，是伴随着环境危机而产生的新概念，

---

① 马桂新：《环境教育学》，科学出版社2007年版，第184页。

是公民享有在不被污染和破坏的环境中生存和利用环境资源的权利；它包括两方面的内容：环境生存权和环境利用权。其次，对社会成员普及生态环境方面的法律法规，主要包括《中华人民共和国环境保护法》《大气污染防治法》《水土保持法》《野生动物保护法》《矿产资源法》和《21 世纪议程》《生物多样性公约》《京都议定书》《世界自然宪章》等国际公约。最后，向公民强调个人应负的法律责任，即让人们明白在个人违反生态环境与资源保护等方面的法律法规，造成环境污染和生态破坏时，依据相关规定要承担相应的法律后果。

（六）生态经济教育

生态的失衡、环境的污染和资源的枯竭在很大程度是由于人类的经济发展方式粗放，生产技术落后，重经济增长而轻环境保护等原因所致。因此，转变传统经济增长方式，大力发展生态经济是建设生态文明，实现和谐发展的必由之路。显然，对全体社会成员特别是领导层和企业管理者，加强生态经济方面的宣传与教育对于经济发展方式的转变和节约环保生活习惯的养成具有重要意义。生态经济是把经济社会发展和生态环境保护及建设有机结合起来，使之互相促进的一种新型经济发展方式。它强调生态资本在经济建设中的投入效益，生态环境既是经济活动的载体，又是重要的生产要素，建设和保护生态环境也是发展生产力。生态经济强调生态建设和生态利用并重，在利用时兼顾环境保护，力求经济社会发展与生态建设及保护在发展中达到动态平衡，以实现人与自然的和谐发展。

近年来，低碳经济、循环经济和生态经济等多次在党和国家的政策文件及领导人的讲话中出现，这充分表明国家领导层已经认识到了发展绿色经济、生态经济的重要性，认识到实现国家经济发展方式的生态化转型是建设美丽中国的关键。然而，生态经济在整个社会的发展壮大有必要通过教育宣传向社会公众普及关于“什么是生态经济”以及“为什么要发展生态经济”等基本概念与常识。我国在 2005 年制定了《关于加快发展循环经济的若干意见》，其中重点强调了需要在全社会加强关于循环经济的教育宣传工作，“各地区、各部门要动员社会各方面力量，大力开展形式多样的节约资源和保护环境的宣传活动，提高全社会对发展循环经济重大意义的认识，把节约资源、保护环境变成全体公民的自觉行为。要将树立资源节约和环境保护意识的相关内容编入教材，在中小学中开展国情教育、节约资源和保护环境的教育。要组织开展相关管理和技术人员的知识培训，增强意识，掌握相关知识和技能。”[①] 因此，生态经济教育是向社会成员，特别是对各级领导干部和企业经营管理者，实施生态文明教育的重要内容之一，只有通过宣传教育、培训学习等手段使人们接受生态经济、循环经济、低碳经济等科学发展理念，并能在实践中切实转变各种非生态的发展方式，实现经济发展方式的生态化转型，才能使我国生态文明建设迈向飞速发展的快车道。

（七）生态政治教育

所谓生态政治教育主要是对国家各级党政领导干部开展的生态文明培训教育，目的是把生态文明理念切实贯彻到治国理政的具体实践活动中。领导干部的指导思想与发展理念在很大程度上决定了一个地区乃至一个国家的发展方向与发展水平。从政治与经济的关系来看，政治对于一个国家的经济发展具有巨大的反作用，政治理念影响、制约着经济的发展。因此，对国家各级领导干部积极开展生态文明教育培训，把生态文明理念融入各级政府的行政行为中具有重大意义。

生态政治教育内容的落实要注意以下几点：首先，加强各级地方政府的生态意识教育，明确其在自己治理区域内的生态责任，包括对自然的责任意识、对市场的生态责任意识和对所辖区域内公众的生态责任意识。其次，加强各级政府领导人的生态政绩观教育，一方面，要树立先进科学的政绩观，摒弃 GDP 至上的政绩观念；另一方面，要确立环境价值观念，明确环境价值在经济发展中的成本。[②] 最后，加强各级政府的生态文明行为教育，其中，实现政府行为的生态化是生态文明行为塑造的关键，要切实推行政府决策行为、执行行为和施

① 中共中央文献研究室：《十六大以来重要文献选编》（中），中央文献出版社 2006 年版，第 967 页。

② 王寿春：《从 GDP 政治到生态政治——中国循环经济发展的重要前提》，《嘉兴学院学报》2006 年第 5 期。

政考核等方面的生态化倾向。

除了上述生态文明教育的基本内容外，还有生态文明技能教育、生态文明审美教育、生态文化教育和生态哲学教育等。但从目前来看，我国生态文明教育急需普及实施的是上述各方面的内容。需要指出的是，对于不同的教育对象在选择教育内容时应该各有侧重，如对于文化知识水平较低的农民和中小学生应该突出生态文明基础知识和现状教育；对于企业管理人员及普通工人则应该注重生态经济与生态法制教育；对于领导干部则需要强调生态政治理念的灌输与普及。

第五章　中国生态文明教育体制机制建构与实施原则

生态文明教育的最终目标是使生态文明理念融入社会的每个角落，培养适应时代发展的生态公民。这一目标的实现需要建构一系列保障其落实的体制机制，同时在具体实施生态文明教育的过程中要遵循一定的原则，如生态文明教育的终身性和全体性等，从而使教育目的性更强，教育效果更好。本章将在积极建构生态文明教育体制与机制的基础上，提出实施生态文明教育应该遵循的基本原则。

第一节　中国生态文明教育的体制建构

《现代汉语词典》对“体制”的解释有两种含义：一是指国家机关、企业、事业单位等的组织制度，如学校体制、领导体制等；二是指文体的格局，体裁。《辞海》对“体制”的解释是，指国家机关、企事业单位在机构设置、领导隶属关系和管理权限划分等方面的体系、制度、方法、形式等的总称。我们认为体制是指国家机关、企事业单位在机构设置、隶属关系和权利划分等方面的体系、制度、方法、形式等的总称，是管理经济、政治、文化等社会生活方面事务的规范体系。例如国家的领导体制、政治体制、经济体制、教育体制、科技体制等。体制通常又指体制制度，是制度形之于外的具体表现和实施形式，一种制度可以通过不同的体制表现出来。先进的体制可以促进经济社会发展，落后的体制将会阻碍经济社会的发展。[①] 所谓教育体制就是指教育事业的机构设置和管理权限划分方面的制度。具体来说，教育体制主要是“指教育内部的领导制度、组织机构、职责范围及其相互关系，教育事业管理权限划分，人员的任用和对教育事业发展的规划与实施，教育结构各部分的比例关系和组合方式。”[②]

根据上述认识，生态文明教育体制，就是关于生态文明教育事业的机构设置、隶属关系、职责权益划分的体系和制度的总称。关于教育体制的系统建构涉及的内容广泛，关系复杂，本文主要侧重于从生态文明教育自上而下的实施方面对其进行体制建构。具体来说，生态文明教育要以党和政府为主导，负责整体制定生态文明教育的政策与方针；以企业单位为主要教育阵地，对领导干部、企业负责人和青年学生等重点对象进行教育，特别是要发挥学校教育的主渠道作用；以个体公民为立足点，通过提高个体公民的生态文明素质夯实生态文明教育的基础；以非政府生态环保组织为助力，充分发挥其在社会教育中的宣传推动作用。

需要指出的是，我们建构的生态文明教育体制并不是独立于国家整体教育体系之外的一个独立体系，而是新时期、新阶段我国教育体系中一个与时俱进的组成部分，是对整体教育体系的丰富与完善。生态文明教育体制的建构不仅是国家整体教育体系自身完善与发展的时代要求，更是在全社会普及生态文明理念，提高公民生态文明素质的迫切需要。

一　宏观：以政府为主导，构建整体教育方案

生态文明教育是一项由政府主导的全民性公益教育活动。在生态文明教育的实施过程中，政府负责国家相关政策、法规的制定与执行，国家教育资金、资源的投入与分配，师资队伍与基础设施等方面

---

① 参见欧阳峣《两型社会试验区体制机制创新研究》，湖南大学出版社2011年版，第78页。

② 张立军：《新中国民族高等教育体制变迁研究》，博士学位论文，东北师范大学，2012年，第16页。

的建设。如果说公民是我国生态文明教育的主要对象，企业单位是我国生态文明教育的关键领域，那么，政府就是国家生态文明教育的主导力量。

（一）政府在生态文明教育中的角色定位

第一，政府是我国生态文明教育政策、规划的制定者和实施者。生态文明教育是一项社会性的系统工程，涉及政治、经济、文化等社会发展的各个层面，表现出强烈的公共性、整体性和长远性，政府具有其他组织与个人无法比拟的公共性，应该对生态文明教育制定长期的规划和连续的政策，并将其付诸实施。政府可以利用各种政策手段，比如市场调控、政府经营、政府管制和政府补助等，以此来协调社会主体的利益关系并且通过行政的方式制订教育培养计划，并逐级下达到各基层单位和部门，以确保生态文明教育在全社会顺利开展。

第二，政府是生态文明教育的投资主体。生态文明教育具有很强的公共产品性，这就决定了很难用市场机制来配置资源。同时，生态文明教育是一个长期的过程，从个人的成长历程来看，每个人都要接受来自家庭教育、学校教育（基础教育、中等教育、高等教育）和社会教育等方面的生态文明教育。可见，生态文明教育应该是伴随人一生的终身教育。因此，生态文明教育投资的周期很长，投资的成本较大，而且在短时间内教育效果也不一定理想，这就决定了政府必须在此过程中发挥主要投资者的角色。从社会发展的角度来看，生态文明教育是关系国计民生的大事，是关系到社会可持续发展的长远大计，也是关系人类文明发展的重大工程。因此，政府作为生态文明教育的投资主体，要避免市场调控资源能力的局限性，在整个教育事业投资中，应该重点支持生态文明教育工程的建设与实施。国家及各级地方政府也应该设立生态文明教育专项基金，以为生态文明教育工作的顺利开展提供充足的资金来源。

第三，政府是制定与实施生态文明教育相关法律法规的主体。法律法规是实现国家职能的基本手段和重要工具。生态文明教育的顺利开展需要国家法律法规的保驾护航，需要在实践中严格依法办事。完善的法制能够在实践中为生态文明教育提供切实有效的法律保障，但其前提是国家相关部门首先要建立、健全针对生态文明教育方面的法律法规，从而在实践中保证生态文明教育的顺利实施。不仅如此，在社会经济发展过程中常常会遇到眼前利益与长远利益、地方利益与全局利益、经济利益与生态利益等方面的冲突，国家相关职能部门必须严格执法，切实维护法律法规的权威性、严肃性，坚决抵制地方政府在涉及资源、环境及生态建设项目的审批、验收上把关不严，对破坏环境行为放任不究等违法违规行为。

第四，政府是我国生态文明教育的国际合作主体。环境和发展，是当今世界各国普遍关注的两大问题，创造更为美好的生存和发展环境是全人类的共同责任，我国政府积极参与制订了多项国际公约和行动计划，如《世界文化和自然遗产保护公约》《濒危野生动植物物种国际贸易公约》《气候变化框架公约》《保护臭氧层维也纳公约》《森林原则声明》《生物多样性公约》《21 世纪议程》《里约环境与发展宣言》等。[①] 同时，各国政府也都认识到国家公民在生态文明建设中的重要作用，并且将对社会成员的生态文明教育作为一项重要的任务。然而，由于世界生态文明教育总体上尚处于探索阶段，因此，包括我国在内的世界各国政府需要加强交流与合作，促进各国公民生态文明素质的提高，共同面对生态危机，创造人类美好的明天。

（二）政府对宏观教育方案的建构

针对当前我国生态文明教育的现状，政府从总体上应该在以下几个方面作出努力，以发挥其主导作用。

1. 对生态文明教育进行制度顶层设计

“顶层设计”原是一个系统工程学的概念。这一概念强调的是一项工程“整体理念”的具体化[②]，就是运用系统论的方法，从全局的角度，对某项任务或者某个项目的各方面、各层次、各要素进行统筹规划，以集中有效资源，高效快捷地实现目标。2011 年，我国“十二五”规划中首次提出，要重视改革顶层设计和总体规划……为科学

---

① 张蕾、程鹏：《论政府在生态环境建设中的作用》，《林业经济》2002 年第 7 期。

② 汪玉凯：《准确理解“顶层设计”》，《北京日报》2012 年 3 月 26 日第 17 版。

发展提供有力保障。这里的顶层设计是指国家面对改革发展中的重大问题时，从整体上统筹规划，明确方向；从战略上、步骤上为上述问题提出解决方案，统筹考虑项目各层次和各要素，追根溯源，统揽全局；在最高层次上寻求问题的解决之道。近年来，顶层设计成为政府统筹内外政策和制定国家发展战略的重要策略方针。

所谓生态文明教育制度的顶层设计，实际上就是政府对我国当前以及未来生态文明教育的整体规划，也就是从人民群众的现实利益出发，站在国家的层面，对生态文明教育的实施提出整体思路和框架，以此作为规范各类具体政策的标准和依据，从而最大限度地化解生态危机，减小资源与环境的压力，确保生态文明建设的顺利推进。具体来说，生态文明教育的制度顶层设计要完善生态文明教育的管理体制与运行机制，划定教育、宣传与环保等部门的职责范围，成立诸如生态文明教育委员会的专门机构，明确生态文明教育的目标与方向，为生态文明教育的实施提供法制保障、资金保障与队伍保障等。

2. 把生态文明教育纳入国家教育体系

随着人们对生态环境问题认识的深化，特别是党的十七大报告提出建设生态文明以来，作为生态文明建设的基础工程，生态文明教育逐渐被人们重视起来。但是思想上的重视到行动的付出还有一定的距离。虽然生态文明教育开始被人们重视，但是由于国家尚未把其真正纳入国家教育体系，加之人们对于生态文明教育的内涵及其重要性还缺乏认识，尤其是很多人把生态文明教育与环境教育混为一谈。所以，生态文明教育尽管在人们的思想认识上越来越重要，但在具体实践层面还任重道远。鉴于此，国家亟须把生态文明教育纳入我国学校教育体系，给其应有的“名分”。从中小学的义务教育到各大院校的高等教育均需开设有关生态文明教育的公共课程，对学生普及生态文明知识，引导其树立正确的生态价值观，把生态文明教育作为素质教育的重要方面纳入国家教育的各层次、各阶段。在普及生态文明公共教育的同时，还必须加强生态文明专业教育，在中、高等职业院校和具有生态环境相关专业的大学开设生态文明教育专业课程，特别是要在师范院校重点培养普及生态文明教育的专业人才。此外，在职业教育与成人教育中也要开设相关课程，把生态文明教育作为一项重要内容编入教学与考核计划中。总之，从社会成员受教育的阶段上看，要把生态文明教育贯穿于初等教育、中等教育、高等教育、继续教育的各个层次之中；从教育的内容层次上看，要把生态文明教育融入公共教育与专业教育的各个方面；从教育空间上看，要把生态文明教育覆盖到家庭教育、学校教育和社会教育的每一个角落。只有把生态文明教育真正纳入国家教育体系和社会各层面的教育中，落实到具体的教学实践中，才能使其在全社会得到足够的重视并充分发挥其应有的作用。

3. 积极开展生态文明教育的理论研究

没有理论的实践是盲目的，没有实践的理论是空洞的。实践活动要想达到预期的目的必须有正确的理论指导。生态文明教育作为一项实践活动，也只有在科学有效的理论指导下才能沿着正确的方向前进，从而实现培养生态公民的教育目的。但是脱胎于环境教育与可持续发展教育的生态文明教育，目前并没有成熟的指导理论。鉴于我国生态文明教育理论研究的不足与现实对这方面理论需求的迫切性，国家应该积极组织相关专家研究生态文明教育的体制、机制建构，从总体上部署生态文明教育的实施方案。同时，鼓励各生态环境研究院所、生态文明研究中心和全国各高校等科研单位大力开展有关生态文明教育内容、方法、原则、途径等方面的理论研究。力争在最短的时间内出台一套较为完善的生态文明教育实施方案，为生态文明教育在全社会的有效实施提供科学的理论支撑。

二　中观：以企业为重点，抓好教育关键领域

在社会经济发展进程中，物质财富的主要创造者是企业。企业生产的原材料大都来源于自然界，其生产加工过程也是在自然环境中进行，最终生产的产品在消费者利用之后还要再次回归自然。在这一循环往复过程中，任何一个环节都有可能对资源和环境造成不同程度的浪费和破坏。因此不可否认，作为市场经济的微观主体，各级各类企业是自然资源的主要消耗者，也是环境污染的主要制造者，要改变环

境恶化趋势，就必须通过改变企业传统的生产经营管理模式，开展生态化建设，使企业的全部生产经营活动朝低消耗、低污染、高附加值的方向发展，从而使企业行为既满足消费者需要，又满足环境保护的要求，发展以实现经济效益和生态效益最优化为目标的企业经营模式。①

企业是生态文明建设中最为重要的主体，企业的生产经营方式对资源、环境乃至整个生态系统具有至关重要的影响，所以，大力开展企业生态文明教育，切实提高广大员工及企业管理人员的生态文明素质意义重大，特别是通过宣传教育提高企业经营管理者的生态文明素质，使其发展理念向生态化转型显得尤为重要。所以，各级各类企业单位是生态文明教育的重点领域，企业经营管理者及广大企业员工是生态文明教育的重要对象。推动经济发展和社会进步的主要力量是国家的各种企业，而这些部门的发展理念与发展方式对资源、环境及生态系统等方面的影响也最为明显。因此，在全社会开展生态文明教育，重点要抓好各级各类企业单位的教育宣传工作，形成教育的关键领域。

首先，要大力提高各级各类企业经营管理者的生态文明素质。在企业实现清洁生产、绿色发展、低碳发展的过程中，企业的经营管理者起着决定性作用。企业领导层的指导思想与发展理念在很大程度上决定了企业的发展方向及其社会价值取向。企业生存与发展的目的就是在满足社会需要的基础上实现利润的最大化，从长远发展来看，一个企业在追求经济效益与社会效益的同时更需要注重环境效益与生态效益。因为如果保障人们生存最基本的资源环境岌岌可危，就谈不上企业的发展和利益的实现。所以，大力提高各级各类企业经营管理者的生态文明素质，尤其是对其开展循环经济、低碳经济与绿色经济等方面的宣传教育是企业生态文明教育的重要任务。具体来说，国家上级教育主管部门要将企业负责人的生态文明教育纳入重点教育与日常

---

① 参见陈国铁《我国企业生态化建设研究》，博士学位论文，福建师范大学，2009年，第Ⅰ页。

化教育范围之中。同时，教育、环保与企业管理行政部门要联合行动，定期对各级各类企业经营管理者开展生态文明知识讲座与培训，制定相应的考核标准。此外，在全社会树立生态文明企业家典型，大力提倡广大企业领导向生态文明模范企业家看齐，使其在提高自身生态文明素质的同时把可持续发展理念融入自身企业发展之中。在对企业领导层进行生态文明教育培训的过程中，还可以鼓励他们加强自我教育、自我学习，通过环境熏陶和自我学习深化他们对经济发展与环境保护关系的认识，从而提高其自身的生态文明素质。

其次，切实把生态文明理念融入企业文化之中。企业文化是一个企业全体成员共同遵循的价值观念、职业道德、行为规范和准则的总和。企业文化对企业的发展发挥着越来越重要的作用。企业本质上是社会的，它深深地扎根于特定的文化规范和价值观念之中。企业文化规定着企业的思维方式、价值观念及整个价值取向，从而决定了企业的发展方式。而生态文化是以谋求人与自然和谐共生，以生态价值观为核心，和谐发展为行为导向的文化。[①] 在推进企业生态文明教育的过程中要把生态文化融入企业文化中，形成生态化的价值理念、经营目标、企业精神，使之成为企业文化的重要组成部分。具体来说，培育企业的生态文化，第一，要树立生态化的价值导向，因为生态价值观是企业生态文化的核心，是企业对自己行为的价值选择和价值追求。第二，要通过明确管理者的生态责任意识、舆论宣传和规章制度等方式实现企业管理理念的生态化转向。第三，通过营造生态文化氛围、美化企业环境，熏陶企业员工的生态意识和生态责任。第四，还要建立企业的生态价值体系，实行企业环境行为公开制度，形成企业生态文明观，促进企业的生态化转型发展。通过生态文明企业文化的培育，使企业员工充分认识到节约资源、保护环境的重要性，把节能环保、绿色低碳等企业文化理念融入每一个员工的思想意识，使生态文化成为企业生态文明教育的核心和灵魂，成为企业生态文明教育的思想基础。

---

① 廖福霖等：《生态文明经济研究》，中国林业出版社2010年版，第216页。

最后，定期向企业员工提供生态文明学习与实践的机会。建立企业生态文明的教育与培训制度，将生态文明教育纳入员工教育培训计划。制定企业生态文明教育实施规划，开展企业生态文明的学习培训和清洁生产岗位培训，努力提高职工绿色生产的意识和技能，并结合实际做好管理人员、环境保护设施运行管理人员和其他员工的生态文明教育。可结合企业的日常运作，将教育与实践相结合，对清洁生产、循环经济等有关法律、政策及相关流程、业务技能知识等内容进行系统、全面的讲解，以增强教育效果。同时，建立企业生态文明教育考核制度和清洁生产责任制度，规定考核细则，成立生态文明教育考核领导办公室，按照逐级负责、分层管理的原则，实行企业生态文明教育和清洁生产的领导责任制，做到层层负责、责任到人。此外，各企业要根据适用于本企业的生态文明法律法规、政策和国家标准，对企业全员开展普法教育，在制定企业发展方针时首先要遵守国家法律法规及相关要求。企业可将相关法律法规通过宣传栏、定期讲座、文件发布会、职工培训等形式宣传给每一位员工。可采用正反典型案例进行示范和警示教育，让企业全体员工充分认识到节约资源、保护环境的重要性，培养他们的生态责任感，提高其生态文明意识。只有通过规章制度、宣传教育等方式对企业员工灌输节约资源、保护环境等生态文明知识与理念，才能使其在生产实践中自觉履行节能与环保的义务，从而实现企业的清洁化生产与生态化发展。

三　微观：以个人为基点，实现教育全覆盖

社会个体生态文明素质的提高是国家整体生态文明素质提高的基础。在全社会开展生态文明教育，不管是家庭生态文明教育、学校生态文明教育还是社会生态文明教育归根结底是提高个体公民的生态文明素质，使其逐步树立生态文明理念，最终能够在生产生活中自觉养成绿色、环保、生态的行为习惯。生态文明教育是针对全民的终身教育，通过实施这一教育，每个公民的生态文明素质均得以提高，那么，整个社会的综合素质也就相应提高。

从人的个体生存发展来看，社会的发展、文明的进步最终是通过

人自身的发展，特别是人的素质和能力的发展来实现。马克思曾指出："全部人类历史的第一个前提无疑是有生命的个人的存在。"[①]"人们的社会历史始终只是他们的个体发展的历史"。[②] 当前我国环境污染严重、资源约束趋紧、生态系统退化加剧的形势，已经威胁到人的生存与发展。为了扭转生态矛盾加剧的颓势，实现社会个体的发展乃至整个人类的发展，教育特别是生态文明教育的实施迫在眉睫。只有通过生态文明教育，大力宣传生态环保知识，以提高个体社会成员的生态文明素质为立足点，夯实教育基础，才能使生态文明理念在全社会牢固树立。从这一意义上来说，加强与完善我国生态文明教育需要从以下几个方面开展工作。

首先，从个体公民生态文明素质现状出发制定合适的教育方案。如前所述，生态文明教育的对象是全体社会成员，而统计显示，当前我国人口已超过 13. 5 亿。从庞大的教育对象数量来看，在全社会开展生态文明教育的难度非常大。然而，更重要的是个体公民由于知识水平、年龄特征、经济状况与文化背景的不同，其自身生态文明素质与实践能力差距较大，具有各自的特殊性。从年龄阶段看，中小学生、大学生、成年人和老年人各有特点；从地域角度来看，老少边穷地区、一般发展地区和相对发达地区公民的相关素质有所不同；从身份职业来看，领导干部、企业高管、工人、农民的生态文明素质各不相同；从文化背景来看，国外公民与本国公民的思维方式和生活习惯也有较大差别。因此，开展生态文明教育必须从个体公民的年龄、职业、文化程度等实际情况出发，根据其接受水平和现实需求制定教育目标、选择教育内容和方法。例如，对于知识水平较低、接受能力较差的中小学生个体来说，应该注重基础知识的灌输和良好生活习惯的养成，并能结合其日常生活，联系实际；而对于具备一定文化程度的成年人来说，主要应该让其明确我国当前的生态环境现状、认识建设生态文明的重要性和必要性，从而促使其在生产生活中自觉践行生态文明理念。

---

① 《马克思恩格斯文集》第 1 卷，人民出版社 2009 年版，第 519 页。

② 《马克思恩格斯文集》第 10 卷，人民出版社 2009 年版，第 43 页。

其次，以个体公民的现实需要与自我发展为切入点开展教育。作为一项教育实践活动，必要的理论灌输不可缺少，但是灌输教育侧重于被动地接受，这种教育方式对于教育客体来说，缺乏理论学习与实践的主动性。事实证明，以个体公民的现实需要和自我发展要求为突破口，可以使生态文明教育取得良好的效果。因为但凡心智健全的社会个体，在满足衣食住行等基本需要的基础上都有自我发展和自我实现的需要，尽管这种需要的具体内容和层次各不相同。马斯洛的需求层次理论认为，人的需求层次从低到高分为：生理需求、安全需求、归属与爱的需求、尊重需求和自我实现的需求。这一理论充分说明人都有自我发展与自我实现的需要，生态文明教育若能结合不同公民的现实需要和人生追求来实施，就易于使受教育者对教育内容及教育理念的接受由被动走向主动，从而自觉学习生态文明知识，践行生态文明理念。例如对个体农民来说，自己的农产品能在市场上卖个好价钱是其主要的价值目标，针对这一现实需求，对其进行生态农业、绿色食品与农业环境保护等方面的宣传教育就能起到良好的效果。而对于个体企业经营管理者来说，企业利润的最大化是其追求目标，立足这一现实需要可对其宣传可持续发展、生态经济、清洁生产等方面的知识与法律法规，使其充分认识到要实现企业利润最大化和长远发展只能发展循环经济、低碳经济、绿色经济，在实现经济利益的同时必须兼顾社会效益和环境效益、生态效益。

最后，对个体公民实现正规与非正规生态文明教育的自然对接。正规教育就是我们通常说的学校教育，这种教育是在获得相关教育部门认可的前提下，以学校为主的教育机构对受教育者提供的各种培养与训练活动，这些教育机构提供的培训一般都具有目的性、组织性和计划性，并且有专职人员负责相关内容的教授，其目的是对受教育者在身心发展方面起到积极的影响，学校对接受教育者规定了入学条件以及毕业标准，他们使用的教学大纲一般具有统一的标准，且具有连续性、制度化的特点。与正规教育对应的非正规教育，则是指我们在日常的生活中除正规教育机构对社会成员有意识地开展教育外，个体从家庭、邻居、图书馆、大众宣传媒介、工作娱乐场所等方面获取知识、思想、技能、信息和道德修养的过程，也叫作“非正式”教育。生态文明教育不仅是全民教育，而且是全程教育、终身教育，这就决定了有效实施生态文明教育不仅需要正规教育发挥主力作用，而且需要非正规教育的补充与配合。从个体公民的成长发展历程来看，在学校接受正规教育的时间毕竟有限，并且学校教育也有其自身的局限性，在很多方面需要与自我教育、家庭教育与社会教育自然对接，才能使正规教育的效果得到巩固和延续。此外，也并非所有人都有接受正规教育的机会，特别是经济发展落后地区的人们，对于他们来说，媒体宣传、环境熏陶、自我学习等非正规教育更加具有现实性。因此，从不同地区、不同情况的个体公民出发，实现生态文明正规教育与非正规教育的有机结合，力争让每一个社会成员无论在何时何地都能得到必要的教育或培训是提高生态文明教育实效性的基本任务。

四　横向：借助环保组织，提升教育影响力

民间生态环保组织是指在地方、国家或者国际上建立起来的非营利性的、自愿的、以保护生态环境为主要目的的非政府组织。生态环保民间组织是以生态环境保护为主旨，不以营利为目的，不具有行政权力，并为社会提供公益性服务的组织。生态环保民间组织的性质决定了它们不同于政府环保组织，也不同于以营利为目的的商业组织。它们通常是为了某些动植物保护、环境保护和生态平衡等特定目的而结成的具有某种公益主张的团体，它们不依赖于某一组织或受制于某一组织，是完全独立的环境法的主体。非营利性、公益性和独立性是生态环保民间组织不可或缺的三个条件。也正是基于此，生态环保民间组织在某些国家已成为“公信力”最高的组织。[①] 20 世纪 70 年代末，由政府部门发起成立了我国第一个环保民间组织——中国环境科学学会；90 年代，黑嘴鸥保护协会、自然之友、北京地球村等一批由民间自发组成的环保组织相继成立，自此中国环保民间组织开始兴起；进入 21 世纪后中国环保民间组织已由初期的单个组织行动，进

---

① 崔建霞：《公民环境教育新论》，山东大学出版社 2009 年版，第 173—174 页。

入相互联合、合作的时代。近年来，我国环保民间组织迅速发展，从2007年到2012年增长了38.8%，截至2012年年底，我国已有近8000个环保民间组织。[①]

我国的各种民间环保组织在引导公众环保行为、促进公众环保参与、提升公众环境意识、监督企业环境行为、环保政策制定与执行、开展环境维权与法律援助、促进环保国际交流与合作等诸多层面起到了积极作用。环保民间组织通过环境保护公益活动、出版书籍、发放宣传品、举办讲座、组织培训、加强媒体报道等方式进行环保宣传教育，为提高我国公民生态文明素质作出了重要贡献。[②] 倡导保护环境、提高全社会的生态文明意识、开展环保宣传教育、推进公众参与生态文明建设、提升全民生态文明素质等是我国环保民间组织开展宣传教育活动的主要宗旨与目标。随着我国生态环保民间组织的发展与壮大，它们已经成为推动我国生态环保事业发展不可或缺的重要力量，发挥了连接政府和公众之间的桥梁和纽带作用。

然而，我们也应该清醒地认识到，虽然我国民间环保组织在保护生态、促进社会和谐发展等方面的作用越来越显著，但也存在不少亟须改进与解决的问题。其突出问题有：新的民间环保组织注册难度大，缺少法律保障，活动资金紧张，组织机构不严谨等。为此国家环境保护部于2010年出台了《关于培育引导环保社会组织有序发展的指导意见》，其中强调指出“需进一步加大对环保社会组织培育引导的力度。要培育引导环保社会组织，进一步加强政府与社会组织之间的联系与合作，加快建设‘两型’社会的步伐；团结民间环保力量，更广泛地动员公众参与环保事业，推进生态文明建设与可持续发展战略的实施；采取多种形式，拓展公众在环保领域进行有序参与的空间”[③]，从而推动我国的生态文明建设的民主化、合作化进程。这一

---

① 刘毅：《我国环保民间组织近八千个　五年增近四成》，《人民日报》（海外版）2013年12月5日第4版。

② 王学俭、宫长瑞：《生态文明与公民意识》，人民出版社2011年版，第270页。

③ 环境保护部：《关于培育引导环保社会组织有序发展的指导意见》（http://www.zhb.gov.cn/gkml/hbb/bwj/201101/t20110128_200347.htm）。

《指导意见》的出台为我国民间环保组织的发展壮大提供了政策依据，同时也为其健康发展指明了方向。

具体来说，进一步加强民间环保组织的引导与管理，充分发挥其在生态文明教育中的积极作用，需要采取以下措施。

首先，要明确我国民间生态环保组织的法律地位，为其提供有力的法律保障。多年来，我国民间环保组织一直处于自发、自愿、自组织的活动状态，在很大程度上缺少国家的政策支持与法律保护，尽管《国务院关于环境保护若干问题的决定》（1996）和《国务院关于落实科学发展观加强环境保护的决定》（2005）等文件中也提到要“发挥社会团体的作用”，但是发挥民间环保组织作用的前提是为其提供有力的法制保障，以促使其健康发展。不仅如此，不少地方政府和企业为了政绩与利益，还极力打压、限制环保组织对其不良行为的曝光与宣传活动。自然之友总干事曾感慨：“民间组织做事，都觉得自己必须夹着尾巴做人，就像一只地里的老鼠一样。”[①] 直到 2010 年国家环保部颁布《关于培育引导环保社会组织有序发展的指导意见》，对我国民间环保组织明确了“积极扶持，健康发展；加强沟通，深化合作；依法管理，规范引导”的指导原则，才使我国民间环保组织真正有了可以依靠的政策依据。但是这还远远不够，还需要进一步明确我国民间环保组织的法律地位，“只有通过完善的法律规范将民间环保组织的性质、活动范围、活动方式等明确的规定出来，民间环保组织的地位才能得到确认，活动行为才更加规范有序，在社会中的公信力才更强，才能更好地组织和带领群众进行生态文明建设实践。”[②]

其次，鼓励地方政府与企业等为民间保护组织提供资金支持。《关于培育引导环保社会组织有序发展的指导意见》中基本原则第一条就是：“积极扶持，加快发展。……为环保社会组织的生存发展和发挥作用提供空间；……制定有利于扶持引导环保社会组织发展的配

① 徐楠：《环保 NGO 的中国生命史》，《南方周末》2009 年 10 月 8 日“绿色”版。

② 王学俭、宫长瑞：《生态文明与公民意识》，人民出版社 2011 年版，第 271 页。

套措施。”[①] 这虽然为民间环保组织的发展提供了有力的政策支持，但是对大多数民间生态环保组织来说，制约它们发展的最大问题是资金来源。因为民间环保组织基本没有固定的经济来源，活动经费主要靠志愿者和个别企业的捐助。而目前我国公众的生态环保意识总体不高，志愿者数量有限，同时，企业经营管理者大多缺乏环保意识，即使个别企业为此捐助也多是借助这种方式为其宣传代言。国外民间环保组织之所以发展得好，在很大程度上是由于政府的大力支持和各种企业集团的长期资助。当然，各国的经济状况和环保意识不同，我们不可照搬他国模式，但是在这方面有不少值得我们借鉴的经验。因此，在我国要充分发挥各种生态环保组织的宣传教育作用，保障其健康发展需要积极鼓励各级政府特别是地方政府和各大企业为环保组织提供必要的经济援助。但这需要切实转变地方政府与企业经营管理者对民间环保组织的态度和看法，可以通过民间生态环保组织对节能环保、绿色低碳等理念的宣传来提高政府的公信力和企业的信誉度，因为生态经济、绿色发展是社会发展的必然趋势，是人们的共同期盼。以此来缓和某些地方政府与企业经营管理者同民间环保组织的关系。

最后，对民间环保组织加强政策引导与监督管理。任何社会组织开展活动，宣传自己的思想主张都要在国家政策法规许可的范围内，同时不能采取过激的行为方式。然而，国际上不乏以激进行为捍卫生态环境的事例，例如 2008 年美国西雅图的一座豪宅被烧，现场留下了“绿色建筑？黑色建筑！”这样的标语，这起事件被怀疑是“绿色和平组织”所为；同年，南极“海洋保护协会”为阻止日本捕鲸船而武力袭击日本船员，致使 4 人受伤。采取类似不当行为进行环保的事例在我国也存在，为此，我们必须加强对民间环保组织的引导与管理，充分发挥其积极作用而避免其消极影响。环保、民政部门应该加强引导、帮助和支持，及时掌握各民间环保组织的发展和活动动态，支持各民间环保组织开展环保宣传、维权等公益活动，积极向他们宣

① 环境保护部：《关于培育引导环保社会组织有序发展的指导意见》（http：//www. zhb. gov. cn/gkml/hbb/bwj/201101/t20110128_ 200347. htm）。

传政府部门的有关方针与政策，对发展中出现的问题要进行妥善处理和规范，对民间环保组织开展活动过程中遇到的重大问题、疑难问题、敏感问题，各地环保部门要及时掌握信息，加强引导。同时，注重对民间环保组织领导骨干和核心成员的培养，注意发现并培养热心环保公益事业又有一定社会影响力的社会人士加入民间环保组织，充分发挥他们的模范作用。① 此外，对于民间环保组织自身来说，应该主动加强与国际环保组织的交流与合作，积极学习他们开展生态环保活动的管理模式与先进经验，把适合我国国情的方式方法借鉴过来，从而促进我国民间生态环保组织的健康发展。

第二节　中国生态文明教育的运行机制

“机制”一词本来是属于机械学的概念，主要是机器运行的机理，也就是机器的各种零部件和内部结构在正常运转时的相互关系及工作原理。然而，“机制”一词的用法早已扩展到其他多个领域，比如在自然科学方面，机制被沿用到各类自然现象的作用原理以及各类事物的功能构造上；而在社会科学方面，机制则可以指社会经济、政治以及文化等元素之间相互影响、相互制约的关系原理。从“机制”这一概念的内涵与外延来看，它应该包含三个方面的含义：“其一，机制由若干要素组成，这些要素具有不同的层次，既各成体系，又按一定的方式结合为一个整体；其二，组成机制的各要素的功能如何以及按何种方式把这些要素组合起来，决定着整个机制的功能；其三，机制中各构成要素功能的发挥总是在整个机制的运行过程中与其他要素相互作用而实现。”② 因此，机制不仅包含特定活动对象的各个组成部分，还指各个部分在构成整体及整体正常运行过程中的相互关系，它是在某种活动对象各个部分有机构成的基础上，整体的运行状况及工作机理。

---

① 王学俭、宫长瑞：《生态文明与公民意识》，人民出版社 2011 年版，第 270 页。

② 参见邱伟光、张耀灿《思想政治教育学原理》，高等教育出版社 1999 年版，第 205 页。

把“机制”这一概念引入生态文明教育的研究之中，就意味着我们不仅要从整体与部分的关系角度把握生态文明教育这一对象，而且要把生态文明教育看作是一个运行发展的过程。正像一台机器，要使机器运转起来首先需要各个零部件有机结合而构成一个整体，同时需要为其提供燃料动力，在机器运行过程中还要随时对其维护保修以使其保持良好的运行状态。同样，生态文明教育这样一个社会系统工程的正常运转也需要保障机制、动力机制、评价机制等方面的协调合作。总之，生态文明教育运行机制是指能够保障生态文明教育活动顺利开展并且不断完善的各构成要素之间的关系及运行机理，其中主要包括影响其运行的保障因素、动力因素、评价因素等。对于生态文明教育运行机制的研究，就是把生态文明教育过程作为一个有机整体，研究它为什么和怎么样在各组成要素的相互影响、相互作用、相互配合下运行，以及它与外部政治、经济、文化等社会系统是如何相互联系、相互促进的。

一　保障机制

生态文明教育是一项面向全民的系统工程，为了保证其顺利运行、健康发展，就必须建立保障其运行的多种机制。具体来说，主要包括法制保障、经济保障和队伍保障等。

（一）法制保障

生态文明教育的法制化是落实生态文明政策、贯彻生态文明理念的制度保障。目前我国还没有关于生态文明教育的专门法律，为此国家需要建立健全相关法律法规，尽快使生态文明教育走入法制化轨道。法律具有权威性、强制性等特点，建立健全相关法律法规不仅可以为生态文明教育的实施确立法律地位，而且更重要的是在实践中可以通过法律手段约束、惩处人们不履行节能环保责任的行为，为生态文明教育的健康发展提供法律保障。目前，我国在环境教育、可持续发展教育、生态文明教育、生物多样性教育、能源教育等方面的立法基本上处于空白状态，而当前我国生态文明教育之所以存在种种问题，实效性不高在很大程度上与相关法律法规的缺位不无关系，生态文明教育靠社会成员的主观自觉很难达到理想效果。同时，近年来，以空气、水和重金属污染为典型的环境问题渐趋严重，社会公共环境事件多发频发，涉及环境权利与义务，生态意识提高与维权等方面的立法呼声越来越高。网络调查显示，日益严重的雾霾问题位列“2013年十大公民事件”评选结果之中。而“‘2012年十大公民事件’评选结果显示，什邡、启东、镇海大规模环保群体事件居首位，环境维权彰显了公民的环境意识觉醒，但是环境权却未得到法律确认，法律规定滞后于现实要求。”① 因此，建立健全生态文明教育的法律体系不仅是解决环境群体性事件的现实需要，也是我国法制体系在新形势下自我完善的需要。

法律、法规是生态文明教育顺利实施的重要保障，建立健全生态文明教育相关的法律法规不但具有理论上的重要性，而且在现实中也非常必要。从目前来看，我国不少地方政府开始结合当地实际情况在生态文明教育方面制定相关政策条例，如2011年12月宁夏回族自治区出台了《宁夏回族自治区环境教育条例》，2012年9月天津市制定了《天津市环境教育条例》。这两部地方性法规的颁布与实施，将有力推动国家在生态文明教育方面的立法进程，同时也为相关法律法规的制定提供了一定的实践经验和理论参考。从当前我国生态文明教育的状况来看，相关法律法规的制定应该突出以下几个方面的内容：第一，提供生态文明教育经费的来源保障；第二，规定公民的权利义务以及合理的奖惩机制；第三，强化生态文明教育的体系化建设，建立家庭教育、学校教育与社会教育一体化的联动模式；第四，建立公众参与的激励机制；第五，建立生态文明教育多元监督机制；第六，为生态文明教育确立明确的理念与原则；第七，以提高素质、培养人才为核心，要求各个领域都要开展不同层次的生态文明教育。② 同时，在建立健全生态文明教育法律法规的前提下，要有法必依、执法必

---

① 曹慧丽、才凤敏、曾群：《关于我国生态文明教育政策之法律化研究》，《江西警察学院学报》2013年第3期。

② 参见曹慧丽、才凤敏、曾群《关于我国生态文明教育政策之法律化研究》，《江西警察学院学报》2013年第3期。

严、违法必究，在维护法律尊严的基础上充分发挥其应有的作用。

（二）经济保障

经济基础决定上层建筑，生态文明教育作为国家上层建筑的组成部分，它的实施同样需要经济基础作保障。任何社会活动包括政治活动、经济活动、文化艺术活动等，都需要一定的资金保障，生态文明教育也不例外。如果不考虑资金问题，没有必需的教育经费，生态文明教育实践就会难以推行。为此国家需要建立健全专项资金投入渠道，完善资金保障措施。按照分级负责，分级投入的原则，积极探索生态文明教育的资金投入机制，以保障生态文明教育工作的顺利开展。鉴于生态文明教育的全民性与公益性，政府必须在教育投资与基础设施建设上担当主体角色。因此，政府需要从整体上加大对生态文明教育的投资力度，应该把这项投资纳入公共财政预算体系并成为一项规范性的制度。各地政府也应通过政策扶持、资金补助等方式加快当地生态文明教育发展，特别要扶持学校生态文明教育优先发展。同时，充分调动企业对生态文明教育投资的积极性，使其认识到在投资生态文明教育事业发展的同时，可以实现自身的社会效益与生态效益，而良好的社会效益不仅可以转变为现实的经济效益，而且是企业一笔长期的无形资产。此外，通过舆论宣传与实践活动广泛吸纳社会人士的捐助资金，充分利用国际环保基金会等环保组织提供的援助也是生态文明教育资金筹集的重要来源。

资金保障是实施生态文明教育工程众多保障措施的重要一环，充足的资金保障，可以为生态文明教育在家庭、学校和社会中的顺利实施提供坚实的经济基础。如何合理而有效地完善生态文明教育的资金保障机制，建立生态文明教育的资金保障体系，是国家相关部门要周密部署的问题。其中，极为重要的一点是要积极争取各级政府对生态文明教育的政策和资金支持，依法足额提取和使用生态文明教育培训经费，鼓励企业积极向生态文明教育投资。通过以上方式，可以确保生态文明教育资金保障措施的建立和完善，从而推动各级各类生态文明教育的深入发展。

（三）队伍保障

对任何一种教育活动来说，教育者的水平在很大程度上决定了教育效果的优劣。由于生态文明教育的全程性与全民性特点，各级领导干部的生态文明意识水平在一定程度上也影响着生态文明教育的开展情况与教育效果。因此，造就具有广博的生态知识、开阔的生态视野和高尚的生态情怀的领导队伍和施教队伍是有效开展生态文明教育的重要保证。只有领导层自身能够深刻认识到生态文明的重要性，才能够重视和支持各单位各部门生态文明教育工作的开展。所以，领导干部需要定期接受生态文明教育培训，以提高自身的生态文明素质和相关领导能力。同时，施教队伍的建设是整个生态文明教育的基础，因为雄厚的师资不仅可以保障生态文明教育的顺利开展还可以大大提高生态文明教育的效果。既然各级领导干部和师资队伍的生态文明素质水平对生态文明教育的效果具有重要影响，那么，必须首先通过各种方式和途径提高各级领导干部和师资队伍的生态文明素质。

对于领导层的生态文明教育来说，首先，应该自上而下建立领导干部生态文明知识学习培训制度，分批次、分层次对各级领导干部定期进行相关知识与理念的宣传培训。其次，把领导干部的生态文明素质与生态文明政绩列入干部考核的范围之中，积极推行"逆生态发展"考核一票否决制。最后，通过媒体在全社会树立生态文明高素质干部标兵，为各级领导干部营造良好的学习舆论氛围，鼓励各级领导干部通过自我学习与向典型学习相结合的方式提高自身素质。加快生态文明教育施教队伍建设，需要制订《生态文明教育师资培训计划》，依据培训计划有步骤分批次开展师资建设。一方面，通过培训学习提高生态文明教育教师的综合素质。对教师培训要分批次、有重点地开展，可以先培训骨干教师，然后再通过骨干教师培训普通教师；在培训内容方面要把学习知识与灌输理念相结合，在向教师们进行生态科学、环境科学等基础知识传授的基础上，使其树立热爱自然、关心环境的生态价值观；建立健全生态文明教育资料库，把有关生态文明教育的影像资料、图书、调查数据等收集归类，供广大教师学习参考；有目的、有计划地组织接受培训的教师参观生态园、森林公园以及生态型企业公司，使其从实践中领悟人与自然的关系和人类应承担的生态道德责任。另一方面，尽可能壮大生态文明教育的教师队伍。如前所述，全体社会成员都是生态文明教育的对象，对全体社会成员开展生态文明教育需要的教师数量庞大，因此，要采取多种方式与渠道扩充教师队伍，特别是要充分发挥高校培养教师人才的优势，在高等教育中广泛开设生态学、生物学、环境教育学等方面的课程，尤其是在师范类院校要大力培养生态文明教育所需的教师人才。只有尽快建设一支数量庞大、素质较高的师资队伍，生态文明教育才能在全国范围内顺利开展。

二 动力机制

在社会科学领域，动力机制通常是指推动和促进事物运动、发展和变化的内外动力构造、功能和条件及其相互作用的机理。动力机制的稳定存在和作用发挥，可以使事物的运动、发展和变化从自发到自觉、从被动走向主动。[①] 如市场经济的动力机制指的就是推动市场优化配置资源以不断实现市场经济良性、协调发展的构造条件；民主政治的动力机制指的就是促进政治文明以及政治现代化的构造条件和功能；文化发展的动力机制指的就是促进具有中国特色社会主义文化形态健康发展、有效促进社会主义文化整合的各种构造条件和功能等。[②] 生态文明教育的动力机制就是驱使个人、企业单位和政府部门等主动学习生态知识，贯彻生态理念，自觉接受生态文明教育的各种条件与作用机理。

（一）个人利益驱动

通俗地说，利益即好处，是对主体有积极影响的相关事物。虽然从不同的角度可把利益分为不同的种类，同时，不同的人对利益的层次追求也有所差别，但是，从个体公民的生存与发展的角度来看，个

① 曾昭皓：《德育动力机制研究》，博士学位论文，陕西师范大学，2012 年，第 35 页。

② 王浩斌：《马克思主义中国化动力机制研究》，中国社会科学出版社 2009 年版，第 10 页。

人的基本利益主要包括物质利益和精神利益两方面。霍尔巴赫认为，利益是人的行为的唯一动力。马克思主义认为人的一切行为活动首先是为了利益，利益是一切社会关系的首先问题。对利益的追求形成人们的动机，成为推动人们活动的重要动因。因此，在生态文明教育过程中，要使个体公民主动践行生态文明理念，自觉养成节约资源与保护环境的习惯，从关系人们切身利益的物质层面与精神层面出发，把生态文明理念融入个人衣食住行以及价值追求的各个方面，将会大大提高生态文明教育的效果，会使社会成员出于涉及自身的某种利益而自觉爱护环境、节约资源，从而使生态文明理念与行为在全社会的普及由被动变为主动。通过涉及个人利益的方式驱使社会成员主动践行生态文明理念具有见效快、效率高的特点，同时，可以使广大公民在慢慢养成生态文明行为习惯的过程中逐渐明白这样做的原因，即使某些人始终不明白在生活中为什么要爱护环境、节约资源，但是在教育主体的种种利益刺激下，他们为了想要得到某种好处而在实际行动中做到了节能环保，这样，生态文明教育的目标在某种程度上已经达到了。

这里的利益驱动也就是通过物质与精神激励的方式，刺激教育对象主动接受生态文明理念，从而养成生态文明行为习惯。从家庭生态文明教育来看，家长可以对孩子“约法三章”，并据此对孩子的日常行为中有利于节能环保的方面进行适度的物质奖励与精神鼓励，以此强化其良好的生态文明行为，同时，要对其负面行为采取适当的惩罚。从学校生态文明教育来看，各级各类学校应该制定包括全校师生在内的生态文明行为传播与践行奖励措施，对于在教育教学中较好地将生态文明理念融入各科教学的教师要给予适当的物质奖励和荣誉称号，可以设立专项奖励基金和开展“校园生态文明教学名师”评选活动，以此激励全校教师对生态文明理念的传授与普及。对于在学习生活中主动传播与践行生态文明理念的学生个人，也应给予一定的物质奖励与精神鼓励，从而刺激、带动其他学生加入生态环保的行列。从社会生态文明教育来看，对于社会中涌现出来的“绿色英雄”“环保大使”，如“用镜头记录青藏高原野生动物，行走大江南北做环保公益讲座的生态环保摄影家葛玉修；践行循环经济，以建筑垃圾处理和再生为事业，高调做慈善回报社会的企业家陈光标；35 年如一日，义务保护和救助天鹅，书写人与动物和谐相处美好诗篇的普通农民袁学顺；用音乐赞美自然，用歌声倡导环保，用爱心回报家乡的歌唱家韩红”[①] 等，国家和社会也应该对其公益行为给予充分的肯定与鼓励，并设立生态环保专项基金，用于激励、推动更多的人从事生态文明理念的传播与践行。

总之，在实施生态文明教育的过程中，从关系个体社会成员的物质利益与精神利益出发，使其立足个人切身利益去认识环境、资源和生态平衡的重要性，更有利于其把生态文明理念外化为现实的行动，变被动接受为主动实践。

（二）企业效益驱动

作为国家经济社会发展中最活跃的细胞，企业一方面是推动我国经济社会发展和进步的主体力量；另一方面也是环境污染和资源耗费的重要责任方。数量庞大的大、中、小、微型企业，尤其是大型重工业企业是国家能源资源（如水、电、煤、油）的消耗主体，同时是工业废水、废气、废渣等污染源的主要排放者，可以说，各类企业的节能减排水平与发展理念在很大程度上决定了我国生态文明建设的成败。从目前状况来看，尽管越来越多的企业在向绿色化发展方向转型，但是还有不少企业，特别是众多的地方中小企业仍然在延续着传统的粗放型经济发展模式，高投入、高污染、高耗能、低产出的现状尚未根本改观，同时存在大量的重复性建设。造成这种状况的原因很多，但是很重要的一点是多数企业在发展中缺少生态化发展理念，过多地注重企业的经济效益而忽视了企业的社会效益和生态效益。从这一意义上来说，实现我国各类企业的生态化转型，推动企业绿色化发展，除了需要国家制定与实施相关的法律法规及各种金融财税政策的支持与配合外，还需要大力开展企业生态文明教育，提高企业经营管

① 张秋蕾：《行动兑现环保承诺　大爱呼唤绿色英雄“2010—2011 绿色中国年度人物”评选颁奖仪式在京举行》，《中国环境报》2012 年 6 月 13 日第 1 版。

理者及企业员工的生态文明素质。因此，通过大力实施企业生态文明教育使各类企业在追求经济效益的同时将生态效益和社会效益融入企业发展理念中显得重要而迫切。

然而，由于各类企业经营管理者的素质参差不齐及许多企业对市场经济"逐利性"的片面理解等原因，靠企业自觉开展生态文明教育，贯彻生态文明理念，从而实现清洁生产和绿色发展的可能性较小。因此，国家可以通过涉及企业发展及员工利益的驱动机制，刺激企业领导者主动学习、贯彻生态发展理念，走绿色发展之路，这是使企业积极开展生态文明教育极为有效的手段。从个体企业发展来看，国家可以通过减免税收和提供无息贷款等财税政策扶持企业发展低碳经济、循环经济、绿色经济，鼓励企业进行清洁生产和绿色产品认证等。同时，对企业的原材料采购、生产过程和产品的市场准入进行能耗和环保指数评估，让消费者越来越广泛地认识并接受绿色产品而远离成本高、不环保的非绿色产品。在市场经济的激烈竞争压力下，高污染、高耗能企业必然会向绿色发展方向转型。从企业的经营管理者来看，国家可以建立企业负责人绿色考核制度，对各类企业特别是国有大中型企业及控股公司的主要负责人要进行生态文明素质年度考核，对于不达标者要向社会公布，多次不达标者责令其辞职。同时，国家可以倡导各类企业之间开展"生态企业家""绿色发展标兵"等年度评选活动，这样一方面激发了优秀企业管理者今后的发展干劲，同时也刺激了落后企业向生态化方向的转型升级。从企业员工来看，企业要积极鼓励员工进行节能减排技术的研发与创新，设立专项奖励基金，激励员工主动学习新技术、贯彻新理念。同时，对于有创意的生态化企业管理理念和普通员工的节水节电等行为习惯也要大力表彰、奖励，以促进企业节能环保发展氛围的形成。

总之，企业生态文明教育的效益驱动机制就是要通过各种方式使企业将经济效益、生态效益和社会效益有机结合，用较少的资源和环境容量创造较高的经济效益，从而使自然生态系统和社会生态系统处于良性运行状态。对任何一家企业来说，经济效益的本质是追求利润，社会效益的本质是维护人道，生态效益的本质是顺应天道（自然规律）。三者的统一和整合就是把利润的追求纳入护人道、顺天道的更高的价值目标之中。[①]

（三）国家发展驱动

如前所述，生态文明教育是一项由政府主导的社会系统工程，它关系到国家发展的公共利益、整体利益和长远利益。从根本上说，党和国家是生态文明教育最重要、最大的主体，必须发挥其对生态文明教育总体上的领导、组织、统筹等作用，并有效协调、干预生态文明教育的进程和效果；生态文明教育具有一定的跨区域性甚至跨国界性，政府的参与和主导，具有其他组织与个人都无法比拟的合法性。[②]因此，需要充分发挥政府在生态文明教育中的主导作用。

从国家的角度建构生态文明教育的驱动机制主要是各级领导干部，特别是教育、环保与宣传等部门的领导干部要充分认识到开展生态教育的重要性与必要性，从而把生态理念、环保意识融入国家及地区的整体规划与发展战略中。对国家生态文明教育方案的制定者与整体策划者来说，可以从两个方面认识开展生态文明教育、提高全民生态文明素质的重要性。一方面，从国家繁荣与民族振兴的层面来看，党的十八大提出要建设美丽中国，推动中华民族的永续发展，这一目标的实现必须实现思维方式、生产方式与生活方式的生态化转变，要发展低碳经济、循环经济、生态经济，实现清洁生产与经济社会的可持续发展。而所有这一切的实现需要通过生态文明教育培养出适应时代需要的生态公民来完成。我国早就提出要把教育事业放在突出的战略位置，而在当前形势下应该把生态文明教育放在教育事业中优先发展的位置。因为国民生态文明素质的提高是实现中华民族伟大复兴的重要条件。另一方面，从国际社会来看，我国是目前世界上最大的发展中国家，人口众多，资源消耗量巨大，同时也是全球生态破坏与环境污染最严重的国家之一。为了在国际社会上树立负责任的大国形象，更是为了拯救地球和人类的未来，我国正在大力发展低碳经济、

---

① 廖福霖等：《生态文明经济研究》，中国林业出版社2010年版，第201页。

② 王学俭、宫长瑞：《生态文明与公民意识》，人民出版社2011年版，第243页。

循环经济，积极履行节能减排的义务，事实上我国在经济社会发展的巨大压力下承担了比发达国家更多的减排任务。同时积极实施清洁生产与绿色发展战略，也是为了消除国际舆论对“中国威胁论”（这里指不可持续发展带来的环境污染威胁）的妄言谬说。而上述原因正是推动我国自上而下开展生态文明教育、提高全民生态文明素质的外部驱动力量。总之，只有国家领导层及相关部门从民族振兴与国际影响等层面认识到了实现可持续发展需要培养较高生态文明素质的现代公民，才能有效推动生态文明教育的健康发展。

三　评价机制

（一）生态文明教育评价机制的内涵

《辞海》对“评价”的解释是：衡量人物或事物的价值，即对人物或事物作出的主观的“是好是坏”的价值判断。美国教育评价研究人员格朗兰德指出，所谓评价是以对象的数量或者性质为基础对其开展价值评判的活动。评价包含事实判断与价值判断两个层面，事实判断就是对评价对象在数量、品质方面从客观上作出记述，这种评价要求客观公正，以事实为依据。与事实判断不同，价值判断不仅从客观方面对事物进行判断，而且要从事物对主观需要的满足程度上作出判断。不可否认，人们对同一个人物、同一件事物，可以作出完全不同甚至是截然相反的“价值判断”，我们这里所指的评价，是在人们的主观认识最大限度地符合客观现实的情况下，作出的价值判断。因而，这种价值判断，是比较客观的，比较一致的。评价的应用范围越来越广，特别是在教育教学方面，“评价是教育活动的关键环节，对各级各类学校提高办学水平和人才培养质量发挥着重要的引导作用。评价标准、评价方式方法的变革能够更好地促进人才培养模式和办学体制机制的改革，推动教育质量的提升。”[1]

一般来说，教育评价就是根据一定的教育目的和标准，采取科学的态度和方法，对教育工作中的活动、人员、管理和条件的状态与绩

① 马延伟：《完善教育评价机制　推进教育评价改革》，《中国民族教育》2013 年第 3 期。

效，进行质和量的价值判断，以促进教育的改进与发展。[①] 根据上述关于评价及教育评价的内涵，我们认为，生态文明教育评价就是按照生态文明教育的目标、性质、内容及原则，运用适当的方法，对所实施的教育活动的各要素、过程和效果进行价值评判，旨在判断教育过程及各要素实现教育目标的程度，最终为改进和提高生态文明教育成效提供依据。生态文明教育作为一项新兴的教育活动，其教育效果如何，有待于进行科学考评。这需要我们建立一套科学的生态文明教育评价指标体系，即要以生态文明教育目标为导向，反映生态文明教育工作绩效的标准和工作活动的结果，将抽象目标具体化。建立生态文明教育评价机制的关键，是保证评价指标体系的科学性与可行性。为此，要从多角度和全方位进行生态文明教育评价，既要从系统内部评估，也要从系统外部评估。同时，生态文明教育评价指标体系还必须反映生态文明教育的特点和规律，必须紧扣不同社会群体及其思想行为的特点。同时，要在科学评价的基础上，对生态文明教育工作做好宣传和总结，还要及时发掘生态文明教育工作中的典型案例，并对此进行积极宣传，从而扩大其影响力。[②]

（二）生态文明教育评价机制的功能

生态文明教育评价是生态文明教育的一个重要环节，是整个生态文明教育过程的有机组成部分。生态文明教育通过评价活动，反馈效果，及时对生态文明教育进行有效的控制与调整，从而优化生态文明教育的实施过程。具体来说，生态文明教育评价机制的基本功能，主要表现在以下几个方面。

首先，生态文明教育评价机制具有导向功能。生态文明教育评价是以一定的目标、需要为准绳的价值判断过程。一方面，生态文明教育评价是对实现生态文明教育的社会价值作出判断，也就是说，生态文明教育必须满足社会发展的需要。因此，它在评估的过程中，将引

---

① 金昕：《当代高校美育新探》，商务印书馆 2013 年版，第 274 页。

② 黄娟、邓新星、杨梅：《两型社会建设背景下生态文明教育机制探析——以武汉城市圈为例》，载湖北省高校思想政治教育研究会《在创新中前进——湖北省高校青年德育工作论文集》，中国地质大学出版社 2010 年版，第 319 页。

导生态文明教育活动适应社会的发展需要，朝着社会发展需要的方向发展，以实现它的社会价值；另一方面，任何评价都要发挥“指挥棒”的作用，会有意或无意地影响评价对象的思想观念，评价的指标也对受评者的价值观念起着导向的作用。通过生态文明教育评价工作，有计划地引导受评者的生态文明理念沿着符合社会要求的方向发展，进而实现社会生态文明价值观的个体化。

其次，生态文明教育评价机制具有反馈功能。生态文明教育评价机制的另一个重要功能就是对这一教育开展的整体状况及教育效果能够进行反馈。反馈功能就是在生态文明教育开展的某一环节尤其是各个环节的连接点，通过评价机制把上一阶段的各教育要素和教育效果状况反馈给教育的组织者和实施者以及教育对象，从而使生态文明教育的相关主体根据反馈情况总结经验、改进不足，以利于下一阶段教育的高效开展。依据系统理论来说，生态文明教育是整个教育大系统中的一个子系统，而生态文明教育这一子系统中又包含各个层面的子系统。其中，科学有效的评价反馈是保障生态文明教育系统运转状态良好的重要因素，通过反馈上一环节的问题与成绩可以为下一环节系统的良性循环打下基础。从这一层面来讲，反馈是生态文明教育评价的最主要功能，没有反馈，也就没有评价。教育评价的意义和作用就在于，将其获得的信息向教育主体与客体作出反馈，用以调整、改进教育教学过程。[①]

最后，生态文明教育评价机制具有调节功能。评价工作常被人们用来确定对现实教育目标的实现程度。生态文明教育是否达到了预期目标；提出的教育目标是否符合实际，是否具有实现的可能性；如果目标已经达到，是否还有向更高目标发展的潜力；或者原先制定的教育目标实现的可能性极小，甚至根本不可能实现，等等。在这些情况下，都需要我们对现实的教育目标作重新考虑和相应的调整。[②] 评价机制的调节功能促使我们对目标的实现程度有一个明确的、清晰的分

---

① 参见马桂新《环境教育学》，科学出版社 2007 年版，第 328 页。

② 参见邱伟光、张耀灿《思想政治教育学原理》，高等教育出版社 1999 年版，第 231 页。

析和估量，从而对生态文明教育原定目标作出适当的调节，以保证教育目标更加切合实际，更能通过努力顺利实现。

（三）生态文明教育的评价标准

生态文明教育的评价应该贯穿生态文明教育的全过程，它一方面可以对教师以及教育管理者的工作给出指导、作出评价；另一方面它也能对被教育者在生态文明教育学习过程中学得的知识、理念等状况给出客观的评价。但是，为了保证评价结果的科学性、客观性与有效性，对生态文明教育的实施环节及其成效进行评价，必须遵循一定的评价标准，具体来说，应该遵循以下标准。

第一，评价主体的多元化。生态文明教育的实施不但需要学校、教师和公民的积极投入，而且需要各级教育环保部门、民间环保组织、社区等多方社会力量的配合。为客观而全面地反映生态文明教育的过程和成效，这些参与社会生态文明教育工作的社会团体或个人都可以成为生态文明教育的评价主体。他们既可以作为生态文明教育的实施者从生态文明教育内部进行评价，又可以作为独立于教育机构的外部力量对各种形式的生态文明教育进行评价，还可以对各自在生态文明教育活动中的实际表现进行自我评价。

第二，评价内容的多元化。从教育对象的知行层面来看，生态文明教育评价不能只限于教育对象对知识的掌握与否，还应该看到他们是否掌握了必要的技能；是否把新的知识和技能转化为个人的实际行动。从生态文明教育的效果评价来看，既要注重知识和技能的评价，看受教育者是否掌握了应有的知识和技能，也要评价是否形成了正确的情感、态度和价值观，更重要的是看其是否把理论应用于实践，是否养成了节约与环保的良好生活习惯。既要观其言、更要察其行。如以树立正确的消费观这一教育内容为例，在知识和技能目标上要看受教育者是否掌握了常见的几种消费心理的利弊，是否掌握了超前消费、适度消费、理性消费、绿色消费等概念；在过程与方法目标上要看其通过对几种消费观念和消费心理的对比，鉴别和分析能力是否有所提高；在情感态度价值观目标上要考察其是否树立了节能环保和绿色消费的价值观念。只有坚持评价内容的多元化，才能更客观全面地反映生态文明教育效果的实际状况，为进一步改进教育策略提供科学的参照。

第三，评价方法的多元化。为了更加客观、真实地反映生态文明教育的开展情况和实际效果，在生态文明教育评价的过程中还应该坚持评价方法多样性的原则。从当前相关评价的方式方法来看，主要有主观评价与客观评价、定性评价与定量评价、绝对评价与相对评价、过程评价与结果评价等。在生态文明教育实际评价过程中应该综合运用多种评价方式，同时根据评价对象的实际情况采取适合的评价方式。例如对教育者施教情况进行评价，就应该从教师自身的自我评价和教育对象的客观评价出发进行综合评价；而对教育对象的学习接受情况进行评价则更应该侧重于教育过程评价与定性评价。但是，在实践中应用较多的是对教育效果的评价，即对生态文明教育的实施在何种程度上达到了教育目的的评价。应该说，效果评价也是生态文明教育最核心、最重要的评价方面。教育成效的呈现涉及多方面的制约因素，如地域差异、教育主体、教育客体、教育内容、教育方法等，因此，在实际操作时必须坚持定性评价与定量评价相结合、过程评价与结果评价相结合、绝对评价与相对评价相结合等多种评价方式综合运用的原则。

此外，为了切实提高生态文明教育评价的效果和质量，需要进一步完善生态文明教育评价的指标体系，只有评价指标科学、规范，才能使评价结果真实、客观。

第三节　中国生态文明教育的实施原则

所谓原则，一般情况下是指在一定时期人们在认识世界和改造世界的过程中所应遵循的基本准则。原则有守则、准则、规范、标准等涵义，而且是最基本的、人们必须遵守的。原则形式上是主观的，而内容则是客观的：它是对发展运动客观规律的主观认识成果，正确反映了事物本质和规律的必然要求。[①] 马克思说过：“原则不是研究的出

① 平章起、梁禹祥：《思想政治教育基本理论问题研究》，南开大学出版社2010年版，第237页。

发点，而是它的最终结果；这些原则不是被应用于自然界和人类历史，而是从它们中抽象出来的；不是自然界和人类去适应原则，而是原则只有在符合自然界和历史的情况下才是正确的。”① 这就是说，原则是对自然界和人类历史客观规律的正确反映，不能正确反映客观规律的、主观臆造的东西，是不能称其为原则的，人们按原则办事，就是遵循客观规律行事。

在日常生活中，“原则”的涵义实际上有广义与狭义两种理解、两种用法：狭义的理解就是指思想、行为准则，是规律的具体化，是人们观察问题、处理问题的准绳；而广义的理解则既包含具体的准则，又包含抽象的规律。必须明确的是，生态文明教育原则，是在原则的本来意义上即狭义上来理解和使用的。生态文明教育的原则，就是在生态文明教育的实施过程中所必须遵循的最基本的要求和方法指导，它是根据人与自然关系的发展规律、生态科学的本质特征，以及教育的普遍规律和特殊性质而制定的准则；它既是生态文明教育的理论指导，又是生态文明教育实践取得成效的必然要求。生态文明教育的实施原则是理论见之于实践的中介，其宗旨是为了生态文明教育的开展有的放矢，更好地提升社会成员的生态文明素质。根据我国公民的整体生态文明素质、生态文明教育的现状以及社会发展的现实要求，生态文明教育在实施过程中应该遵循的原则除了第一章提到的教育对象的全员性、教育过程的终身性和教育内容的综合性等方面外，还应该遵循以下原则：施教主体的多元性、教育方式的多样性、教育实践的参与性和教育区域的差异性。

一　施教主体的多元性

振兴民族的希望在教育，振兴教育的希望在教师。对于新兴的生态文明教育来说尤为如此，以教师为主的施教队伍素质的高低将直接影响生态文明教育的成效。提高社会成员的生态文明素质与行为能力，不可能由“体制机制”自身自动实现，而是要通过各级领导干部和思想理论

---

① 《马克思恩格斯文集》第9卷，人民出版社2009年版，第38页。

研究、宣传、教育工作者的工作来实现。因此，上述人员的生态文明水平、理论素养和道德修养状况，对于生态文明理念在全社会的牢固树立起着关键性作用。他们的环保理念和节约意识是否坚定，教育宣传理论功底是否深厚，生态道德水准是否高尚，生态行为意识是否强烈，对社会生态矛盾的把握是否客观、全面，等等，都直接制约着其宣传、教育内容的科学性与实践性，直接影响着教育对象对宣传、教育内容的信服度，直接影响着生态文明理念在人们心目中的地位。要强化生态文明价值观念在全社会的突出地位，首先要建设一支素质高、责任心强、规范化的生态文明教育施教队伍。

不可否认，对于任何一种有施教者参与的教育活动来说，高素质的施教队伍都是影响其成败的关键因素，但是作为一个新兴教育领域，生态文明教育又具有自身的特殊性。如前所述，生态文明教育具有教育对象的全民性、教育周期的终身性和教育内容的综合性等特点，因此，在强调教育者队伍专业化和职业化的同时，应该突出的是生态文明教育施教队伍的多元化。因为在全社会实施如此庞大的社会系统工程需要大量的教育与宣传工作者，而培养职业化、高素质的施教队伍在短期内很难实现。所以，在开展生态文明教育的初级阶段，有必要在推进施教队伍职业化的进程中强调施教主体的多元化。所谓施教主体的多元化是指在生态文明教育初期，为了减轻师资力量短缺的压力，鼓励各行各业（特别是教师和各级领导与宣传工作者）有志于生态文明建设事业的人在提高自身生态文明素质的同时从事生态文明教育工作。国家可以出台相关的扶持政策，鼓励教育能力较强、生态文明素质较好的人员从事生态文明教育的专职或兼职工作。当前我国生态文明教育的施教队伍力量十分薄弱，不仅需要专门从事生态文明教育的专职人才，更需要大批兼职教师从事普及基础知识和基本理念工作。目前大部分学校的生态文明教育课程是由兼职教师担任，而他们本身多数缺乏生态知识及相关的专业培训，只有少部分高校有专门从事生态文明研究的教师对学生进行生态文明教育，而幼儿园、中小学、技校、艺校，以及普通高校基本上没有生态教育专业教师从事这方面的教育。家庭教育与社会教育的施教主体素质更是参差不齐。

因此，在全社会有效开展生态文明教育需要大力开展施教队伍建设，在培养高素质的专业教育人才的同时，更需要多元化的师资力量投身于这一浩瀚的社会工程之中。只有在实施生态文明教育的初级阶段坚持教育者队伍的多元化，才能使生态文明教育尽快走向正轨，健康发展。

二　教育方式的多样性

生态文明教育对象的全民性与教育内容的综合性决定了在实施这一教育的过程中要采取不同的方式方法。从教育对象来说，全体社会成员都是生态文明教育的对象，即使是教育者，其身份也同时是受教育者，特别是其在成为教育者之前。据有关部门统计，我国人口在2012年年底就超过了13.5亿人。在生态文明教育范围内的人口不仅数量庞大而且成分复杂，从不同的角度可以将其分为不同的群体，每个群体都有自身的特殊性。从年龄阶段看，中小学生、大学生、成年人和老年人各有特点；从地域角度来看，老少边穷地区、一般发展地区和相对发达地区的公民素质难以同日而语；从身份职业来看，领导干部、企业高管、工人、农民的情况千差万别。这就注定在实施教育的过程中，对于教育方式方法的选择和应用不能搞“一刀切”，必须针对各个群体的不同特点因地制宜、因材施教，精选切合实际的教育方式，以期达到理想的教育效果。从教育内容来看，生态与环境本身就是由各个领域的相关方面聚合而成的有机整体，它广泛涉及环境学、生态学、地理学、历史学、化学、生物学、物理学、伦理学、文化、艺术等方面。由此可见，生态环境问题是一项涉及面广、较为复杂的课题。尽管各个领域的侧重点有所不同，但是它们对于生态环境问题的解决、生态文明理念的传播都能发挥各自的作用。例如，大气污染通过酸雨可以污染水体、土壤和生物；水体污染的影响往往可以波及包括人在内的整个生态系统。在这一过程中就涉及生态学、环境学、化学等领域的知识。同样，解决环境问题的方法和技能显然也是各个方面的综合，既有工程的、技术的措施，也有经济的、法律的措施，还有化学、物理学、生态学等手段。[1] 无论是培养受教育者的环保意识，还是加深他们对人与自然关系的理解，或培养其解决环境问题的技能和树立正确的生态价值观与态度，都有赖于教学过程对上述各个方面的综合把握与应用。因此，生态文明教育内容涉及领域的广泛性与复杂性注定在实施教育的过程中，施教者要根据教育内容的特点和层次采取多种方式方法。

生态文明教育方式的多样性原则要求除了综合运用传统教育的方式方法以外，还要根据生态文明教育本身的特点与性质，发掘多种切合时代要求又行之有效的教育方法，如实践参观法、网络教学法、实证调研法、情感熏陶法等。对于学校教育来说，除了充分利用“渗透式”[2] 与“单一式”[3] 两种传统的教育方式对学生灌输生态文明知识、培养生态文明理念外，更应该在教育、教学中采取寓教于乐、情景教学、户外体验、引导探索等新型方式，以调动学生学习的积极性与主动性，从而加深其对知识内容的掌握与理解。因为，如旱涝灾害、灰霾天气、气候异常等生态环境问题与我们每个人的日常生活息息相关，从教育对象的实际出发，让其联系自己的切身体验参与其中，才能使他们真正认识到问题的严重性与重要性，从而为其树立坚定的生态文明信念打下基础。对于家庭教育与社会教育来说，也需要从家庭成员和社会公众的实际出发，采取丰富多彩的方式方法，把环保知识与节约意识等融入生产生活中，使人们在潜移默化中形成良好的生态文明理念，养成节约与环保的生活习惯。

三　教育实践的参与性

实践参与性原则是指在生态文明教育过程中要引导公众在面对实际的生态问题时，能够运用所习得的生态文明知识去解决实际问题，

---

① 徐辉、祝怀新：《国际环境教育的理论与实践》，人民教育出版社 1998 年版，第 77 页。

② 所谓渗透式，就是将生态文明教育内容渗透到相关的学科及校内外的各种活动之中，化整为零地实现生态文明教育的目的和目标。

③ 所谓单一式，即选取有关生态、环境等相关方面的基本概念、内容的论题，将它们合并为一体，发展成为一门独立的教育课程。

从而使公众的生态环保责任意识得到提升，应对环境资源等问题的实践能力得以增强，将理论知识贯彻到实践行动中去。公众的积极参与、主动践行既是生态文明教育的归宿，同时也是生态文明教育的载体。社会成员对节能环保、绿色出行、低碳生活等生态建设活动的参与程度，直接体现着一个国家环境意识和生态文明的发展程度。公众参与有利于提高全社会的环境意识和文明素质，在社会上形成良好的环保风气和生态道德，形成浪费资源、破坏环境可耻的社会舆论氛围，向每个人传递节能环保光荣的正能量，从而使生态文明建设的理念深入人心、深入社会。同时，要积极建立健全公民参与的体制机制，拓宽参与渠道，使公民参与意识和参与积极性得到充分体现。广大社会成员对生态文明教育的积极参与对于提高政府生态决策水平和公共决策的认同感也具有重要的意义。[①] 因此，在实施生态文明教育时要切实贯彻公众实践参与的原则。

近年来，公众参与逐渐成为我国生态环保与教育宣传中的一项重要内容。2006 年，我国教育部等多部委联合出台了《关于做好“十一五”时期环境宣传教育工作的意见》，其中要求“建立健全环境保护公众参与机制。要拓宽公众参与环境保护的渠道，通过‘绿色社区’‘绿色学校’创建等活动，鼓励广大群众积极参与环境保护；有条件的地方要建设一批形式多样、特色鲜明的环境教育基地，供公众参观、学习、体验，免费或优惠向公众开放；积极引导、规范环保志愿者、环保民间组织有序开展环境宣传教育、环境维权、参与环保行动。”[②] 2010 年，中共十七届五中全会通过了我国未来五年发展的“十二五”规划的建议，其中多次指出，要建立健全社会公众参与社会管理和社会改革的体制机制，显然也包括完善公众参与环境保护与生态维护的制度建设。《全国环境宣传教育行动纲要（2011—2015）》多处强调，要“积极统筹媒体和公众参与的力量，建立全民参与环境

---

① 参见崔建霞《公民环境教育新论》，山东大学出版社 2009 年版，第 150—152 页。

② 国家环境保护总局办公厅：《环境保护文件选编 2006》（上册），中国环境科学出版社 2007 年版，第 70 页。

保护的社会行动体系"[①]，"建立健全环境保护公众参与机制，拓宽渠道，鼓励广大公众参与环境保护"[②]，"依法维护公众参与环境宣教的权益，完善信息公开制度，保障公众对环境宣教的知情权、参与权和监督权。"[③]

尽管国家在生态保护与环境教育方面越来越重视公众的实践参与，但是要充分发挥公众参与的巨大潜力仍需国家及个人在以下几个方面进行努力。其一，作为个体公民要树立争做生态公民的自觉意识，从现在做起，从点滴小事做起。其二，政府相关部门应该积极拓宽公众生态文明实践参与的渠道，同时让社会成员及时快捷地获取相关信息。其三，教育部门及教育者要在生态文明教育过程中坚持理论联系实际的原则。从教育教学的实际情况来看，如果将科学知识、概念的传授陷于空洞的说教，则必将使生态文明教育脱离实际，且易导致学习者对此产生厌恶感；反过来，仅仅就事论事地去处理一些具体的生态问题而不注重知识理念和基本技能的传授，则无助于学习者认知水平的提高，最终也将不利于实际问题的解决。其四，在生态文明教育过程中，积极引导受教育者面对实际情况要具体问题具体分析。在引导教育对象参与解决实际问题时，应当把重点放在日常生活中，让受教育者首先从自己周围能够直接感受到的生态问题出发，用自己所获得的相关知识和技能解决问题。[④] 只有真正做到这一点，生态文明教育才能逐步引导社会成员将眼光扩展到全社会乃至全世界，从而形成对生态问题的整体意识和解决这些问题的全局思维。

总之，公众的实践参与是生态文明教育成效的重要体现，没有公众的积极参与和主动践行，生态文明理念就难以转化为现实。因此，在生态文明教育的实施过程中，应该让教育对象在实际生产生活中主

---

① 环境保护部等：《全国环境宣传教育行动纲要（2011—2015）》，载环境保护部宣传教育司《全国公众生态文明意识调查研究报告》（2013 年），中国环境出版社 2015 年版，第 77 页。

② 同上书，第 80 页。

③ 同上书，第 82 页。

④ 参见徐辉、祝怀新《国际环境教育的理论与实践》，人民教育出版社 1998 年版，第 87—88 页。

动发现资源环境问题；在解决问题的过程中提高自身的思维能力与判断水平；在相互交流与探讨的过程中逐步树立正确的生态文明价值观；在主动参与各种生态建设活动中，养成与自然万物和谐共存的生活习惯。生态文明教育目标的实现最终要靠广大社会成员的实践参与，可以说，公众的实践参与情况直接关系到生态文明教育的成败。所以，生产发展、生活富裕、生态良好的社会发展目标的实现，除了需要政府的立法与政策支持之外，更重要的是让社会成员明确其责任与义务并且能够积极参与其中。

四　教育区域的差异性

从哲学角度来说，矛盾具有特殊性和普遍性的特点，这就要求我们对待不同的矛盾要采取不同的处理方法。由于我国幅员辽阔，地区经济发展不平衡，各地区人口的文化素质和教育状况差异较大，因此，生态文明教育在具体实施时，需要对每一区域的经济状况、教育状况和文化状况等方面进行全方位考虑，从实际出发制订可行的教育方案。区域差异性原则是指在进行生态文明教育时，一方面要以目前我国生态环境的总体情况为基础；另一方面要考虑特定区域的具体情况，在某一区域进行生态文明教育，需要结合当地的经济文化状况与当地的生态环境特点，把当地的局部情况与国家的整体规划紧密联系起来，各个地方的生态文明教育实施要按照当地的教育状况和师资力量有针对性地选择教育内容及方法。

地域差异性是我国生态环境问题的重要特征之一，不同区域因其不同的自然条件和人文历史状况，生态环境面临的问题也有所不同。我国疆土广阔，各区域的生态环境与自然资源迥异，文化习俗与教育状况不一，经济发展水平也差别较大，因而各个区域表现出来的生态问题具有很大的差异性、地域性。考虑到这些差异，我国生态文明教育在实际操作中必须做到理论联系实际，具体问题具体对待，既要体现国家的政策方针又要针对地方的实际状况。总体而言，在地方政府的生态意识、公民的生态素质、生态教育的硬件水平（教育政策、教学设施等）和软件水平（资金投入、师资力量等）、生态建设与经济发展的关系协调等方面，发达地区好于落后地区，城市好于农村，东部好于西部。特别是在我国的偏远山区、西部地区，由于经济发展落后，生态文明教育的发展水平还相对较低。因此，开展生态文明教育需要联系各地区的实际情况，紧密结合当地的生态环境现状与经济发展水平。总之，在宏观上，生态文明教育要根据国家的整体利益进行全局性教育；在微观上，要根据地区具体的生态问题进行有针对性的、有侧重点的教育。必须基于地区实际情况，注重生态环境的“本土化”建设，因地制宜、因时制宜地开展符合当地实际的生态文明教育。

从我国整体的经济发展水平来看，经济发达地区的生态文明教育起点较高，目标层次也要相应高些。在发达地区，经济与文化的发展速度快、水平高，与国外联系较多，生态文明教育也可以紧跟国外的最新动态，这些都有利于生态文明教育的开展。因此，对发达地区生态文明教育的开展来说，无论是公共教育还是专业教育，都要注重引进、吸收生态环境治理与教育方面的新理念、新知识。同时，这些地区生态文明教育的实践要以专业培训和学校教育为主，以社会宣传与社区实践活动等为辅。对于经济落后地区，其文化、社会等方面的发展受到落后的经济条件制约，因而教育水平也相对较低。目前，全国总人口中还有一定比例的文盲、半文盲，且大部分集中在落后地区。针对落后地区的社会经济与教育状况，生态文明教育应该以社会宣传和开展与人们生产生活息息相关的节能环保活动为主，使人们首先明白什么是“低碳、环保、节能”等基本生态文明知识，使当地民众在整个社会舆论的影响下接受生态文明理念，逐步养成节能环保的生活习惯。

另外，不同的地区存在的主要生态环境问题有所不同，发达地区的生态问题一般表现为城市水资源、空气污染以及由高速发展的工业所造成各种现代性危机。落后地区的生态问题则表现为，高原地区湿地面积缩小、草原退化，工业、城市聚焦地带的环境被严重破坏，西北地区的干旱、水土流失引起严重的沙尘暴、土地荒漠化等。针对这一情况，生态文明教育的开展也要采取不同的措施，在各类地区进行有针对性的教育。从本地区存在的问题出发更容易让人们立足现实生态困境，为解决困扰其生活的生态难题而主动接受生态文明理念，进而达到理想的教育效果。

总之，生态文明教育的有效开展需要坚持区域差异性原则，不仅要在国家的整体规划与领导下开展工作，而且要结合本地区本部门的实际情况，制订有针对性的教育方案，采取切实可行的措施，防止教育流于形式、浮在表面。唯有如此，才能使生态文明观念真正深入人心。

第六章　中国生态文明教育的途径与方法

通过上一章对我国生态文明教育体制机制的建构，为生态文明教育在全社会的实施提供了宏观制度保障，从总体上探明了有效开展生态文明教育的对策方案。但是，生态文明教育在全社会的具体开展，必须通过家庭教育、学校教育和社会教育三大途径以及多种具体教育教学方法进行落实。途径与方法是开展生态文明教育必不可少的重要因素，它们不仅会影响生态文明教育的进展情况，而且也会影响生态文明教育的效果。本章将在阐述通过家庭、学校、社会开展生态文明教育的意义、方式与特点的基础上，对实施生态文明教育主要采取的几种具体方法进行探讨。

第一节　中国生态文明教育的主要途径

途径是指人们在认识世界、改造世界的过程中，为了达到一定的目的或目标，所必须采取或借助的方式、中介和桥梁的统称。生态文明教育途径就是人们在开展生态文明教育的过程中，为了达到生态文明教育的目的、实现生态文明教育的预期效果所采取的教育方式、教育模式、教育中介的统称。就目前我国的实际情况来看，生态文明教育的主要途径包括家庭教育、学校教育和社会教育三种。学校教育主要是教师对学生的教育；家庭教育主要是家长对孩子的教育；社会教育主要是国家对社会公众的教育。在生态文明教育的管理上，国家对家庭教育、学校教育和社会教育进行统筹管理，从而形成“三位一体”的生态文明教育模式。

一　家庭生态文明教育

家庭教育通常是指在家庭内由父母或其他长辈对子女和其他家庭成员所进行的有目的、有意识的教育。当然，家长在家庭环境中的自我学习与自我教育也是家庭教育的一个方面。家庭教育从其含义上讲有广义和狭义之分。广义的家庭教育主要是指一个人在一生中接受的来自家庭其他成员的有目的、有意识的影响。狭义的家庭教育则是指一个人从出生到成年之前，由父母或其他家庭长辈对其所施加的有意识的教育。[①] 家庭生态文明教育主要是指家长对孩子进行以节约资源、保护环境等为主要内容的生态文明理念灌输与生态文明行为引导活动，其重点是从日常生活实际出发让孩子从小树立正确的生态价值观，养成良好的生态文明习惯。当然，家庭生态文明教育也指家长自身对节能环保等生态文明理念的学习与实践。

（一）家庭生态文明教育的意义

首先，家庭生态文明教育是提高青少年儿童生态文明素质的重要途径。家庭是社会的细胞，是少年儿童成长最重要的生活场所，家庭作为一个特殊的教育环境，其教育作用往往是学校教育和社会教育所不能代替的。心理学与教育学的研究证明，人的大部分社会习惯和智能是在儿童时期形成的。儿童精力旺盛、可塑性强，如果从小就受到良好的生态文明教育，树立起良好的生态文明意识，长大后就会自然而然养成环保与节约等生态文明习惯。实践证明，从小对孩子进行生态方面的教育要比成人之后再对其进行这方面的教育取得的效果明显得多。苏联著名教育学家苏霍姆林斯基曾把儿童比作一块大理石，他认为把这块大理石塑造成一座雕像的第一位雕塑家就是家庭教育，家庭教育在儿童成长过程中发挥着基础性作用。[②] 家庭作为孩子成长过

① 柳海民、于伟：《现代教育原理》，中央广播电视大学出版社2002年版，第298页。

② 叶芬芬、孟庆恩：《生态文明教育与家庭教育的耦合》，《法制与社会》2012年第15期。

程中的第一所学校，理应肩负起对孩子进行生态文明教育的重任。因此，要充分重视家庭对孩子的生态启蒙教育。同时，家庭教育还具有终身性的特点，家庭教育对个体的影响贯穿于个体成长的始终，因而，家庭教育对下一代的道德观、价值观与生态观的形成有重大影响。[①] 正是因为家庭教育对孩子思想观念与行为习惯影响的启蒙性、终身性与深刻性，所以家庭生态文明教育是提高青少年儿童生态文明素质的重要途径。

其次，家庭生态文明教育是整个生态文明教育体系的重要组成部分。如前所述，生态文明教育是国家根据人的心理发展规律和社会发展要求，通过正式和非正式的方式，对全体社会成员施加有目的、有计划、有组织的教育影响，以使其树立科学生态观，培养生态公民为目的的社会实践活动。这一覆盖全民的社会系统工程需要家庭教育、学校教育与社会教育的全面实施与通力合作，这样才能取得理想的效果。其中，家庭教育在整个教育过程中起着基础性作用，因为每个人一出生首先受到的是家庭环境的熏陶和影响，家长是孩子的第一任老师。家长可以在日常生活中有意识地培养孩子热爱自然、热爱环境、热爱生命的情感和意识，通过绿色环保的生活方式和消费方式，培养和熏陶孩子良好的生活习惯，从而形成健康、文明的生活观、生态观。而这种家庭生态文明教育的普遍化与日常化，对于培养符合社会发展要求的现代公民，具有社会教育和学校教育不可替代的作用。因此，开展生态文明教育必须从家庭教育开始，从青少年儿童抓起，通过父母的言传身教，把节约资源与保护环境等生态文明理念传授给孩子。从而使家庭生态文明教育与学校生态文明教育、社会生态文明教育形成合力、相互促进，以提高生态文明教育的整体效果。

最后，家庭生态文明教育是提高家长生态文明素质，推动“两型”社会建设的有力措施。广大家长在对孩子进行生态文明教育的同时，自身也是教育对象，他们的生态文明素质和相关行为能力的提高

---

① 刘春元、李艳梅：《生态文明的理论与实践》，中国商务出版社2010年版，第132—133页。

也是家庭生态文明教育的一个重要方面。国家和社会通过各种方式（如媒体、宣传册、社区教育等）对家长进行节能环保等方面的宣传教育，同时家长也会在日常生活中有意或无意地进行自我教育。显然，广大家长在对孩子进行生态文明教育的同时，也是进行自我教育的过程，这无形中提高了家长自身的生态文明素质，父母的一言一行在为孩子树立榜样的同时也提升了自身的生态理念践行能力。另外，从建设资源节约型社会和环境友好型社会的现实状况来看，资源节约和环境保护涉及社会的方方面面，也必然涉及每一个家庭。尽管不同的家庭有不同的消费方式、生活理念和物资使用状况，也许个体家庭对资源环境的影响并不明显，但是一个国家所有的家庭对能源资源和生态环境整体影响却非常大。根据有关研究资料显示，世界环境污染中41%来自于事业单位；51%来自于家庭。[①] 而在我国，由于种种原因来自家庭的环境污染和资源浪费情况可能会更加严重。党和国家在2005年提出要大力建设资源节约型社会和环境友好型社会与来自家庭对资源环境的巨大影响不无关系。胡锦涛同志指出："必须把建设资源节约型、环境友好型社会放在工业化、现代化发展战略的突出位置，落实到每个单位、每个家庭。"[②] 可见，切实加强家庭生态文明教育，提高所有家庭成员的生态文明素质对于改善环境质量，节约能源资源乃至维持生态平衡意义重大。

（二）家庭生态文明教育的方式

作为非正式教育的家庭教育，与学校教育有较大区别。家庭是儿童及青少年生活成长的主要场所，传授知识和培养技能只是其中的一个方面，家庭更多的是给孩子提供健康成长的物质条件和融洽的生活氛围。同时，父母、祖父母与孩子的关系不同于老师与学生的关系，在我国孩子在家庭中多数是我行我素的"小皇帝""小公主"，一般不易接受家长有意识的思想教育和行为指导。因此，在家庭环境下有

① 钱俊生、余谋昌：《生态哲学》，中共中央党校出版社2004年版，第201页。

② 中共中央文献研究室：《十七大以来重要文献选编》（上），中央文献出版社2009年版，第19页。

效开展生态文明教育必须针对家庭生活的特点和孩子的身心发展规律，采取简便易行且行之有效的策略与方式。具体来说，应该在以下几个方面努力。

1. 潜移默化，把生态文明理念融入家庭日常生活

家庭生态文明教育要结合生活实际，注重孩子良好生活习惯的养成。家庭是一个特殊的教育环境，它不像学校那样是专门负责传授知识、灌输思想的教育机构，而是在家长的关怀、照顾下少年儿童健康成长的场所。这种特殊的教育环境使家庭教育成为一种以亲子关系为纽带，以衣、食、住、行等日常生活为主题的生活化教育。家庭教育的一个显著特点就是尽可能把相关教育理念融入家庭生活的各方面，通过家长的言谈举止在无形中影响孩子的思想与行为。因此，只有把生态文明理念融入家庭生活的方方面面，才能在潜移默化中使孩子接受教育，从而培养他们良好的生活习惯。生态文明教育在家庭环境中的实施，主要以节约水电、爱惜粮食、关爱小动物、维护环境卫生等为主要内容，这些内容均与家庭生活息息相关。就此而言，需要把节能环保等生态文明理念融入日常生活的点点滴滴，这样才能使孩子易于接受这些理念，进而形成文明的生活习惯。如当与孩子一起用餐时，要经常提醒孩子不能浪费粮食，以其可以接受的方式（如讲故事）告诉孩子餐桌上的食物从播种到变成美味佳肴，需要耗费一定的资源和能源，而这些都是有限的，浪费粮食的实质就是浪费地球上有限的宝贵资源，就是在慢慢走上毁灭自己的道路。再如家长与孩子一起到超市购物时尽量不用塑料袋，让孩子明白不用塑料袋的原因是为了减少“白色污染”，改善我们的生活环境。同时，家长要有意识地在生活中培养孩子绿色出行、节约水电、垃圾分类等良好的生活习惯。将节约、环保等生态理念与日常生活相结合，引导孩子从点滴小事做起，更容易使孩子在无形中受到教育和熏陶。总之，在家庭生活中，家长把各种生态文明理念生活化、日常化，往往会对孩子起到润物细无声的教育效果。

2. 身体力行，给孩子树立节约环保的好榜样

在家庭生活中，孩子大多数时间与家长待在一起，家长的一言

一行都在孩子的视野中，家长的言谈举止对孩子具有潜移默化的影响作用。孩子在世界观、人生观、价值观形成以前极易模仿大人的言行，在长期的耳濡目染中会把大人的生活习惯与处事方式复制过来。苏联教育家马卡连柯曾经告诫父母们："你们自身的行为在教育上具有决定意义。不要以为只有你们同儿童谈话，或教导儿童、吩咐儿童的时候，才是在教育儿童。在你们生活的每一瞬间，甚至当你们不在家的时候，都教育着儿童。你们怎样穿衣服，怎样跟别人谈话，怎样谈论其他的人，你们怎样表示欢欣和不快，怎样对待朋友和仇敌，怎样笑，怎样读报，——所有这些对儿童都有很大的意义。"① 我国古人所说的"言教不如身教""幼子常视毋诳"和"曾子杀猪"的故事都说明在家庭教育中家长以身作则、率先垂范的重要性。正所谓"其身正，不令而行；其身不正，虽令不从"。因此，家长在家庭教育中要身体力行，为孩子树立良好的榜样。具体到家庭生态文明教育来说，家长首先要养成爱惜粮食、随手关灯、循环用水等节约习惯，表现出对一草一木、一虫一鸟的关爱，形成保持个人卫生、爱护公共卫生的良好习惯。同时，在与家庭成员的交流中很自然地融入浪费可耻、环保益多等内容。总之，家长要时刻以自己热爱自然、保护生态环境的实际行动营造家庭生态文明教育的良好氛围，以感染、熏陶孩子的思想与行为，帮助孩子树立正确的生态文明观念。

3. 奖罚分明，积极强化孩子的正面生态文明行为

表扬与奖励、批评与惩罚是家庭教育中经常使用的两种方法。前者是积极的激励措施，主要是家长针对儿童各个方面的进步和成绩给予适当的奖励，以有效增强儿童的成就感、自信心，提高儿童的自我评价能力。后者是指家长针对儿童在生活、学习等各个方面存在的问题和缺点，对儿童施加一个不愉快的刺激，使儿童产生适当的自责感和愧疚感，让儿童认识到自己行为的错误，最终改正自身存在的问题和缺点，

---

① 《马卡连柯全集》第4卷，耿济安等译，人民教育出版社1957年版，第400页。

以促进儿童形成良好的品德和行为习惯。[1] 少年儿童的自制力较差，良好的行为方式与生活习惯往往缺乏稳定性与长期性。因此，需要在家庭教育中适当运用奖惩结合的方式，以强化孩子在生态文明方面的积极行为，同时抑制孩子的负面行为。具体到家庭生态文明教育来说，家长可以在与孩子协商一致的前提下约法三章，制订明确的奖惩方案，让孩子清楚哪些行为会得到奖励，哪些行为会受惩罚。如随手关灯、关水龙头、不随便剩饭、主动打扫卫生、浇花等有益于孩子生态文明意识形成的行为活动，家长都可以适当进行物质奖励或精神鼓励。需要注意的是，上述奖励行为要在孩子力所能及的范围内，而不能超出孩子的能力范围，否则这样做就将失去意义。而诸如随地吐痰、乱扔垃圾、虐待小动物、浪费粮食、胡乱花钱等不利于孩子良好生活习惯养成的行为，也要制定相应的物质惩罚或精神惩罚措施。需要注意的是，这些处罚措施应该根据孩子自身的行为特点有针对性地制定。同时，对孩子的奖惩要根据孩子的行为优劣程度决定奖惩的幅度，要立足孩子的实际情况随时调整奖惩计划方案，务必使激励措施起到实效。

4. 亲近自然，在对比中培养孩子热爱自然的情怀

早在18世纪，法国教育家卢梭就在其著作《爱弥儿》一书中阐述了自然学习的理论，即自然教育。他主张对孩子的教育应该从小在乡村实施自然教育，创造一种环境，让学生在实际活动中自觉地学习。“爱弥儿就通过在散步看日出日落、在晚间看星星月亮来学习天体知识，由实验学习物理，由旅行来学习地理方位的。”[2] 20世纪70年代，英国环境教育学者卢卡斯在其著名的环境教育模式中也强调“在环境中教育”，这样能够让受教育者更好地理解“关于环境的教育”内容，从而有利于实现“为了环境的教育”目的。在当前大气污染加剧、河流湖泊水质恶化与荒漠化、石漠化等生态破坏严重的形势下，让孩子身临其境去感受生态平衡与保护环境的重要性能起到良好的教育效果。没有对比就没有鉴别，孩子就不能深刻鲜明地体会到

① 缪建东：《家庭教育学》，高等教育出版社2009年版，第226页。

② 单中惠、杨汉麟：《西方教育学名著提要》，江西人民出版社2004年版，第138页。

什么是优美，什么是污浊，什么该做，什么不该做。因此，家长可以通过带孩子到受污染的河边钓鱼，在灰霾天气时送孩子上学，到生活条件艰苦的山区体验生活等方式让孩子感受环境污染与生态破坏的危害。同时，带孩子去生态公园、自然保护区等生态环境优美的地方去感受大自然的另一面：领略旭日东升、晚霞夕照、花开花落、草长莺飞等自然风光；观看蜜蜂在花丛里飞舞的身影；欣赏鱼儿在清水里悠闲的姿态；泛舟于碧波之上、嬉戏于丛林之中。这样可以引导孩子用自己的耳、自己的眼、自己的心，真切地去感受、欣赏与亲近自然，孩子在亲身的体验中，可以体悟到自然本身、人与自然、人与人之间的平衡与和谐。通过对比体验使孩子产生对大自然的热爱之情，进而牢固树立保护环境、节约资源等生态文明理念。

（三）家庭生态文明教育的特点

从前面对家庭生态文明教育方式的分析中，不难发现，相对于学校教育方式与社会教育方式来说，家庭生态文明教育具有自身显著的特点。这主要表现在对象的针对性、方式的灵活性、成本的低廉性、效果的快捷性和影响的深远性等方面。

1. 针对性

人们常说，知子莫如父，知女莫如母。孩子与家长长期生活在一起，同时，由于直接的血缘关系，使得父母通常对孩子的情况十分熟悉。家庭教育是个别教育，家庭中教育者和受教育者往往都是家庭成员，对人的影响较之学校教育和社会教育具有较强的针对性。这种教育者与受教育者的具体性与针对性，可以使家庭教育做到“有的放矢”“因材施教”。家庭成员朝夕相处，彼此能很全面、很深入地相互了解，因而，父母对子女的思想动向、性格特点、个性发展趋势等能有较为清楚的认识，这就有助于家长有针对性地开展教育，有助于家长选择行之有效的教育方法、教育时机和教育内容，这种教育影响大都能够触及个体的灵魂，从而收到良好的教育效果。[①] 从生态文明教育的角度来说，家长可以针对自己孩子的具体特点“对症下药”，

---

① 李天燕：《家庭教育学》，复旦大学出版社 2007 年版，第 16—17 页。

例如，有的孩子有花钱大手大脚的坏习惯，不管有用没用的东西什么都买，无形中造成不必要的浪费。家长可根据孩子这一特点对孩子进行合理消费、适度消费教育，可以通过讲道理、摆事实让孩子认识到盲目消费的错误，也可以通过宣传片或者带孩子到贫穷落后的山区体验同龄人的生活等方式让其认识到自己的错误，从而使孩子树立正确的消费观。再如有的孩子有挑食、剩饭的毛病，家长可以针对这一情况通过归谬法让孩子自己找到随便剩饭的害处，也可以通过讲故事的方法让孩子认识到自己的行为是非常有害的。当然，在具体家庭进行生态文明教育时，还要根据孩子的性别、年龄、性格、兴趣等具体情况采取有针对性的方式方法。

2. 灵活性

与学校生态文明教育需要专门的教师、教材和教育场所不同，家庭生态文明教育一般没有什么固定的“程式”，也不受时间、地点、场合、条件的限制，可以随时随地遇物则诲，相机而教。在休息、娱乐、闲谈、家务劳动等各种活动中，都可以对孩子进行教育和引导。因此，家庭生态文明教育的具体方式比较容易做到具体形象、机动灵活，适合儿童、青少年的心理特点，易于为子女所接受。这与学校教育相比，在方式方法上要灵活很多。[①] 生活中不少家长很有教育意识，擅长就地取材利用一切可以利用的条件和机会，对孩子进行生态文明教育。例如，在吃饭的时候可以通过聊天的方式给孩子讲述“一粥一饭当思来之不易，半丝半缕恒念物力维艰”[②] 的道理，使其树立勤俭节约，爱惜粮食的生活习惯。在洗澡的时候，可以告诉孩子家庭生活用水的来历，水对人的重要性以及水对所有生物的意义，从而使孩子懂得节约用水，保护水资源的价值所在。在外出旅行时可以向孩子灌输绿色出行和生态旅游的重要性，让其明白严重的灰霾天气在一定程度上是由机动车辆尾气排放造成的，优美的自然风景需要每位游客的

---

① 赵忠心：《家庭教育学：教育子女的科学与艺术》，人民教育出版社 2001 年版，第 126 页。

② 董克信：《中华传世格言谚语 4000 句》，东南大学出版社 2009 年版，第 401 页。

细心呵护。家庭生活中随处可用的生态文明教育事例还有很多，家庭生态文明教育的灵活性、便捷性也正是其优势所在。

3. 低成本

与学校生态文明教育、社会生态文明教育相比，家庭生态文明教育最大的优势就是成本低。首先，家庭生态文明教育不需高薪聘请专业教师，一般而言，父母在家庭生态文明教育的过程中既充当了家长的角色同时也兼任了教师角色，尽管不是所有的家长都是合格的生态文明教育教师。其次，家庭生态文明教育不需要像学校那样耗资较大的场地与设施，以家庭生活为中心可以足不出户，随时随地对孩子开展丰富多彩的生态文明教育。再次，家庭生态文明教育一般不需要专门的教材和辅导资料，诸如节约水电、爱护花草、垃圾分类等生活常识和文明习惯基本不需要专门的教材书籍。当然，一些较为专业的生态文明知识还是需要相关科普教育书籍帮助的，如生态经济、绿色科技、绿色生活指数等。最后，所有教育对象也不需要向家长及国家支付任何费用，这对国家和社会来说是巨大的节约，从这一意义上来说应该充分发挥家庭生态文明教育在整个生态文明教育体系中的积极作用。当然，家庭生态文明教育的这一优势只是相对而言，并且前提是家长要具备较高的生态文明素质，具备对孩子开展形式多样的生态文明教育的能力。显然，这一前提成立的条件与社会生态文明教育以及家长的自我教育是分不开的。

4. 速效性

由于家庭生态文明教育主客体的特殊性与教育内容的生活化等因素的影响，也使得家庭生态文明教育呈现出速效性的特点。家长与孩子在家庭生活中不仅是亲子关系还是教育者与受教育者的关系，这种双重身份关系使得孩子在日常生活中不自觉地接受来自家长言行中的各种生活理念与行为习惯。因为少年儿童从出生开始，大部分时间里与家长生活在一起，家长的言传身教和生活细节无形中会影响孩子的思想与行为。一般而言，父母均是孩子的权威（儿童叛逆期除外），在孩子眼里父母说的和做的都是对的，这也是家庭生态文明教育见效快的一个重要原因。此外，家庭生态文明教育的内容一般比较浅显易懂，且与日常生活紧密联系，易于理解和操作，只要家长教育方法得当，同时长期督促孩子持之以恒地坚持，就会使家庭生态文明教育取得良好效果。事实证明，同等条件下与学校生态文明教育相比，家庭生态文明教育的效果更为明显。当然，这首先需要家长有较高的生态文明素质，同时具备对孩子实施生态文明教育的能力，还需要对孩子的思想与行为进行长期监督。

5. 深远性

从影响程度来看，家庭生态文明教育对教育对象的影响具有深远性。青少年儿童正值价值观和行为习惯形成的重要时期，从小对孩子进行勤俭节约和保护环境等方面的思想灌输与行为引导，会使他们在思想意识中形成关于人口、资源、环境等方面的正确观念，并把这些思想观念慢慢固化为日常行为习惯。而一旦某些价值理念形成不自觉的行为习惯，那么，这些行为习惯将可能伴随人的一生。实践证明，日常生活中，多数人的良好习惯都是从小在家庭教育背景下形成的，例如，随手关灯、循环用水、爱惜粮食等。而这些有利于生态文明建设的行为习惯的养成大都可以追溯到家长的影响上来。在这一点上，很多老年人当说起他们是如何养成“不糟蹋一粒米”“不浪费一滴水”的良好文明习惯时，他们认为除了受当时的社会经济条件所迫之外，主要是从长辈那里沿袭下来的一种习惯。显而易见，在家庭教育下养成的良好习惯往往会影响人的一生。因此，家庭生态文明教育对孩子的影响具有终身性与深远性，而这也是家庭生态文明教育的优势所在。

二　学校生态文明教育

（一）学校生态文明教育的意义

学校是对青少年进行生态文明教育的主要场所，学校教育在开展生态文明教育的过程中发挥着主渠道作用。青少年是生态文明教育的重点人群，学校理应成为对青少年进行系统生态文明教育的主要阵地。[①] 具体来说，学校生态文明教育的意义主要体现在以下几个方面。

---

① 刘经伟：《马克思主义生态文明观》，东北林业大学出版社 2007 年版，第 440 页。

首先，学校生态文明教育担负着传播资源环境知识与生态文明理念的重任。党的十八大报告明确提出“必须树立尊重自然、顺应自然、保护自然的生态文明理念”①，特别强调要“加强生态文明宣传教育，增强全民节约意识、环保意识、生态意识，形成合理消费的社会风尚，营造爱护生态环境的良好风气”②，同时，还重申了“坚持节约资源和保护环境的基本国策”③。学校不仅是塑造灵魂、培养人才的摇篮，还承担着宣传国家政策走向、传播社会发展理念的重要使命。所以，学校生态文明教育是向全社会传播生态文明知识与绿色发展理念的重要途径。这是因为教师和学生在生态文明理念的传播方面有其自身优势。教师大都文化水平和思想觉悟较高，对生态文明理念的认识深刻、全面，同时他们也可以发挥自身教育宣传的职业优势，向学生和社会进行大力宣传。而学生思想活跃、精力旺盛，对新事物和新理念接受的速度比较快，同时他们可以通过网络和社会活动等方式把生态环保与可持续发展理念向社会辐射。当然，学校生态文明教育最重要的是通过教师的课堂教学，把天人和谐、生态经济等发展理念融入课堂，让学生首先接受、领会，进而才能再发挥学生的传播效力。同时，学校还可以通过生态环境调查、主题报告、学术交流等方式使学生和公众加深对生态文明知识和理念的理解。可见，学校生态文明教育对于国家走绿色发展道路，实现生产发展、生活富裕、生态良好的基本目标具有重要的宣传作用。只有生态文明理念在全社会深入人心，社会成员广泛认同并主动践行，才能使整个社会的生产生活方式真正实现生态化转变。

其次，学校生态文明教育可以推动全体社会成员生态文明素质的提高。在学校开展生态文明教育，尤其是在中小学教育中进行生态文明教育至关重要，这是提高整个民族生态文明素质的关键环节。根据欧洲经济合作与发展组织的环境教育报告，2—16 岁是形成环境意识

---

① 胡锦涛：《坚定不移沿着中国特色社会主义道路前进 为全面建成小康社会而奋斗——在中国共产党第十八次全国代表大会上的报告》，人民出版社 2012 年版，第 39 页。

② 同上书，第 41 页。

③ 同上书，第 39 页。

的关键时期，英国环境教育专家帕尔默1993年曾对影响英国公民积极参与保护环境的各种因素进行调查，发现“少年时期的活动”是第一位的，“中小学教育”也位列靠前。[①] 因此，可以说，中小学生生态环境意识的形成是未来社会生态环境意识的基础，虽然不能简单地将目前中小学生的生态文明意识状况与未来整个社会的生态环境意识相等同，但是这至少在很大程度上会影响整个社会的生态文明意识。从高等教育看，高等院校承担着提高大学生的人文素质与科学素质的重任，学校所培养的精英人才将来大都是社会建设的中坚力量，他们的生态文明素质高低将直接或间接地影响到我国建设生态文明社会这项战略任务的成败。[②] 因此，青少年学生必须具备一定的生态文明素质（包括生态道德素质、生态文化素质、生态科技素质等方面），这样才符合现代社会对个人基本素质的要求。通过在学校系统全面地学习生态环境知识，深化对人与自然关系的认识，学生才能在对生态文明理解加深的基础上，树立正确的生态文明理念，形成节能环保、尊重自然的文明习惯。生态文明建设的关键就在于整个社会生态文明意识的树立和生态文明习惯的形成。而这也正是生态文明教育，特别是学校生态文明教育要着力解决的问题。

最后，学校生态文明教育可以为社会培养大批适应时代发展的人才。推动社会发展需要各级各类高素质的人才，在当前推进生态文明，建设美丽中国的形势下，更需要各级领导干部、企业管理者以及普通公民关注生态、保护环境，正确处理经济发展和环境保护之间的关系。其中，在当前环境问题突出的形势下特别要处理好经济发展和环境保护之间的关系，而需要正确处理这一关系的主体不仅仅是领导干部、企业管理人员和专业技术人才，还包括广大在生产一线的普通劳动者。学校是培养社会所需人才的主要场所，生态文明教育不仅可以为生态文明建设提供技术保障，更重要的是可以为社会输出大批建设生态文明社会的高素质人才。学校生态文明教育在逐步形成从中小

---

① 刘春元、李艳梅：《生态文明的理论与实践》，中国商务出版社2010年版，第134页。

② 刘经伟：《马克思主义生态文明观》，东北林业大学出版社2007年版，第441页。

学教育到高等教育的生态文明教育体系，从而为社会主义现代化建设培养不同领域的高素质人才。从生态文明建设来说，教育特别是高等教育不仅可以为我国生态文明建设培养大批致力于美丽中国建设的专业人才，更重要的是能够为社会提供千千万万适应生态文明建设需要的普通劳动者，以促进整个社会生态文明素质的提升。山青、水净、天蓝、气爽的美丽中国建设不仅需要高层次的规划者和热爱、从事环保事业的科技人才，而且需要具备较高生态文明素质的广大普通劳动者。然而，这些社会所需人才的培养和塑造基本上要靠教育，特别是学校生态文明教育来完成。

总之，学校生态文明教育是提高全民生态文明素质的基础工程，对于弘扬天人和谐的传统生态理念与绿色发展的时代精神，形成良好的社会道德风尚，促进美丽中国建设，具有十分重要的意义。

（二）学校生态文明教育的方式

根据各级各类学校的不同特点，在具体实施生态文明教育的过程中，可主要采取以下几种方式。

1. 课堂教学

课堂教学是学校生态文明教育的主要方式和手段。然而，当前我国学校教育中仅有个别省份（如福建、湖北、湖南）在中小学开设了生态文明教育课程，且所使用的教材均为各省自行编制的科普型读物。针对这一状况，首先需要国家根据各阶段学生学习的特点和接受能力编写一套《生态文明教育》教材，教材在内容上应该由浅入深、由简到繁，前后连续、上下贯通，然后再配以生动活泼的生态文明知识课外读物，使整个生态文明教育内容形成完整的体系。这样才可以把生态文明知识单独列出来，以必修课、选修课的方式在小学、中学直至大学进行普及。

对于小学生来说，应该根据他们的生理和心理特点、兴趣和知识结构，着重培养他们的生态情趣和生态道德。通过生态文明教育向他们讲述自然环境的演化历程，使其了解由于人类的不当行为造成的环境危机、资源危机和多种动植物濒临灭绝的现状。将环境污染与生态破坏的惨痛现实通过图片及影音资料展示给学生，让学生深刻认识现代环境问题的严重性和紧迫感，从而树立正确的生态文明观。课堂教学中还应教会学生面对生活中污染环境、浪费资源等情况时，正确处理及应对的方法、技能，使学生在实践中逐渐成长为一名具备较高生态素质的小公民。对中学生来说，多样的学习科目担负着生态文明教育的主要任务。各科教师应利用课堂渗透，把生态文明教育的具体目标有机融合在学科课堂教学的过程中，强化他们的生态保护意识，使其在学习相关知识的同时提高生态文明素质及行为能力。从高等教育来看，大学不仅要对生态环境专业的学生，而且要对非生态环境专业学生进行生态文明教育。对于生态环境等相关专业学生来说，生态文明教育应该不断改进教育方法、手段，进一步提高教育效果。同时，还要充分利用高校的科研优势，积极研发具有实用价值的生态环保技术。而对于非生态环境专业的学生来说，必须提高他们对生态文明教育课程的认识，明确这一课程在高校教育体系中的地位。根据具体情况对非生态环境专业学生开设公共必修课、公共选修课和限定选修课。同时，在各学科的教学中，教师要通过深度挖掘与生态环境科学有关的教学内容，结合学科教学进行生态文明教育。这不仅使生态文明教育在各学科的专业教学中得到深化，而且也丰富了本学科自身的内容。

2. 第二课堂

除了正式的第一课堂教学之外，以生态环保专题讲座、论坛等为主要内容的第二课堂也是学校开展生态文明教育的重要方式。各类学校应该定期或者不定期开设生态环保专题讲座，向学生传授环境、生态、资源等方面的科学知识和价值理念，通过与专家学者的交流互动培养学生的生态文明意识，使学生养成维护生态、保护环境的良好习惯，懂得一些必要的科学知识和生活常识，从而有利于学生在日常生活中积极参与各种生态环保活动。专题讲座可以帮助学生集中深入了解某方面的知识，进而掌握专业的理论知识。学校可以积极聘请校内外专家学者开设以生态文明教育为主题的讲座。对大学生来说，每学期邀请国内外知名专家学者开展几次关于生态、环境、文化以及人与自然方面的专题讲座尤为必要，因为大学生更需要了解现实问题、关注社会发展，同时，他们也更容易接受新知识、新理念，从而激励他们为解决现实问题进行积极探索。讲座的内容可以是某一方面的专业知识，也可以是实际生活中的现实生态问题。这样可以从理论与实践相结合的角度，激发学生保护环境、维护生态的热情。讲座要提前一周左右在全校开展宣传，让学生知晓何时、何地、何人作关于何种主题的报告，这样可以使广大师生合理安排时间，提前为参加活动做好准备。为了能够使讲座富有吸引力，相关专题与报告可以在不影响主题内容学术性、权威性的基础上，充分运用现代教育技术，如多媒体、投影仪、网络等，以调动学生参与的积极性与针对性，进而达到预期的教育效果。

此外，有条件的学校还可以为学生提供与生态环保有关的书籍刊物、影音资料，让学生在阅读与观看影像资料的过程中了解现代社会的生态环境问题，比如：酸雨、土地沙化、海洋污染、全球变暖、热带雨林面积缩减、臭氧层被破坏、人口剧增以及极端城市化等。同时，让学生明白这些问题的形成原因及其影响。在此基础上让学生清醒地认识到，我们生活的世界在某种意义上正处于自我毁灭之中，如果人类再不采取行动保护环境、维护生态均衡，将会造成更加严重的后果。只有善待地球，才能善待自己；只有保护自然，才能最终保护自己。①

3. 校园文化建设

“校园文化包括校风学风、校容校貌、学生社团，以及校园内的舆论导向、学术氛围、道德风尚、文化娱乐、师生关系等，其集中表现是校风，最高表现是校园精神。”② 由于学生群体每年约有70%的时间是在学校中度过的，因此，一个学校的校园文化、校风校貌对学生具有潜移默化的熏陶与影响作用。校园文化是一种特殊的社会文化，它不仅与社会主流文化相适应，而且与社会政治、经济等方面有一定的联系，同时，校园文化在保持相对稳定的基础上还极富时代

---

① 刘春元、李艳梅：《生态文明的理论与实践》，中国商务出版社2010年版，第135页。

② 刘经伟：《马克思主义生态文明观》，东北林业大学出版社2007年版，第448页。

性。因此，校园文化建设是生态文明教育的重要载体，也是向学生传播生态文明理念、熏陶学生热爱自然、保护环境的重要渠道。

校园是广大师生生活、学习的重要场所，美丽、清洁的校园环境本身就是一本极富生态文明教育意义的立体教材。错落有致的花草树木、水清鱼游的湖光桥影对人具有赏心悦目的熏陶与感染作用，会让人油然而生对自然、对生命的热爱与尊重之情。可以说，校园的自然生态与人文生态能够对学生起到重要的激励与影响作用，这种教育意义在某种程度上不亚于向学生单纯灌输保护环境、节约资源的思想。同时，学生还可以从中体验到校园环境的审美价值，促使其形成正确的审美意识和审美情趣，在潜移默化中对学生的生态文明意识起到积极影响。因此，需要在学校中营造爱惜花草树木、培养环境道德的良好氛围。同时，鼓励学生参与校园环境的建设和维护，引导学生有计划地开展主题讨论、图片展览、板报宣传等多种形式的环境道德宣传活动，从而塑造校园环境文明和环境文化，使之成为校园文化的有机组成部分。另外，在学校进行生态环境知识科普宣传的同时，应该大力弘扬古今中外积极的生态思想，为提高生态文明教育水平提供文化环境。努力营造尊重自然、爱护生态、保护环境、节约资源的校园文化氛围，积极引导学生树立科学的生态观。

4. 课外实践活动

课外实践是生态文明教育不可或缺的重要一环，既可以巩固青年学生在课堂所学的生态文明知识，也可以检验学生所学知识的牢靠程度，更可加深他们的生态情感体验。要使广大青少年在内心深处把保护生态、爱护环境、节约资源的理念转化为个人的行为指南，单凭他们了解相关内容难以奏效。还必须使他们在知、情、意、行等环节上有切身的感受和体验，使其明确“什么是错”以及“为什么错”，“什么是对”以及“为什么对”，方可内化为个人自觉践行的价值理念。此外，为了使青少年树立正确的生态观，要从青少年的年龄、心理特点出发，把被动接受与主动实践相结合，他律与自律相结合，做到知行统一，从而使生态文明教育内化为他们内心的思想信念，达到润物无声的效果①。

对初等教育的学生群体来讲，各级各类学校可以有意识、有组织地带领学生到污水处理厂、环境监测站、环保科研单位、植物园、动物园、科技馆进行实地参观，也可以组织中小学生到自然保护区、森林公园以及原野农田等与自然近距离接触，进而让学生相互交流各自的心得体会，加深他们对人与自然关系的理解。各中小学也可以组织学生参加以节约水电、回收废电池、植树造林等为主题的公益活动，引导他们与公益性环保组织进行合作，共同开展面向社会以节约资源、拒绝污染为主题的生态文明教育宣讲及实践活动。这样在服务社会的同时也提升了他们自身的生态文明素质。对于高等教育学生群体来说，各高校应该积极倡导大学生针对现实中比较突出的某一具体环境、资源问题进行实地调研，在对某一地区某一时间段的环境污染情况或资源供给现状的调查以及对相关数据处理分析的基础上，他们会对生态问题的现实性与严重性有更加科学和深刻的认识，进而激发他们保护环境、爱惜资源的情感认同。同时，还可以使他们利用所学的知识努力探索解决现实问题的方案，以增强大学生对生态环境问题的危机感和建设美丽中国的使命感。大学生也可以根据专业特长组织生态环境道德小品、短剧、演讲、辩论赛等形式多样的文化活动。具体、形象的文化活动，不仅可以培养大学生的审美能力，也能培养他们的生态道德素质。大学生还可以通过自我管理、自我组织的生态环保社团在“世界环境日”“世界水日”“地球日”“戒烟日”“植树节”“爱鸟周”等具有教育意义的特殊纪念日，面向社会开展各种宣教活动。把大学生生态环保社团作为开展各种宣传教育活动的重要载体，不仅可以加深学生自身对生态环保理念的认识，锻炼其社会实践能力，也可以对生态文明理念在全社会的普及起到积极的推动作用。

（三）学校生态文明教育的特点

与家庭生态文明教育和社会生态文明教育相比，学校生态文明教

---

① 刘经伟：《马克思主义生态文明观》，东北林业大学出版社2007年版，第447页。

育具有自身明显的优势和突出的特点，主要体现在专业性、系统性、组织性、稳定性和权威性等方面。

1. 专业性

学校是专门实施教育的场所，学校生态文明教育作为新时期国家教育的重要方面，与家庭生态文明教育和社会生态文明教育相比，具有明显的专业性。这种专业性主要体现在以下几个方面：其一，有较为专业的生态文明教育教师及各级专职教育管理人员。虽然目前我国各级各类学校的生态文明专业教师还很有限，整体素质也有待于提高，但各级各类学校形成一支专业化、高素质的生态文明教育教师队伍是可以期待的。这也是学校生态文明教育在整个教育事业中的优势所在，也是家庭生态文明教育、社会生态文明教育难以企及的。其二，学校有专门设置的适于实施生态文明教育的设施、设备、资料及较完备的管理制度和各种现代化教学手段。如投影仪、显微镜、计算机等教学设备以及大型实验室、实训基地等都是教师向学生传授环境科学知识和进行各种实验的必备条件。显然，这些均是保证学校生态文明教育顺利实施的必要条件，也是其优势所在。其三，学校一般具备有利于传授生态知识、教书育人的文化环境[①]，为大面积培养社会所需要的人才提供了良好的氛围与条件。

2. 系统性

学校生态文明教育相对于家庭生态文明教育和社会生态文明教育来说，更具有连贯性、系统性。这种系统性主要表现在两个方面：一是表现在生态文明教育体系方面。正规教育的生态文明教育体系应涵盖基础生态文明教育、专业生态文明教育和在职生态文明教育三大部分。我国基础生态文明教育主要以幼儿及中小学生为对象，重点培养他们在生态文明方面的态度、参与、行为与能力等，强调教育内容的探究性、活动性、现实性及有效性，努力使基础生态文明教育在各方面走向制度化、规范化。生态文明教育的专业教育主要是面向大中专院校的学生与各类研究生，其重点在于突出生态环境等方面的专业性

---

① 参见杨春鼎《教育方法论》，人民教育出版社 2000 年版，第 155 页。

与教育性，目的是为社会培养高层次的教育科研人才。在职生态文明教育的主要任务是：在职成人岗位培训、继续教育[1]，目的是提高在职在岗人员的生态文明素质和工作实践能力。二是表现在生态文明教育的知识内容方面。生态文明教育课程内容从认知领域的《生态学》《环境学》等生态知识普及课程，到《环境伦理学》《环境哲学》等生态意识教育课程，再到《环境影响评价》《大气污染控制工程》等生态技能教育课程[2]，这充分体现了生态文明教育内容由浅入深、由简单到复杂、由基础到专业的系统性和层次性。

3. 组织性

作为正规教育，学校教育具有较强的组织性和规范性，生态文明教育作为学校教育的一个新兴领域，显然也具有严密的组织性。从学校的层次来看，幼儿园、小学、中学、大学把不同年龄段的教育对象组织在一起，根据其接受能力与知识基础接受合适的生态文明教育；从高等学校的类别来看，工科、理科、文科、综合类院校可以把侧重点不同的生态文明教育内容有计划、有目的地传授给学生。从学校生态文明教育具体的实施方式来看，学生接受生态知识、学习相关课程是在规定的时间和地点，由专门的老师按照教学大纲和教学计划有序开展，并且有明确的教育目标和教学任务。此外，还有对学生学习情况的考试考核，对教育教学的反馈评价等。无疑，这些方面都是学校生态文明教育严密组织性的体现，同时，也是学校生态文明教育的优势所在。

4. 稳定性

学校生态文明教育同家庭生态文明教育、社会生态文明教育比较，是最为稳定的教育形式。这是因为它拥有稳定的师资队伍、稳定的教育场所、稳定的教育对象和稳定的教育内容、方法等。而这些也是青少年全面接受生态文明教育，系统学习相关知识，树立正确的生态文明意识不可缺少的条件。正是学校生态文明教育的稳定性为其大

① 刘经伟：《马克思主义生态文明观》，东北林业大学出版社 2007 年版，第 433 页。
② 章萌：《论公民生态文明素质教育三大渠道》，《赣南医学院学报》2010 年第 5 期。

面积、高效率传授生态文明知识与理念，培养生态文明建设人才提供了基础保障。

5. 权威性

学校生态文明教育还有权威性的特点。因为学校生态文明教育的教学内容、教学大纲、教学目标和组织形式等均是国家教育、行政等部门经过相关专家学者的研究论证之后，在全国各级各类学校按要求和计划组织实施的。相对于家庭生态文明教育和社会生态文明教育来说，学校生态文明教育的规范性、权威性和目的性更强。

三　社会生态文明教育

广义的社会教育，是指旨在有意识地开展有益于人的身心发展的各种社会活动；狭义的社会教育，是指学校和家庭以外的社会文化机构以及有关的社会团体或组织，对社会成员所进行的教育。本文中有关社会教育的含义一般是指狭义层面的社会教育。社会教育通常通过不同形式的媒体宣传教育方式承载所要传达的信息和理念，其中既包括富于教育意义的正面信息，也包括具有警示意义的反面信息。社会教育通常利用群众乐于接受的方式开展活动，从而使社会成员产生情感共鸣，在潜移默化中规范人们的日常行为。因此，社会生态文明教育就是社会教育中以生态文明为主题，以提高社会成员的生态文明素质、促进人与自然和谐发展为目的的社会教育。

（一）社会生态文明教育的意义

相对来说，社会生态文明教育的受众范围最广，覆盖面最大。充分利用社会教育的优势，采取多种形式对社会公众进行生态国情、环境现状、绿色发展等方面的宣传教育，可以有力促进生态文明理念在全社会的牢固树立。具体来说，社会生态文明教育的意义主要体现在以下几个方面。

首先，社会生态文明教育有利于社会风气和社会面貌的生态化转变，从而潜移默化地引导社会成员树立生态文明意识，养成生态文明习惯。近年来，我国社会生态文明教育通过媒体宣传、教育基地建设、环保组织活动和生态公益讲座等形式，在全社会大力传播节能减排、低碳生活和循环经济等生态文明理念，倡导保护环境、节约资源的生产生活方式。在这一文明理念的指导下，整个社会逐渐兴起了学习生态文明知识、树立生态文明理念、培养生态文明行为的热潮。这在很大程度上使我国各地社会风气和社会面貌逐步向生态化方向转变，人们生活中各种浪费资源、污染环境的旧俗陋习正在逐渐消失，绿色环保、节能减排的良好社会氛围正在形成。而良好的社会风气和社会面貌对生活其中的人们具有积极的引导作用。由于人是社会化的动物，每个人的生活不仅要与自然环境进行物质与能量的交换，而且需要在社会环境中与其他人进行信息与思想的交流。社会上的主流思想观念、文化氛围和公众的行为方式都会对个人的思想与行为产生一定的影响。因此，生态化的社会环境作为一个更大的人文环境系统在无形中会影响到人们的思维方式与行为方式，从而为社会成员树立正确的生态文明观念营造良好的社会氛围。这些都与国家通过各种形式展开的社会生态文明教育具有直接关系。

其次，与学校生态文明教育与家庭生态文明教育相比，社会生态文明教育的受众对象最多。这可以在更大范围上满足社会成员接受生态文明教育的客观需求。随着社会的发展，社会教育的对象日益扩大，几乎包括社会所有年龄阶段的成员。社会生态文明教育可以通过少年宫、夏令营、冬令营等为青少年开展生态科技宣传、环保技术展示、保护地球绿色之旅等活动。城市中的科技馆、博物馆、图书馆等均可以采取丰富多彩的形式向市民进行生态文明知识与理念的宣传普及。越来越受到社会重视的“在职充电”、老年大学也可以把适应社会发展的生态理念融入其中。中老年人在增长知识、娱乐身心的同时，也培养了他们节能环保的生活理念。同时，目前各种生态环保团体和网络媒体也可以通过各种方式与手段向人们传授节约资源、保护环境等方面的生态知识。此外，电视台和报纸杂志还可以为观众和读者专门开辟丰富多彩的环境教育栏目，以拓展人们获取生态文明知识的渠道。这些都说明社会生态文明教育能够在更大程度上满足社会成员接受教育的需要。

最后，社会生态文明教育方式丰富多彩，可以满足不同人群的不同受教育需求。对于老年人来说，看报纸、听广播及各种保健讲座更适合他们的需要，也更能调动老年人的积极性，激发他们追求绿色生活的热情；对于需要工作的在职人员来说，计算机、手机等多媒体网络更能吸引他们的兴趣，也能为急速、海量的相关教育信息提供现代化的传播途径；对于青少年儿童来说，把环保与生态理念融入动画片、网络游戏和各种服饰设计是较好的社会宣教方式，这样能够使孩子在自己感兴趣的活动与事物上无形地接受生态文明理念。总之，社会生态文明教育为不同兴趣爱好和个性化需要的受众提供了各种各样的教育方式，可以大大推进生态文明理念在全社会的牢固树立，促进社会生态文明氛围的形成。

（二）社会生态文明教育的方式

在社会生态文明教育过程中，宣传教育的方式多种多样，除了学校教育与家庭教育中常用的教育方式外，所有融入人们生活、对社会成员具有生态文明教育意义的行为均属于社会生态文明教育范围，如上文提到的通过图书馆、主题活动、电视节目等方式。除此之外，当前社会生态文明教育的主要方式有以下几种：社会宣传教育、国家生态文明教育基地建设、生态旅游和生态环保志愿者活动，等等。

1. 社会宣传教育

开展有关生态文明的社会宣传活动，可以有效丰富和巩固公众的生态文明知识，强化生态文明意识，加深生态文明情感，增强人们的生态责任感。社会宣传教育主要是综合运用媒体宣传、活动宣传和文艺宣传等多种方式，向公众传播生态文明知识、灌输生态文明理念。这种宣教方式可以发挥生态文明建设过程中先进典型的引领作用，也可以发挥活动宣传擅长说理分析的优势，同时能把生态文明的基础知识、生态文明的科学理念融入干部群众喜闻乐见的文艺影视作品及文艺演出中，有效改进宣传形式，丰富宣传载体，尽可能做到贴近群众，贴近实际，进而不断增强宣传教育活动的实效性。

社会宣传教育的重要方面是建立健全生态文明建设新闻发布制度，充分发挥媒体的宣传作用，掌握舆论导向，加大各种宣传媒体的舆论影响。可以充分利用互联网、手机、报纸、电视、广播等大众媒介的社会宣传功能，开设生态文明教育专栏，定期为人们进行环境、资源、生态等方面的知识宣传与理念灌输。可以在报纸、期刊上设置生态文明教育板块，征集刊登与生态文明相关的优秀文作、摄影作品，也可以拍摄生态文明专题宣传片、微电影、公益广告，并将其投放到网络以及各大电视台，包括出租车、公交车中的移动电视节目中，全面开展公益性生态文明教育宣传活动，增强生态文明理念在全社会的传播力度，促进生态文明理念普及化、大众化。当前，尤其要高度重视和充分运用网络媒体，发挥其高速高效和共享共用的优势，打造新的宣传教育平台。在政府、企业、学校、乡镇等网站，微信和微博等平台增设生态文明宣传专栏，并增设网民意见反馈窗口。同时，要充分利用主题活动和公共场所对社会公众进行生态文明宣传教育。利用展览馆、文化馆、美术馆等科普场所，以科普的形式传播生态理念，开展生态文明主题教育活动，如“绿色出行”“低碳生活”科普展览、生态文明科普大讲堂等。还可以开展“生态文明下乡”活动，以农民喜闻乐见的方式向农民传播生态文明理念，在公共场所通过图片、宣传栏及户外LED宣传屏等普及宣传日常生活中与居民密切相关的生态环保知识，传播生态文明理念。

2. 国家生态文明教育基地建设

为向全民普及生态知识，增强全社会的生态意识，加快构建繁荣的生态文化体系，同时为社会主义生态文明建设提供示范窗口，使全国生态文明教育尽快走向规范化、制度化的道路，2009年，国家林业局、教育部、共青团中央联合颁布《关于开展国家生态文明教育基地创建工作的通知》（以下简称《通知》）。《通知》明确了创建国家生态文明教育基地的目的、评选细则、活动内容与管理措施等内容。国家生态文明教育基地是建设生态文明的示范窗口，是面向全社会的生态道德教育与生态科普基地。“在全面推进生态文明建设进程中，创建国家生态文明教育基地是贯彻落实科学发展观，促进人与自然和谐，大力传播和树立生态文明观念，提高全民的生态文明意识的重要途径和有效措施。对于充分发挥窗口示范作用，普及全民生态知识，增强全社会生态意识，推动生态文明建设具有十分重要的现实意义。”①

风景名胜区、自然保护区、森林公园、湿地公园、学校、自然博物馆与青少年活动中心等是实施生态文明教育的重要场所。在这些地方可以开发丰富的教育资源和优美的生态景观资源，创建一批具有教育价值与旅游审美意义的生态文明教育基地，借此开展各种富于生态文明教育意义的活动，吸引社会公众主动参与其中，可以有效提升生态文明教育基地的教育作用。为了使国家每年评选出的生态文明教育基地在实践中更好地发挥对社会公众的宣传教育作用，还应从以下方面进一步开展工作。

一是要大力开展生态文明观教育活动，引导公众树立科学的生态文明理念，在整个社会营造良好的生态文明氛围。二是要在全社会广泛开展有关生态文明的各种科教宣传活动，从生活方式、生产方式及消费方式等方面引导人们的行为方式向生态、低碳、环保的方向转变。三是要积极开展生态道德教育活动，引导人们从伦理道德的层面认识人与动物、植物乃至各种自然存在物的关系，把人与自然的关系纳入道德范畴更能使公众以尊重、爱护的态度对待自然界的一草一木。四是要广泛开展生态文明教育普法宣传，使公众明确对待动植物及各种自然资源的行为哪些是违法的，哪些是值得提倡的。知法、懂法才能发挥法律法规对公众行为的约束规范作用。五是要积极举办各种亲近自然、感受自然的审美体验活动，让社会成员在与大自然亲密接触的过程中领悟美的真谛，陶冶美的情操，从而使其更加懂得珍惜自然、爱护环境。②

3. 生态旅游

“生态旅游”的概念，是由世界自然保护组织在20世纪90年代初率先提出。大约10年后，国际生态旅行协会把“生态旅游”概括

---

① 国家林业局、教育部、共青团中央：《关于开展“国家生态文明教育基地”创建工作的通知》，载国家林业局宣传办公室、黑龙江省大兴安岭地区行署《生态文明建设理论与实践——第二届中国（漠河）生态文明建设高层论坛文集》，中国林业出版社2009年版，第151页。

② 同上书，第154—155页。

为：是对自然生态资源起保护作用，并对本地群众生活水平不构成破坏的一项旅行活动。这一活动理念的核心是对自然生态友好，并且能够促使其持续发展。同时，生态旅游是把生态环境作为主要景观的旅游，以可持续发展为理念，以保护生态环境为前提，以统筹人与自然和谐为准则。这种旅游方式凭借优美丰富的生态环境以及富有魅力的人文景观，感染和熏陶广大游客欣赏自然之美、崇尚自然之道的情怀。随着人们生活水平的提高，出门旅游观光越来越成为普通人的休闲消费方式。据国家旅游局发布的《2016 年中国旅游业统计公报》显示，全国全年国内旅游人数达到44.4 亿人次。[①] 因此，把保护自然环境、维护生态平衡的理念融入人们的旅游活动，通过生态旅游教育游客树立尊重自然、顺应自然的文明意识不失为社会生态文明教育的一项重要措施。生态旅游可以使游客通过对各种旅游资源的友好尊重与欣赏保护，陶冶情操、愉悦身心，以增强对大自然的理解与敬重，使人们在亲近自然、融入自然的过程中接受良好的生态文明教育。生态旅游与非生态旅游的主要区别就是要在获得经济效益、娱悦游客身心的同时，教育游客保护环境、热爱自然，树立生态忧患意识与责任意识。生态旅游不仅为人类提供亲近自然、认识自然的机会，满足游客求知的高层次的需求，而且促使人们重视生态环境的建设和恢复，帮助人们增强环境保护意识，是进行生态文明教育的重要途径。[②] 同时，生态旅游可以实现经济效益、社会效益和生态效益三者的有机统一。

充分发挥生态旅游对广大游客的教育作用需要在以下几个方面进行努力。首先，通过职业导游解说，使游客在了解自然风光的历史与魅力的同时，增强其环境保护意识。针对不同类型的旅游资源，解说内容应该具有针对性与客观性。大致可以体现在气候状况、生态环境、水土保持、生物多样性、地质地貌、特色动植物等方面。以林区

---

① 吕红星：《2016 年中国旅游业统计公报发布》，《中国经济时报》2017 年 11 月 16 日第 A06 版。

② 赵怀琼、杜方明：《论生态旅游与生态旅游教育》，《皖西学院学报》2004 年第 2 期。

旅游景点为例，导游可以从野生动植物、森林植被、四季气候、地质构造等方面进行导述，进而引出人与森林生态系统的密切关系，以展示森林生态系统的科学价值，激发人们走进森林、关爱自然的情怀。其次，旅游主管部门应明确教育的导向性与主题内容，要紧密结合景区的生态环境与自然资源。生态旅游活动的开展可以通过寓教于乐、寓教于游等多种方式开展，让游客在轻松愉快的气氛中潜移默化地接受教育。例如，可以开展环境灾变与治理科学考察、生态科普园展览、地质地貌遗迹识别、野生动植物识别、生态保护志愿者夏令营活动等。最后，还可以通过展览、讲座、出版物、大众传媒等方式，广泛开展生态环境资源保护宣传活动，使游客深入了解自然界的美及其对人类的价值，树立起保护自然、爱护旅游资源的正确观念，让“资源环境有价、发展生态旅游”的观念深入人心。①

4. 生态环保志愿者活动

生态环保志愿者是利用业余时间自愿从事生态环境保护和社会宣传而不求回报的社会个体。生态环保志愿者多以特定主题（如关爱母亲河、低碳生活、保护森林等）而自发或有组织地采取实际行动，来倡导和践行保护生态环境、合理利用资源等文明理念，同时把其主张和措施向社会公众进行宣传普及。当前我国生态环保志愿者多以组织或半组织的形式在学校、社区及社会公共场所开展各种实践和宣传活动。环保志愿者开展活动一般以统一的宣传服饰和显著的目的性向社会公众表明其保护环境、节约资源的决心与意图。他们在身体力行节能环保的同时，也向社会进行了有力的生态文明理念宣传，为社会形成良好的生态文明氛围树立了良好榜样。随着资源短缺、环境污染等生态问题严重性的加剧和人们环保节能意识的增强，越来越多的有识之士加入生态环保志愿者的行列，在全社会广泛开展各种义务宣传活动，向社会公众宣扬绿色出行、低碳生活、爱护动物、善待自然等文明理念，为生态文明理念在全社会的传播与普及起到了积极的推动作用。不少高校大学生环保志愿者自发组织到各大旅游景区义务捡垃

① 叶新才：《生态旅游环境教育功能的实现途径研究》，《四川环境》2009 年第 3 期。

圾、维护游客秩序，用实际行动告诫游客要维护公共卫生，爱护各种旅游资源，做生态文明游客。还有些环保志愿者自发组织在黄河沿岸开展“关爱母亲河”实地调查水质污染与宣传活动。这些活动在增强他们自身社会实践能力的同时，也使其获得了第一手的实验数据，更重要的是把节约用水、拒绝污染等理念传播到了黄河两岸及全社会。此外，还有一些生态文明素质较高的社区老年环保志愿者自发组织起来走向街头，向人们宣传低碳生活、节约水电及绿色出行等环保理念和生活常识。

充分发挥生态环境志愿服务活动对生态文明理念的宣传与教育作用，需要国家相关部门，特别是教育、环保部门和社区服务机构等给予积极的鼓励、支持及正确的引导和管理，以便在更大程度上发挥其教育作用。一方面，国家相关部门要制定支持志愿者活动与服务的政策规定，为其提供必要的制度保障和开展活动的基本条件。另一方面，对于环保志愿者的活动内容、活动方式和活动场所，相关部门应该进行必要的审查，以利于志愿者更好地开展活动。同时，国家还可以通过电视和网络媒体等大力提倡社会公众积极参与生态环保志愿服务活动，以扩大环保志愿者队伍，使生态环保宣传教育的覆盖面更宽、影响力更大。

（三）社会生态文明教育的特点

社会生态文明教育与家庭生态文明教育、学校生态文明教育相比，具有教育对象的广泛性、教育形式的多样性、教育内容的现实性、教育价值的导向性以及参与主体的群众性等特点。

1. 广泛性

从教育的受众范围来看，社会生态文明教育具有对象的广泛性特点。无论是家庭生态文明教育，还是学校生态文明教育，受教育的对象一般都是儿童和青少年学生，而社会生态文明教育的教育对象，不仅包括儿童和学生群体，而且可以辐射到社会的所有成员。社会教育最能体现生态文明教育对象的广泛性，即社会成员不受性别、年龄、职业等限制，都应该受到相应的生态文明教育。我国大教育家孔子所说的“有教无类”，就是说社会上的所有人不分类别都应该接受教育。

对所有社会成员来说，接受一定的生态文明教育既是个人的权利更是个人应尽的义务。我国《宪法》第44条规定，“中华人民共和国公民有受教育的权利和义务”这里所说的教育，既指学校教育，也指家庭教育和社会教育。教育是全民的事业。[①] 可见，接受各种形式的社会生态文明教育是全体社会成员的权利和义务。

2. 多样性

从教育方式与手段来看，社会生态文明教育具有多样性特点。家庭生态文明教育多是靠家长的言传身教与榜样示范对孩子进行教育，学校生态文明教育主要是通过课堂教学向学生灌输有关生态文明的知识与理念，相比之下，社会生态文明教育在教育方式与手段上更具灵活性与多样性。除了上文提到的以网络媒体为主的社会宣传、国家生态文明教育基地建设、生态旅游教育方式之外，社会生态文明教育还可以充分利用民间环保组织开展的各种宣教活动，向社会公众宣传生物多样性、低碳生活、节约资源等生态理念。同时，社会生态文明教育还可以通过与生态文明相关的影音资料、实践参观、文艺展演、寓教于乐等形式来进行。此外，还可以通过举办生态文明教育专题咨询、生态文明教育公益讲座等便于公众接受的教育方式来开展生态文明教育。

3. 现实性

社会生态文明教育的现实性是指生态文明教育的内容一般都贴近生活、贴近实际，多与人民群众的日常生活息息相关。如在大城市通过多媒体或者宣传栏向市民推广家庭节电、节水技术常识，这样可以抓住广大市民节约家庭开支的心理，在向民众传授技术知识的同时，也无形中促使广大市民养成了节约资源的习惯。面对近年来日趋增多的灰霾天气，中老年人和患有呼吸道疾病的人对这一问题非常关注，因为这影响了他们的正常生活。鉴于此，社会教育宣传部门可以通过电视、报纸、讲座的形式向社会公众讲授灰霾的成因与防治技巧，通过媒体的广泛宣传，倡导公众绿色出行，尽量减少碳排放。此外，从

---

① 王冬桦、王非：《社会教育学概论》，教育科学出版社1992年版，第99页。

为农民创收增效、发展绿色农业的角度开展生态农业“三下乡”活动，向广大农民传授科学施肥、喷药技术，让其了解如何在保持土壤肥力、降低农产品药物残留的基础上增加收入。这样可以使农民在增长知识、获得实惠的同时，保护了农村生态环境，也为人们奉献了绿色无公害的农产品。显然，教育内容的现实性是生态文明教育能够深入社会、走近群众，为社会成员所接受的重要条件，也是社会生态文明教育得以顺利开展，取得实效的基本保障。

4. 导向性

社会教育通过媒体传播、大众文化等方式为社会成员创造一定的舆论环境和社会文化氛围，从而在潜移默化中引导社会成员崇尚某种观念，培养某种精神，追求某种知识，形成了一定的教育导向。[①] 积极的、健康的教育导向对社会成员起着良好的教育、引导作用。社会生态文明教育的目的就是要在社会领域通过媒体宣传、舆论影响等方式向社会成员灌输节约资源、保护环境的知识，使人们认识到只有处理好人与自然的关系，尊重自然、顺应自然才能实现人类社会的永续发展。近年来，灰霾天气增多、河流污染加剧、物种数量锐减、癌症频发等现象，在很大程度上来说，这是大自然对人类的报复行为。在这种形势下，社会生态文明教育通过各种方式警醒世人深刻反思自身的各种非生态行为，帮助公众在提高个人生态文明素质的基础上树立科学的生态观，形成生态化的行为习惯正是当前应该极力推崇的价值理念。

5. 群众性

社会生态文明教育的对象不仅具有包括所有社会成员的广泛性，其参与主体还具有明显的群众性特点。社会生态文明教育主要面向广大人民群众，其教育内容、教育形式和教育场所等无不体现出与群众的生产、生活密切联系的特点。这也是充分调动广大社会群众积极参与生态文明理念学习与实践的有利条件。没有或缺少群众广泛参与的社会生态文明教育难以取得成效。可见，积极有效的群众参与是社会

---

① 宋林飞、朱力：《社会工作概论》，南京大学出版社 1991 年版，第 246 页。

生态文明教育取得实效的重要保障。同时，在广大群众积极参与生态文明教育学习和实践的过程中，人们可以相互学习、相互促进，还可以带动更多的人加入生态文明理念的学习和践行之中。因此，社会公众在积极参与生态文明教育的过程中可能既是教育对象，同时也是教育者，这种教育主客体角色重叠的现象也是社会生态文明教育群众性的一种表现。

第二节　中国生态文明教育的实施方法

所谓方法，就是人们为了认识世界和改造世界，达到一定目的所采取的活动方式、程序和手段的总和。方法作为人的自身活动的法则，首先表现为人活动的中介因素；其次方法服务于人的目的，活动的目的总是和任务联系在一起的；再次方法和理论是联系在一起的；最后方法是人类思维活动的产物。[①] 生态文明教育方法就是为了尊重自然、保护环境以及协调人与自然的关系，在对人们进行生态环保知识宣传和教育的过程中，所采取的教育活动方式、教育程序和教育手段的总和。简言之，生态文明教育方法就是生态文明教育过程中教育者对受教育者所采取的思想方法与工作方法，它承担着传递生态文明教育内容、实现生态文明教育目标的重要使命。因此，为了提高生态文明教育的实效性，有必要对教育方法进行深入探讨。

一　生态文明教育方法的重要意义

毛泽东同志在《关心群众生活，注意工作方法》一文中曾形象地把工作比喻成过河，把方法比喻成桥或船，他说："我们不但要提出任务，而且要解决完成任务的方法问题。我们的任务是过河，但是没有桥或没有船就不能过。不解决桥或船的问题，过河就是一句空话。

① 参见陈万柏、张耀灿《思想政治教育学原理》，高等教育出版社2007年版，第220—221页。

不解决方法问题，任务也只是瞎说一顿。”[1]由此足见方法的重要性。科学有效的方法可以使工作效率大大提高，事半功倍，而不讲究方法的科学性会使工作难度倍增，事倍功半。生态文明教育方法，对于实现生态文明教育目标、完成生态文明教育任务以及增强生态文明教育的实际效果具有重要意义。具体说来，生态文明教育方法的意义主要体现在以下三个方面。

首先，生态文明教育方法是实现生态文明教育目标的重要手段。人类与动物的区别之一，在于人具有意识和自我意识，在于人类的全部活动具有目的性，同时，也在于人类具有选择合适的方法去实现自己目的的能力。能否自觉选择和运用生态文明教育的科学方法，是能否实现生态文明教育目的、完成生态文明教育任务的关键。在整个生态文明教育过程中，不善于选择和运用方法，不讲究方法的科学性和有效性，完成生态文明教育任务就会费时费力，实现生态文明教育的目标也将比较困难。因此，科学有效的教育方法，对生态文明教育目标的实现具有关键性作用。

其次，生态文明教育方法是教育者与受教育者互动的纽带与桥梁。在生态文明教育过程中，教育者与受教育者是人的因素，而方法是中介性因素。生态文明教育过程的有效推进，不仅取决于教育者的教育活动，而且取决于受教育者在教育者指导下的学习接受情况。换言之，成功的生态文明教育活动以教育者与受教育者之间的良性互动为基础。我们只有选择那些符合人的身心发展特点与品德形成规律的科学方法，才能在教育者和受教育者之间建立起融洽、协调的互动关系。可以说，生态文明教育活动的科学组织、有效运作以及预期教育效果的获得，都离不开生态文明教育方法的纽带和桥梁作用。

最后，科学的生态文明教育方法是增强生态文明教育成效的重要条件。科学的生态文明教育方法，要以遵循生态文明教育规律为前提，要充分结合教育对象的综合素质现状和行动特点，还要充分考虑教育对象现实生活中的各种因素对人的生态道德发展以及生态文明教

① 《毛泽东选集》第1卷，人民出版社1991年版，第139页。

育活动所产生的影响。只有这样选定的教育方法，才能切合实际、行之有效。而教育方法一旦选定，就在某种程度上决定了生态文明教育活动的教育方向，就为生态文明教育获得实效提供了重要条件和必要保障。生态文明教育目的的实现和任务的完成，主要靠生态文明教育的实际教育效果来体现，而有效的生态文明教育是借助科学的教育方法来实现的。如果教育方法选择不当，生态文明教育就可能事倍功半、劳而无功；如果选择的方法错误，还可能误导教育对象而造成不良影响。由此可见，是否选用科学实用的教育方法，直接关系到生态文明教育效果的优劣。

二　生态文明教育的主要实施方法

生态文明教育活动形式多样，与其相关的具体教育方法也是同样种类繁多。对于学校生态文明教育、家庭生态文明教育和社会生态文明教育来说，由于各自的特点不同，其具体教育方法的选择与应用也有所区别。但有些教育方法可以通用，而有些则是仅适用于特定教育模式。生态文明教育的方法很多，限于篇幅，本书主要介绍以下几种比较重要且常用的方法，包括灌输教育法、利益驱动法、自我教育法、环境熏陶法、网络宣传法、榜样示范法。

（一）灌输教育法

20世纪初，伟大导师列宁提出了“灌输”理论。他在其著作《怎么办?》中针对当时俄国社会民主党党内存在的崇拜自发论的工联主义倾向，强调：“工人本来也不可能有社会民主主义的意识。这种意识只能从外面灌输进去”。[①] 可见，知识、理论是可以运用“灌输”的教育方法进行宣传和教育的。灌输教育法是家庭教育与学校教育中最常用的教育方法，在各层次的正式教育中起着主导作用。对生态文明教育来说，灌输教育法就是教育实施者有目的、有计划地向受教育者进行生态环保知识与理念的传授，引导受教育者通过对所学知识的吸收和转化树立正确的生态价值观，从而提高教育对象的生态文明素

① 《列宁选集》第1卷，人民出版社1995年版，第317页。

质的教学方法。

灌输教育方法根据不同标准可以划分为不同的类型。依据教育范围来分，可分为普遍灌输和个别灌输；依据教育途径来分，可分为自我灌输和他人灌输；依据教育形式划分，可分为文字灌输和口头灌输。具体来说，在生态文明教育教学中常用的灌输方法有：讲解讲授、理论培训、理论学习、理论研究、宣传教育等。而灌输理论中最常用的方法就是讲解讲授法。这一方法在生态文明教育中的应用也最为广泛，即教师等教育主体通过语言方式向学生或其他教育对象传授有关节能环保、人与自然关系方面的理论知识与价值观念，使受教育者增加对生态环保和生态文明的认知和了解。这种方法主要是通过摆事实、讲道理、以理服人，从而促进生态文明理念深入人心。但在讲解讲授的教学过程中最好采取启发式教学，这样可以有效调动教育对象的积极性。同时，讲解内容要正确、全面、系统，循序渐进地进行，而不可填鸭式、注入式地机械输入。理论培训主要是以有组织有目的地开展讲习班、培训班的方式，向学员传授生态伦理知识与环境资源知识的一种综合灌输方法，这种方法具有学习人员集中、讨论问题集中、学习内容集中的优势，可以加深人们对生态环境伦理的认识，有利于学员相互交流、相互学习。理论学习是人们通过有组织、有计划地集体学习或个人自觉学习来掌握一定的生态环保和生态伦理知识的自我灌输方法，主要通过文字灌输的方式。理论研究主要是通过集中探讨与深入研究的方式对生态环保知识及人与自然间的价值理论进行教育与学习的方法。宣传教育是运用大众传播媒体向人们灌输生态环保和生态伦理知识的一种形象灌输方法，这一方法覆盖面大，影响范围广，具有持续、强化的教育效应。

需要指出的是，为了提高灌输方法在实践中的效果，在具体运用这一方法时要讲究其科学性与艺术性，具体来说应该注意以下几点：一是灌输方法的重点不要拘泥于形式，而要以实际情况和效果为准；二是运用理论灌输教育法一定要与实际相结合；三是生态文明教育者必须首先接受教育。灌输教育法在学校生态文明教育、家庭生态文明教育与社会生态文明教育中均可运用，但在学校教育中的应用更多。

（二）利益驱动法

利益驱动法就是在生态文明教育过程中，利用奖惩的办法对那些生态文明意识较强，并且能够自觉爱护自然、保护环境的人们实施一定的奖励；对那些生态文明意识较差，且有浪费资源、破坏环境行为的人们进行一定的惩罚。这种教育方法，在生态文明教育过程中具有较强的实效性和实用性。

利益驱动教育法主要有物质利益驱动和精神利益驱动两种方式。物质利益驱动方式就是以物质的形式奖励那些具备生态文明意识、自觉爱护自然、保护生态环境的个人或部门。同时，以物质的形式惩罚那些生态文明意识淡薄，有污染环境、破坏生态行为的个人或部门，以此来督促人们要培养生态文明意识，养成良好的生态文明习惯。精神利益驱动方式就是对那些具有较强生态文明意识，且能主动自觉爱护自然、保护生态环境的个人或部门给予一定的精神鼓励，如授予“生态环境保护先进工作者”荣誉称号、颁发“生态公民”荣誉奖章等。同时，对那些生态文明意识较差，故意破坏环境、浪费资源的个人或部门给予一定的精神惩罚，如实行“亮红牌”“挂黑旗”、媒体曝光等形式以督促他们自觉树立生态意识，积极践行绿色发展理念。

但是，在运用利益驱动教育方法时，一定要把握奖惩的幅度。从奖励方面来看，无论物质奖励还是精神奖励，必须掌握适度的原则，否则，不仅不利于生态文明教育的推进，反而可能增加生态文明教育的成本。从惩罚方面来看，无论是物质惩罚还是精神惩罚，同样要把握好适度的原则，要根据受惩罚的个人或部门的承受能力和对生态环境的破坏程度，科学合理地制定和采取惩罚措施，本着“惩罚适度、教育为主”的原则，给予相关个人与部门一定的经济或精神惩罚，从而刺激当事人自觉做生态文明理念的积极践行者。这种教育方法在社会生态文明教育与家庭生态文明教育中应用得更多，更能发挥其教育效果。

（三）自我教育法

自我教育，顾名思义就是指自己教育自己，即教育主体与教育客体是同一个人。生态文明教育中的自我教育是指广大社会成员在相关教育要求与目标的指引下，通过自我修养、自我反思、自我学习等方式，自觉地接受先进的环保理论、科学的生态知识和文明的行为规范，不断提高自我生态文明素质的一种教育方法。自我教育在生态文明教育中之所以重要，主要是因为生态文明教育活动对个人的影响只是一种外因，而任何教育活动只有通过受教育者积极主动的内化活动，才能产生巨大作用。从这一意义上来说，生态文明教育的效果优劣主要取决于受教育者自我教育的状况。运用自我教育的方法，不仅有利于受教育者自我学习能力的培养，而且也能促进受教育者更加主动地参与各种生态文明教育实践活动，以保证生态文明教育目标的顺利实现。

从自我教育参与人数的多少及教育范围的大小来分，这种教育方法主要有集体自我教育与个体自我教育两种形式。集体自我教育是以某一特定集体为单位，通过集体成员之间的相互影响、相互促进、相互激励，使单位成员之间在相互教育的基础上实现自我教育，在日常操作中可以针对环境资源等现实生态问题，以演讲会、辩论会、讨论会、民主生活会和知识竞赛等形式开展。个体自我教育就是社会成员个人通过书籍、视频、社会活动等方式自觉提升自我生态文明素质。自我教育的通常表现有自制、自律、自学、反省等。

在运用自我教育方式进行生态文明教育的活动过程中，必须明确一点：自我教育并不完全等同于个体自己的学习活动，并不意味着一点也不需要外在的教育者。恰恰相反，在生态文明教育的过程中应用自我教育方法，更应该强调教育者的引导与启发作用。这是因为大多数教育对象本身并不具备完全自觉、自主等学习能力。在生态文明教育实践中运用好自我教育方法应该注意以下几点：首先，要善于唤醒教育对象的自我教育意识，科学运用利于教育对象自我教育的各专业要素；其次，在全社会积极营造良好的自我教育氛围，为广大社会成员创设进行自我生态文明教育的有利环境；最后，应该把个体自我教育与集体自我教育相结合，要充分发挥集体学习的向心力与凝聚力，以形成健康、和谐的群体学习氛围，增强集体自我教育的效果。同时，生态文明教育施教者应该在开展集体自我教育的基础上，引导广大社会成员进行个体自我教育，帮助个体自我调整和控制自己的生态文明行为，逐步形成良好的生态文明行为习惯。自我教育法更适合于社会生态文明教育中的成年人和学校教育中的高年级学生，因为这种学习方法需要一定的知识基础和自制能力。

（四）环境熏陶法

所谓环境熏陶法，就是生态文明教育者利用一定的生态环境或生态氛围，使受教育者亲身感受、身临其境，并且在不自觉的情形下，受到熏陶和感化而接受教育的一种方法。与其他教育方法相比较而言，它不仅具有生动、形象的特点，更具有一种浓厚的情感色彩。从教育对象角度分析，环境熏陶法比较适合于对青年学生的生态文明教育。环境熏陶对人的教育影响分为顺向熏陶影响和逆向熏陶影响，其中，前者是指受教育者对熏染体产生亲和、喜悦的情感，并无意识地接受了熏染体所传达的教育内容的过程；而后者是指当受教育者在受到熏染体熏染时，对熏染情感产生对立、潜意识抵抗或有意识排斥熏染体影响的过程。因此，在生态文明教育过程中，必须促使受教育者同教育者提供的熏染教育产生情感共鸣，尽量争取顺向熏染，防止逆向熏染的出现。

运用环境熏陶法开展生态文明教育，目的就是要调动情感的力量，增强生态文明教育的吸引力、感染力，以博得受教育者的情感认同，从而取得良好的生态文明教育效果。根据环境熏陶教育法的活动方式和熏陶内容的不同，可将其分为形象熏陶、艺术熏陶及群体熏陶三种类型。其中：形象熏陶指的是生态文明教育者用生动形象、较为直观的事物形态与反映现实的生态环保典型事例来影响受教育者的情感精神，帮助他们理解和认同生态文明教育理论的一种教育方式。其中，不仅包含身临其境、参观访问、实地考察的情景熏陶，也包含现象观察、实物接触、图片观看的直观熏陶，还包含同人物亲身交谈，在举止言谈中潜移默化受到的教育影响。艺术熏陶指的是生态文明教育者通过文学、音乐、美术、舞蹈、戏剧、电影、电视等有关生态环保方面艺术作品的欣赏活动、创造活动以及评论活动，以影响和感化受教育者的一种生态文明教育方式。它以欣赏艺术的美，发展受教育者的想象力和创造力为目的，在培养人们鉴赏能力、审美观点的同时，促进受教育者逐步树立生态环保意识和生态伦理价值观。在进行艺术熏陶时，必须做到：一要培养受教育者欣赏的兴趣；二要培养和提高受教育者的鉴别能力；三要激发受教育者强烈的情感反应。群体熏陶是指在一个群体中，受熏染体熏陶的各个个体之间相互作用、相互影响的一种状况或一个过程。个体在群体中所受熏陶的程度是弱还是强，关键在于个体和群体受熏染的方向是否一致。如果个体与群体受熏染的方向一致，个体受熏陶的程度就比较强烈；反之，如果个体与群体受熏染的方向相悖，那么，个体受熏陶的程度就会削弱。这种教育方法比较适合在家庭生态文明教育与学校生态文明教育中应用。

（五）网络宣传法

网络宣传法就是指教育者运用互联网广泛宣传和普及生态环保知识，以实现对受教育者进行教育的一种方法。网络宣传完全不同于其他传统媒体的宣传，这是因为网络信息传播的速度具有即时性及信息资源的海量性特点，只要将生态环保知识与相关文明理念按照网民的搜索习惯及其兴趣提供给广大网民，就可以使信息迅速、大量传播，让生态环保知识在最短的时间内遍布互联网，走进广大网民的视野，进而达到引导广大网民树立节能环保意识和生态文明理念的目的。

网络宣传方法种类繁多，从目前来看，主要的网络宣传方法有搜索引擎排名法、交换链接法、BBS 信息发布法和网络广告宣传法等。其中，搜索引擎排名法是指在主要的搜索引擎上注册并获得最理想的排名，从而达到对生态环保知识与理念进行广泛宣传的方法。生态环保知识在网站正式发布后，应该尽快提交到 Google、百度等主要的搜索引擎网站。如果在搜索引擎网站中搜索有关生态文明知识，这些生态环保知识的网站可以排名在搜索引擎的第一页，那么只要通过搜索引擎就能够不断地提高宣传网站的浏览量，从而可以增强生态文明教育的宣传力度、强度与广度。交换链接法是各个网站之间利用彼此的优势而进行的简单合作。具体来说，就是分别将对方的 LOGO 或文字标志设置成网站的超链接形式，然后放置在自己的宣传网页上。当然，对方也会在网站上放置自己的超链接来作为回报。因此，用户能够通过合作的网站找到自己的网站链接，从而达到一种彼此宣传的目的。具体到生态文明教育网站来说，就是要将生态文明教育网站与各大网站建立超级链接，从而达到宣传生态环保知识理论的目的。BBS信息发布法是一种时效性很强的方法，具体是指在论坛发布有关生态文明知识的宣传信息，同时需要时时在生态文明教育网站上发帖子或进行维护。网络广告宣传法就是在用户浏览量较大的网站或者较大的门户网站宣传生态环保的理论知识，这种方法通过直接增加网站的用户浏览量进行宣传。例如在雅虎或网易的网站首页设置一些关于生态文明知识的教育和宣传方面的网站链接，此举一天带来的浏览量就相当可观。可以说，这种网络宣传方法是见效最快、覆盖面最广的，当然，这也需要一定的成本。

总体上来说，网络宣传法相对于其他教育方法具有一定的优势：一是网络宣传具有多维性，图、文、声、像相互结合，可以大大增强对生态环保、生态文明的宣传实效；二是网络广告拥有最具活力的受教群体，以青少年为主的广大网民是生态文明宣传教育的重点对象；三是网络广告制作成本低、见效快、更改灵活，便于调整生态文明教育计划及其内容的替换与推广；四是网络广告具有交互性和纵深性，可以跟踪与衡量生态文明教育宣传效果；五是网络宣传具有范围广、时空限制弱、受众关注度高的特点；六是网络宣传具有可重复性和可检索性。这种教育方法特别适合社会生态文明教育中的成年人，当然，凡是上网的网民都可以接受这种网络宣传教育。

（六）榜样示范法

所谓榜样示范法，就是为了提高广大民众对生态文明方面的思想认识、规范他们生产生活中的行为，教育者通过一些在生态环保方面的典型事例或表现突出的榜样来感染影响教育对象，以达到一定的示范作用的教育方法。事实证明，大多数人类行为是通过对榜样的模仿而获得的。人生的榜样、道德的榜样，是人们生活世界里不可或缺的重要元素。榜样示范法作为一种重要的教育方法，在生态文明教育过程中具有重要的社会带动作用。“榜样的力量是无穷的，先进典型具有强大的说服力。好典型、好榜样对广大群众来说，是非常现实、十分直观的教育和引导，是激励鞭策人们努力进取的直接动力。在我们这个社会里，人们都有不甘落后、积极上进的自尊心和责任感，只要广泛开展学先进、赶先进的活动”①，就能够有效调动和发挥人们践行生态文明理念的积极性和创造性。此外，榜样模范的先进事迹和光辉思想，是一种无形的教育力量，是推动广大社会成员模仿学习的重要动力，它可以使生态文明教育更贴近生活、更具有说服力和感染力。

在具体运用这一教育方法时，对于榜样人物与事迹的选择应注重其典型性。在生态文明教育的过程中，榜样模范的生态文明思想及其行为容易迅速吸引人们的注意；榜样的权威性、可信任性、吸引人的程度以及与教育对象之间的相似程度等个人特质，都会影响榜样示范的效果。无论是个人或集体典型，还是通过其他形式塑造、呈现出的榜样形象，都应该具有可学性、易辨性、可信任、权威、有吸引力等基本特征，这也是榜样示范法的客观要求和科学基础。除此之外，在实践操作中，采用榜样示范教育还需要教育者遵循以下四点具体的要求：一是榜样的选择必须实事求是，不能任意抬高、夸大其词；二是为了让生态文明教育更能打动人心，达到最佳的效果，需要尽可能地让榜样人物以现身说法的方式进行教育；三是开展关于生态文明的榜样示范教育可以选择和运用多种方式和途径，以强化示范效果；四是要善于通过反面典型和事例来威慑、警示和劝阻公众，尽可能避免破坏环境、浪费资源的现象发生。也要充分利用正面的先进典型事例，发挥其巨大的社会影响力，以带动广大社会成员积极践行节能环保、珍爱自然的文明理念。榜样示范法更适合社会生态文明教育与家庭生态文明教育。

三　生态文明教育方法的运用要求

在生态文明教育过程中，要根据生态文明教育目标的不同要求、

---

① 郑永廷：《思想政治教育方法论》，高等教育出版社1999年版，第142页。

教育内容的不同特点以及教育对象思想与行为的不同特点等具体情况，采用相应的方法。在具体选择和运用生态文明教育方法时，需要遵循以下原则要求。

（一）注重针对性原则

所谓针对性，就是从生态文明教育的实际出发、有的放矢，针对不同的教育任务，采用不同的教育方法，解决不同的教育问题。也就是要求生态文明教育方法的运用要合乎生态文明教育过程的客观规律，合乎人的生态文明思想形成和发展规律，这是生态文明教育科学性的重要体现。要有针对性地运用生态文明教育方法，为此，应该做到以下几点。

1. 必须依照生态文明教育的目的、任务以及具体内容选择和运用教育方法。为了实现生态文明教育的目的、完成提高全民生态文明素质的任务，在实施生态文明教育的过程中必须采用一定的方法和手段，而这些方法又受到任务和目的的制约与支配。在教育教学实践中，具体的生态文明教育目标和任务要求教育者依靠特定的方法来开展教育。而只有所选方法适应了具体的教育目标和任务，才能显现出其独特的效果。根据生态文明教育目标和任务去选择和运用教育方法，也是教育目标和任务与具体的教育方法的辩证关系的要求体现，具有合规律性与合目的性相统一的特征。

2. 必须针对生态文明教育对象的具体特点来选择和运用教育方法。生态文明教育对象具有个体和群体之分，也有职业、年龄、经济状况、文化程度之别。因此，在选用生态文明教育方法时，必须因人而异、区别对待，不仅要考虑生态文明教育对象的家庭环境、个人经历、个性特点、文化程度等因素，而且还要考虑不同的人在生态文明素质水平方面的差异及其社会实践能力方面的不同。

3. 必须针对具体生态文明教育的热点问题选择和运用不同的教育方法。一定时期表现出来的生态文明教育热点问题，可以反映这一时期人们对待某一生态环保问题的思想状况，也为生态文明教育提供了重要的教育时机。生态文明教育者应该敏锐地抓住生态文明教育热点，正确把握其性质特征，准确判断生态文明热点问题的影响范围和程度，深刻分析引发生态文明教育热点问题的具体原因，以便有针对性地选择和运用生态文明教育方法。

（二）坚持综合性要求

所谓综合性要求，就是指生态文明教育者在实施生态文明教育的过程中，要综合分析生态文明教育体系内部各种要素的特点以及教育环境因素影响的复杂性特点，在此基础上，先后选择和运用多种不同的教育方法，在对比鉴别不同方法各自特点与共性的前提下，对其进行有效整合，最终形成可以为工作任务及教育目标服务的方法体系，从而实现生态文明教育效果的综合性与整体性。尤其是在当今社会，由于人们自身需求的多元化以及人们思想的复杂性，单独使用某一种生态文明教育方法，很难满足生态文明教育的实际需要，因此，必须综合运用多种教育方法，才能顺利完成生态文明教育的任务，达到良好的教育效果。综合运用生态文明教育方法，就是要依照生态文明教育的内容、目的、任务以及生态文明教育的对象、环境条件的不同特点，来选择和运用多种方法，以取得最佳的教育效果。

综合运用生态文明教育方法的关键问题，是在生态文明教育过程中，如何将多种生态文明教育方法进行统筹整合，形成合力，以产生综合教育效果。多种教育方法在生态文明教育过程中，可以按照主从式与并列式、协调式与交替式、渗透式与融合式等综合教育方式进行整合。

（三）遵循创造性原则

创造性地运用教育方法，是人的认识能力、实践能力发展的具体体现。而要做到对生态文明教育方法的创造性运用，必须努力做到以下几点：一要在实事求是、解放思想的基础上与时俱进，使生态文明教育方法的运用体现出鲜明的时代性，自觉探索新方法、研究新情况、解决新问题。现代社会的快速发展往往带来意想不到的、复杂的、新的生态环境问题，客观上要求生态文明教育者要根据时代的变化、生态环境的新情况，不断地创新生态文明教育方法。唯有如此，生态文明教育才能适应现代化建设与发展的需要，也才能适应生态文明教育对象与教育环境的新需求。二要积极吸取和运用现代科学研究成果，创新生态文明教育方法。在生态文明教育的过程中，生态文明教育管理者与实践操作者，都应该积极探索、吸收国内外最新的研究成果，在理论与实践的结合中改进、创新生态文明教育方法，把国内外先进的教学方法合理运用到教育教学的实践中，从而丰富生态文明教育的方法体系。三要积极应用现代科学技术手段，使生态文明教育方法实现现代化。随着现代科技的发展，特别是网络通信技术的飞速发展，以国际互联网为核心的手机、计算机等多媒体通信终端在社会公众日常生活中逐步普及，飞信、微信、微博、QQ 等网络软件成为人们日常生活中不可缺少的通信媒介。而这些都可以成为生态文明教育新的载体与手段。教育主体必须掌握这些现代化的通信交流方式，把其科学地运用于生态文明教育的过程中，从而增强生态文明教育的实效性与时代感。

结 束 语

本书主要在生态文明教育的概念、发展历程、教育内容、教育目标、体制机制建构与途径方法等方面进行了一些基本思考，对相关细节研究还不够深入，生态文明教育的实践性与操作性仍需大量的理论研究与实践探索。目前，我国生态文明教育还处于起步阶段，在教育内容、教育目标以及体制机制建构方面还有待于进一步充实和完善。但是，随着国家对生态文明理念认识的深化，生态文明教育作为生态文明建设的基础工程，也必然会受到国家和社会的充分重视。在科学发展观的指导下，随着我国经济社会的健康发展和相关理论研究的成熟，可以预言，我国生态文明教育将呈现出规范化、现代化和国际化的趋势。

一 生态文明教育的规范化发展趋势

我国真正意义上的生态文明教育是21世纪初随着国家对生态文明的重视才发展起来的。由于起步晚，当前我国生态文明教育在各个方面还不系统、不规范。从哲学上说，事物都有一个产生、发展、成熟的过程，生态文明教育也将在不久的将来逐步走向成熟，走向系统化、规范化。所谓生态文明教育的规范化就是其教育要求、目标、内容、政策、队伍等有章可循，有制可遵，而不是随意的或可有可无的。从目前来看，我国生态文明教育的规范化趋势表现在以下几个方面。首先，国家将确立切实可行的生态文明教育制度，包括规范、政策等，并把这种制度、要求纳入指标评估体系，使之成为各级政府和公众工作、生活的一部分，充分体现其制度的权威性。制度对每个人的要求一样，人人在制度面前平等。要让所有的社会成员都在生态文明制度下生产生活，清楚什么该做，什么不该做。其次，我国将建立保证制度权威的相关机制，包括生态文明教育制度的运行机制、激励机制、评价机制等。运行机制可以保证国家确立的生态文明教育制度在国家规定的范围内健康运行；激励机制，即对积极的生态文明行为要表扬、奖励，对消极的行为要进行批评与处罚。再次，生态文明教育制度权威的确立，各项机制的形成，必将引起公众对生态文明教育的关注和参与。这将主要表现在，公众对生态文明规范与制度的自我学习、自我教育、自我管理等方面。只有公众积极参与生态文明教育，才能使生态文明理念真正落实到人们的日常生活中。可以肯定，我国生态文明教育的规范化趋势将在教育权威制度的确立、相关机制的运行和公众参与等方面逐步呈现。

二　生态文明教育的现代化发展趋势

所谓现代化，是指社会和人的现代特性发生、发展的现实过程。现代化是当今社会发展的方向，各国、各项工作及个人都在朝向现代化方向发展。同样，生态文明教育也会逐步走向现代化，体现时代特色与时代要求，从而满足时代发展的需要。生态文明教育的现代化发展趋势主要表现在以下几个方面：首先，生态文明教育观念现代化。生态文明教育观念现代化是生态文明教育现代化的前提条件，是影响其他环节现代化的决定性因素。生态文明教育是一种具有明显时代性与导向性的社会系统教育，只有紧跟时代步伐的思想意识，才能为解决当前生态环境问题提供富有针对性的对策。有什么样的意识观念就有什么的行为表现，随着社会发展全方位现代化趋势的加深，生态文明教育现代化首先表现为观念的现代化。其次，生态文明教育内容现代化。生态文明教育的内容最能体现和反映时代的特点和面貌，选择什么内容开展教育，将决定整个生态文明教育的性质。因此，生态文明教育内容现代化是整个生态文明教育现代化的着力点。在环境教育阶段，教育内容侧重于保护环境，治理污染，提倡人们树立环保意识；在可持续发展教育阶段，教育内容强调发展的持续性，要求人们节约资源而不要铺张浪费，应树立勤俭节约的良好习惯；而在生态文明教育阶段，教育内容更突出包括人类在内的生态系统的平衡，提倡树立生态化的生活理念与行为方式。最后，生态文明教育手段的现代化。生态文明教育手段现代化，就是不断运用现代科学技术来武装、改造相关教育信息的传播普及，以实现教育手段的最优化。生态文明教育手段的现代化是整个生态文明教育现代化的推动力量。随着现代科技的高速发展，以网络为主的大众媒体等将大大加速生态文明教育手段的现代化进程。

三 生态文明教育的国际化发展趋势

多年来，生态环境恶化与资源危机不断加剧，特别是全球气候异常变化，已经引起世界各国的广泛关注和重视。世界各国均在不断寻求解决生态环境问题的对策。其中，大力开展生态文明教育、提高社会成员的生态文明素质也是各国普遍采取的一项重要措施。我国作为世界上人口最多的发展中国家和碳排放总量最大的国家，多年来一直与世界各国通力合作、共同努力，积极为解决全球气候变化和环境问题献计献策、身体力行，树立了良好的负责任大国形象。但是，仅从教育层面来看，我国生态文明教育起步晚，发展还不成熟，借鉴其他国家生态文明教育的先进理念，学习他们在增强社会成员生态文明意识、培养国民生态文明行为习惯方面的经验，对于我国生态文明教育的健康发展无疑有积极的推动作用。因此，促成我国生态文明教育国际化发展趋势的因素主要体现在两方面：一是为解决全球生态环境问题与世界各国交流合作的需要；二是完善我国生态文明教育体系的重要举措。生态文明教育的国际化对我国来说既有机遇也有挑战。目前，在全球节能减排任务分担方面，发达国家以向欠发达国家提供技术和资金为筹码，把主要减排责任推卸给欠发达国家，极力推行生态霸权主义和生态殖民主义。面对发达资本主义国家对包括我国在内的欠发达国家的生态政治挑战和意识形态渗透，我们绝不能被动地接受他们的生态殖民意识，必须在国际舞台上据理力争。对于应该承担的节能减排责任，我们不推卸，但对于别有用心的生态霸权主义，我们也绝不妥协。同时，生态文明教育的国际化也给我们带来机遇。我们可以积极吸收和引进其他国家在生态文明建设方面的先进技术和教育理念，包括众多欠发达国家和一些发达国家的生态技术和理论资源，从而推动美丽中国的建设进程。

主要参考文献

马克思主义经典文献

[1]《马克思恩格斯全集》第31卷，人民出版社1972年版。

[2]《马克思恩格斯文集》第1、5、7—10卷，人民出版社2009年版。

[3]《列宁全集》第25卷，人民出版社1988年版。

[4]《列宁全集》第55卷，人民出版社1990年版。

[5]《列宁选集》第1卷，人民出版社1995年版。

[6]《毛泽东文集》第6—8卷，人民出版社1999年版。

[7]《毛泽东选集》第1、3卷，人民出版社1991年版。

[8]《邓小平文选》第2卷，人民出版社1994年版。

[9]《邓小平文选》第3卷，人民出版社1993年版。

[10]《江泽民文选》第1—3卷，人民出版社2006年版。

其他著作文献

[1] [英] Joy A. Palmer：《21世纪的环境教育——理论、实践、进展与前景》，田青、刘丰译，中国轻工业出版社2002年版。

[2] [日] 岸根卓郎：《环境论——人类最终的选择》，何鉴译，南京大学出版社1999年版。

[3] 本书编写组：《马克思主义基本原理概论》，高等教育出版社2007年版。

[4] 本书编写组：《生态文明建设学习读本》，中共中央党校出版社2007年版。

[5] 本书编写组：《十八大报告辅导读本》，人民出版社2012年版。

[6] 蔡林波：《助天生物——道教生态观与现代文明》，上海辞书出版社 2007 年版。
[7] 陈秉公：《思想政治教育学原理》，辽宁人民出版社 2001 年版。
[8] 陈彩棉：《环境友好型公民新探》，中国环境科学出版社 2010 年版。
[9] 陈晋：《独领风骚：毛泽东心路解读》，万卷出版公司 2004 年版。
[10] 陈丽鸿、孙大勇：《中国生态文明教育理论与实践》，中央编译出版社 2009 年版。
[11] 陈敏豪：《归程何处——生态史观话文明》，中国林业出版社 2002 年版。
[12] 陈万柏、张耀灿：《思想政治教育学原理》，高等教育出版社 2007 年版。
[13] 崔建霞：《公民环境教育新论》，山东大学出版社 2009 年版。
[14] [美] 大卫·雷·格里芬：《后现代精神》，王成兵译，中央编译出版社 1997 年版。
[15] 单中惠、杨汉麟：《西方教育学名著提要》，江西人民出版社 2004 年版。
[16] 董克信：《中华传世格言谚语 4000 句》，东南大学出版社 2009 年版。
[17] 杜吉泽等：《生态人论纲》，群众出版社 2010 年版。
[18] 高吉喜：《生态文明建设区域实践与探索：张家港市生态文明建设规划》，中国环境科学出版社 2010 年版。
[19] 谷树忠、谢美娥、张新华：《绿色转型发展》，浙江大学出版社 2016 年版。
[20] 郭耕：《天人和谐　生态文明与绿色行动》，山东教育出版社 2010 年版。
[21] 国家环境保护局办公室：《环境保护文件选编（1996）》，中国环境科学出版社 1998 年版。
[22] 国家环境保护局宣教司教育处：《中国环境教育的理论和实践》（1985—1990），中国环境科学出版社 1991 年版。

[23] 国家环境保护局：《中国环境保护 21 世纪议程》，中国环境科学出版社 1995 年版。

[24] 国家环境保护总局办公厅：《环境保护文件选编 2006》（上册），中国环境科学出版社 2007 年版。

[25] 国家环境保护总局、中共中央文献研究室：《新时期环境保护重要文献选编》，中央文献出版社、中国环境科学出版社 2001 年版。

[26]《国家林业局　教育部　共青团中央：关于开展“国家生态文明教育基地”创建工作的通知》，载国家林业局宣传办公室、黑龙江省大兴安岭地区行署《生态文明建设理论与实践——第二届中国（漠河）生态文明建设高层论坛文集》，中国林业出版社 2009 年版。

[27] 国务院法制办公室：《中华人民共和国教育法典》，中国法制出版社 2012 年版。

[28] [德] 汉斯·萨克塞：《生态哲学》，文韬、佩云译，东方出版社 1991 年版。

[29] 胡锦涛：《高举中国特色社会主义伟大旗帜　为夺取全面建设小康社会新胜利而奋斗——在中国共产党第十七次全国代表大会上的报告》，人民出版社 2007 年版。

[30] 胡锦涛：《坚定不移沿着中国特色社会主义道路前进　为全面建成小康社会而奋斗——在中国共产党第十八次全国代表大会上的报告》，人民出版社 2012 年版。

[31] 环境保护部等：《全国环境宣传教育行动纲要（2011—2015）》，载环境保护部宣传教育司《全国公众生态文明意识调查研究报告》（2013 年），中国环境出版社 2015 年版。

[32] 环境保护部宣传教育司：《全国公众生态文明意识调查研究报告》（2013 年），中国环境出版社 2015 年版。

[33] 郇庆治：《欧洲绿党研究》，山东人民出版社 2000 年版。

[34] 黄承梁：《生态文明简明知识读本》，中国环境科学出版社 2010 年版。

[35] 黄娟、邓新星、杨梅：《两型社会建设背景下生态文明教育机制探析——以武汉城市圈为例》，载湖北省高校思想政治教育研究会《在创新中前进　湖北省高校青年德育工作论文集》，中国地质大学出版社 2010 年版。
[36] 贾振邦、黄润华：《环境学基础教程》，高等教育出版社 2004 年版。
[37] 健修：《生态力——竞争中的生存哲学》，中国纺织出版社 2007 年版。
[38] 江家发：《环境教育学》，安徽师范大学出版社 2011 年版。
[39] 蒋春余：《科学发展观概论》，中国财政经济出版社 2007 年版。
[40] 金昕：《当代高校美育新探》，商务印书馆 2013 年版。
[41] 蓝红：《生态文明论》，广东高等教育出版社 1999 年版。
[42] 雷毅：《深层生态学思想研究》，清华大学出版社 2001 年版。
[43] 李久生：《环境教育论纲》，江苏教育出版社 2005 年版。
[44] 李军：《走向生态文明新时代的科学指南——学习习近平同志生态文明建设重要论述》，中国人民大学出版社 2015 年版。
[45] 李世东、樊宝敏、林震、陈应发：《现代林业与生态文明》，科学出版社 2011 年版。
[46] 李天燕：《家庭教育学》，复旦大学出版社 2007 年版。
[47] 李永峰、梁乾伟、李传哲等：《环境经济学》，机械工业出版社 2016 年版。
[48] 联合国环境与发展大会：《21 世纪议程》，国家环境保护局译，中国环境科学出版社 1993 年版。
[49] 联合国教科文组织：《教育的使命：面向 21 世纪的教育宣言和行动纲领》，赵中建选编，教育科学出版社 1996 年版。
[50] 梁兴邦：《医学伦理学概论》，甘肃文化出版社 1996 年版。
[51] 廖福霖等：《生态文明经济研究》，中国林业出版社 2010 年版。
[52] 廖福霖：《生态文明建设理论与实践》，中国林业出版社 2003 年版。
[53] 刘爱军：《生态文明研究》第 1 辑，山东人民出版社 2010 年版。

[54] 刘春元、李艳梅：《生态文明的理论与实践》，中国商务出版社 2010 年版。
[55] 刘德海：《绿色发展》，江苏人民出版社 2016 年版。
[56] 刘经伟：《马克思主义生态文明观》，东北林业大学出版社 2007 年版。
[57] 刘仁胜：《生态马克思主义概论》，中央编译出版社 2007 年版。
[58] 刘湘溶等：《我国生态文明发展战略研究》（上、下），人民出版社 2013 年版。
[59] 刘湘溶：《人与自然的道德话语：环境伦理学的进展与反思》，湖南师范大学出版社 2004 年版。
[60] 刘湘溶：《生态文明论》，湖南教育出版社 1999 年版。
[61] 刘增惠：《马克思主义生态思想及实践研究》，北京师范大学出版社 2010 年版。
[62] 柳海民、于伟：《现代教育原理》，中央广播电视大学出版社 2002 年版。
[63] 卢风：《从现代文明到生态文明》，中央编译出版社 2009 年版。
[64] 马桂新：《环境教育学》，科学出版社 2007 年版。
[65]《马卡连柯全集》第 4 卷，耿济安等译，人民教育出版社 1957 年版。
[66] 马兆俐：《罗尔斯顿生态哲学思想研究》，东北大学出版社 2009 年版。
[67] 蒙秋明、李浩：《大学生生态文明观教育与生态文明建设》，西南交通大学出版社 2010 年版。
[68] 缪建东：《家庭教育学》，高等教育出版社 2009 年版。
[69] 1994 年 3 月 25 日国务院第 16 次常务会议讨论通过：《中国 21 世纪议程——中国 21 世纪人口、环境与发展白皮书》，中国环境科学出版社 1994 年版。
[70] 欧阳峣：《两型社会试验区体制机制创新研究》，湖南大学出版社 2011 年版。
[71] 彭福清：《长株潭城市群公共管理研究》，湖南人民出版社 2009 年版。

[72] 彭跃辉：《只有一个地球：基础篇》，中国环境科学出版社 2012 年版。
[73] 平章起、梁禹祥：《思想政治教育基本理论问题研究》，南开大学出版社 2010 年版。
[74] 钱俊生、余谋昌：《生态哲学》，中共中央党校出版社 2004 年版。
[75] 邱伟光、张耀灿：《思想政治教育学原理》，高等教育出版社 1999 年版。
[76] 曲格平：《中国环境与发展》，中国环境科学出版社 1992 年版。
[77] 全国干部培训教材编审指导委员会：《生态文明建设与可持续发展》，人民出版社 2011 年版。
[78] 全国推进可持续发展战略领导小组办公室：《中国 21 世纪初可持续发展行动纲要》，中国环境科学出版社 2004 年版。
[79] 任耐安：《环境教育》，上海科技教育出版社 2001 年版。
[80] 任耐安、邹晶：《环境教育参考资料》，人民教育出版社 1993 年版。
[81] 沈同：《我们怎样保卫毛主席》，中央文献出版社 2009 年版。
[82] 石凤妍、徐建栋：《党的思想政治工作方法新论》，天津社会科学院出版社 2006 年版。
[83] 世界环境与发展委员会：《我们共同的未来》，王之佳、柯金良译，吉林人民出版社 1997 年版。
[84] 舒志钢：《21 世纪初中国生态年鉴：绿色中国》，中国社会出版社 2003 年版。
[85] 宋林飞、朱力：《社会工作概论》，南京大学出版社 1991 年版。
[86] [苏] H. T. 弗罗洛夫：《人的前景》，王思斌、潘信之译，中国社会科学出版社 1989 年版。
[87] 孙方民：《环境教育简明教程》，中国环境科学出版社 2000 年版。
[88] 田青：《环境教育与可持续发展的教育联合国会议文件汇编》，中国环境科学出版社 2011 年版。

[89] 田青、曾早早：《我国环境教育与可持续发展教育文件汇编》，中国环境科学出版社 2011 年版。
[90] 王冬桦、王非：《社会教育学概论》，教育科学出版社 1992 年版。
[91] 王浩斌：《马克思主义中国化动力机制研究》，中国社会科学出版社 2009 年版。
[92] 王民：《可持续发展教育概论》，地质出版社 2006 年版。
[93] 王诺：《欧美生态文学》，北京大学出版社 2003 年版。
[94] 王秀阁、杨仁忠：《马克思主义理论学科前沿问题研究》，人民出版社 2010 年版。
[95] 王学俭、宫长瑞：《生态文明与公民意识》，人民出版社 2011 年版。
[96] 魏晓笛：《生态危机与对策——人与自然的永久话题》，济南出版社 2003 年版。
[97] ［美］沃德·巴巴拉、［美］杜博斯·雷内：《只有一个地球》，国外公害资料编译组译，石油化学工业出版社 1976 年版。
[98] 吴凤章：《生态文明构建：理论与实践》，中央编译出版社 2008 年版。
[99] 吴航：《家庭教育学基础》，华中师范大学出版社 2010 年版。
[100] 夏征农、陈至立：《辞海》，上海辞书出版社 2009 年版。
[101] ［美］小约翰·柯布、［美］大卫·格里芬：《过程神学》，曲跃厚译，中央编译出版社 1998 年版。
[102]《新湘评论》编辑部：《毛泽东同志的青少年时代》，中国青年出版社 1979 年版。
[103] 徐辉、祝怀新：《国际环境教育的理论与实践》，人民教育出版社 1998 年版。
[104] 徐辉、祝怀新：《国际环境教育的理论与实践》，人民教育出版社 1996 年版。
[105] 严耕：《生态文明绿皮书：中国省域生态文明建设评价报告（ECI2010）》，社会科学文献出版社 2010 年版。

[106] 杨春鼎:《教育方法论》，人民教育出版社 2000 年版。
[107] [英] 安东尼·吉登斯:《气候变化的政治》，曹荣湘译，社会科学文献出版社 2009 年版。
[108] [英] 汤因比、[日] 池田大作:《展望 21 世纪》，荀春生等译，国际文化出版公司 1985 年版。
[109] [英] 约翰·洛克:《教育漫话》，傅任敢译，人民教育出版社 1985 年版。
[110] 于玲:《关于在全社会大力开展生态文明教育的几点思考》，载辽宁环境科学学会、辽宁牧昌工业固废处置有限公司编《创新环保科技 构建和谐社会——辽宁省环境科学学会 2007 年学术年会论文集》，化学工业出版社 2007 年版。
[111] 余谋昌:《环境哲学——生态文明的理论基础》，中国环境科学出版社 2010 年版。
[112] 余谋昌:《生态哲学》，陕西人民教育出版社 2000 年版。
[113] 虞崇胜:《政治文明论》，武汉大学出版社 2003 年版。
[114] 袁秋年:《科学发展观：马克思主义中国化的新境界》，江苏人民出版社 2009 年版。
[115] 曾建平:《寻归绿色——环境道德教育》，人民出版社 2004 年版。
[116] 张彬、黄龙保:《科学发展观概论》，国防大学出版社 2007 年版。
[117] 张宏武:《中国经济发展中的低碳转型研究》，厦门大学出版社 2015 年版。
[118] 张慕葏、贺庆棠、严耕:《中国生态文明建设的理论与实践》，清华大学出版社 2008 年版。
[119] 张旭如:《环境教育基础》，山东省地图出版社 2007 年版。
[120] 张耀灿等:《现代思想政治教育学》，人民出版社 2006 年版。
[121] 赵忠心:《家庭教育学：教育子女的科学与艺术》，人民教育出版社 2001 年版。
[122] 郑清文:《高校共青团构建大学生生态文明教育体系初探》，

载北京大学青年研究中心《实践与探索——北京大学学生思想政治教育研究论文选编》，北京大学出版社 2009 年版。

[123] 郑永廷：《思想政治教育方法论》，高等教育出版社 1999 年版。

[124] 中共中央党校经济学教研部：《九个怎么办："十二五"热点面对面》，新华出版社 2011 年版。

[125] 中共中央文献研究室、国家林业局：《毛泽东论林业》（新编本），中央文献出版社 2003 年版。

[126] 中共中央文献研究室：《建国以来毛泽东文稿》第 1 册，中央文献出版社 1992 年版。

[127] 中共中央文献研究室：《十六大以来重要文献选编》（上），中央文献出版社 2005 年版。

[128] 中共中央文献研究室：《十六大以来重要文献选编》（下），中央文献出版社 2008 年版。

[129] 中共中央文献研究室：《十六大以来重要文献选编》（中），中央文献出版社 2006 年版。

[130] 中共中央文献研究室：《十七大以来重要文献选编》（上），中央文献出版社 2009 年版。

[131] 中共中央文献研究室：《十三大以来重要文献选编》（下），人民出版社 1993 年版。

[132] 中共中央文献研究室：《十五大以来重要文献选编》（上），人民出版社 2011 年版。

[133] 中共中央文献研究室、中共湖南省委《毛泽东早期文稿》编辑组：《毛泽东早期文稿（1912.6—1920.11）》，湖南出版社 1990 年版。

[134] 中国大百科全书总编委会：《中国大百科全书》，中国大百科全书出版社 2009 年版。

[135]《中国环境保护行政二十年》编委会：《中国环境保护行政二十年》，中国环境科学出版社 1994 年版。

[136] 中国环境科学研究院环境法研究所、武汉大学环境法研究所：

《中华人民共和国环境保护研究文献选编》，法律出版社 1983 年版。
[137] 中国环境年鉴编辑委员会：《中国环境年鉴 2008》，中国环境年鉴社 2008 年版。
[138] 中国环境年鉴编辑委员会：《中国环境年鉴 2009》，中国环境年鉴社 2009 年版。
[139] 中国环境年鉴编辑委员会：《中国环境年鉴 2010》，中国环境年鉴社 2010 年版。
[140] 中国环境年鉴编辑委员会：《中国环境年鉴 2011》，中国环境年鉴社 2011 年版。
[141] 中国环境年鉴编辑委员会：《中国环境年鉴 2012》，中国环境年鉴社 2012 年版。
[142] 周光琦：《环境教育读本》，浙江教育出版社 2001 年版。
[143] 周鸿：《文明的生态学透视——绿色文化》，安徽科学技术出版社 1997 年版。
[144] 周鸿：《走近生态文明》，云南大学出版社 2010 年版。
[145] 诸大建：《生态文明与绿色发展》，上海人民出版社 2008 年版。
[146] 祝怀新：《环境教育论》，中国环境科学出版社 2002 年版。
[147] 祖嘉合：《思想政治教育方法教程》，北京大学出版社 2004 年版。

期刊类文献

[1] 蔡如鹏：《环境污染下的健康阴影》，《中国新闻周刊》2007 年第 44 期。
[2] 曹慧丽、才凤敏、曾群：《关于我国生态文明教育政策之法律化研究》，《江西警察学院学报》2013 年第 3 期。
[3] 陈德钦：《论中国特色社会主义文明体系的建构》，《学术论坛》2009 年第 5 期。
[4] 陈寿朋：《牢固树立生态文明观念》，《北京大学学报》（哲学社

会科学版）2008 年第 1 期。
[5] 陈寿朋:《在全社会牢固树立生态文明观念》,《经济杂志》2008 年第 7 期。
[6] 陈永森:《开展生态文明教育的思考》,《思想理论教育》2013 年第 7 期。
[7] 丁枚:《教育部颁布〈中小学环境教育实施指南〉》,《环境教育》2003 年第 6 期。
[8] 段海超:《论大学生生态文明观教育》,《思想教育研究》2011 年第 10 期。
[9] 冯霞:《试论大学生生态文明观教育》,《学校党建与思想教育》2005 年第 9 期。
[10] 冯之浚:《“美丽中国”需要科学的生态观》,《中国经济周刊》2013 年第 17 期。
[11] 弓克:《论“五个文明”》,《新长征》2007 年第 11 期。
[12] 郭镭、张华:《生态文明及其发展对策研究》,《贵州环保科技》2003 年第 1 期。
[13] 郭岩:《高校生态文明教育探究》,《教育探索》2015 年第 10 期。
[14] 黄爱宝:《生态型政府构建与生态公民养成的互动方式》,《南京社会科学》2007 年第 5 期。
[15] 孔德萍:《加强大学生生态文明观教育的思考》,《思想教育研究》2008 年第 1 期。
[16] 李祖扬、邢子政:《从原始文明到生态文明——关于人与自然关系的回顾和反思》,《南开学报》1999 年第 3 期。
[17] 廖福霖:《关于生态文明及其消费观的几个问题》,《福建师范大学学报》（哲学社会科学版）2009 年第 1 期。
[18] 刘思华:《对建设社会主义生态文明论的若干回忆》,《中国地质大学学报》（社会科学版）2008 年第 4 期。
[19] 刘伟、张万红:《从“环境教育”到“生态教育”的演进》,《煤炭高等教育》2007 年第 6 期。

［20］刘振亚：《生态道德教育的理论和实践探索》，《教育探索》2007 年第 2 期。
［21］马延伟：《完善教育评价机制　推进教育评价改革》，《中国民族教育》2013 年第 3 期。
［22］《2016 年〈中国环境状况公报〉》（摘录），《环境保护》2017 年第 11 期。
［23］潘岳：《生态文明：延续人类生存的新文明》，《中国新闻周刊》2006 年第 37 期。
［24］钱俊生：《生态文明：对工业文明的反思与超越》，《环境保护与循环经济》2012 年第 11 期。
［25］苏立红、夏惠、项英辉：《论高校生态文明观教育》，《沈阳建筑大学学报》（社会科学版）2008 年第 2 期。
［26］王敬华：《国内生态道德教育研究述要与思考》，《云南民族大学学报》（哲学社会科学版）2009 年第 6 期。
［27］王良平：《加强生态文明教育，把环境教育引向深入》，《广州师院学报》（社会科学版）1998 年第 1 期。
［28］王寿春：《从 GDP 政治到生态政治——中共循环经济发展的重要前提》，《嘉兴学院学报》2006 年第 5 期。
［29］向赤忠：《生态文明与物质文明、精神文明、政治文明》，《绿色大世界》2007 年第 Z2 期。
［30］项松林：《树立和谐的生态观　构建环境友好型社会》，《理论导刊》2006 年第 3 期。
［31］邢永富：《教育公益性原则略论》，《北京师范大学学报》（人文社会科学版）2001 年第 2 期。
［32］杨通进：《生态公民论纲》，《南京林业大学学报》（人文社会科学版）2008 年第 3 期。
［33］叶芬芬、孟庆恩：《生态文明教育与家庭教育的耦合》，《法制与社会》2012 年第 15 期。
［34］叶新才：《生态旅游环境教育功能的实现途径研究》，《四川环境》2009 年第 3 期。

[35] 余谋昌:《佛学环境哲学思想》,《上海师范大学学报》(哲学社会科学版)2006 年第 2 期。
[36] 张多来、黄秋生、阳晶:《论"生态文明"与"四大文明"》,《南华大学学报》(社会科学版)2007 年第 6 期。
[37] 张蕾、程鹏:《论政府在生态环境建设中的作用》,《林业经济》2002 年第 7 期。
[38] 章萌:《论公民生态文明素质教育三大渠道》,《赣南医学院学报》2010 年第 5 期。
[39] 赵怀琼、杜方明:《论生态旅游与生态旅游教育》,《皖西学院学报》2004 年第 2 期。
[40] 周谷平、朱绍英:《生态德育与环境教育之关系探析》,《教育发展研究》2005 年第 2 期。
[41] 周生贤:《积极建设生态文明》,《求是》2009 年第 22 期。

报纸类文献

[1] 代丽丽:《计划生育累积少生 4 亿人　我国使世界 70 亿人口日推迟 5 年》,《北京晚报》2013 年 11 月 12 日第 15 版。
[2]《胡锦涛在中央人口资源环境工作座谈会上强调:扎扎实实做好人口资源环境工作　推动经济社会发展实现良性循环》,《人民日报》2005 年 3 月 13 日第 1 版。
[3]《江泽民在中央人口资源环境工作座谈会上强调:切实做好人口资源环境工作　确保实现跨世纪发展宏伟目标》,《人民日报》2000 年 3 月 13 日第 1 版。
[4] 李军:《走向生态文明新时代的科学指南——深入学习贯彻习近平同志关于生态文明建设系列重要讲话精神》,《人民日报》2014 年 4 月 23 日第 7 版。
[5] 刘毅:《我国环保民间组织近八千个　五年增近四成》,《人民日报》(海外版)2013 年 12 月 5 日第 4 版。
[6] 吕红星:《2016 年中国旅游业　统计公报发布》,《中国经济时报》2017 年 11 月 16 日第 A06 版。

[7] 吕炜:《教育投入4% 目标仍在前方》,《中国财经报》2005年5月17日第1版。
[8] 汪玉凯:《准确理解“顶层设计”》,《北京日报》2012年3月26日第17版。
[9] 温家宝:《凝聚共识 加强合作 推进应对气候变化历史进程——在哥本哈根气候变化会议领导人会议上的讲话》,《光明日报》2009年12月19日第2版。
[10] 武卫政:《全国已有15个省份开展生态省建设》,《人民日报》2012年8月27日第1版。
[11] 习近平:《携手共建生态良好的地球美好家园——致生态文明贵阳国际论坛2013年年会的贺信》,《光明日报》2013年7月21日第1版。
[12] 徐楠:《环保NGO的中国生命史》,《南方周末》2009年10月8日“绿色”版。
[13] 张秋蕾:《行动兑现环保承诺 大爱呼唤绿色英雄“2010—2011绿色中国年度人物”评选颁奖仪式在京举行》,《中国环境报》2012年6月13日第1版。
[14] 张晓松:《资源!资源!形势到底有多严峻?》,《新华每日电讯》2007年4月23日第4版。
[15]《中国共产党十六届五中全会公报》,《青年报》2005年10月12日第2版。
[16]《中华人民共和国国民经济和社会发展第十一个五年规划纲要》,《光明日报》2006年3月17日第1版。
[17] 周鸿:《生态文化与生态文明》,《光明日报》2008年4月8日第10版。

学位论文类文献

[1] 陈国铁:《我国企业生态化建设研究》,博士学位论文,福建师范大学,2009年。
[2] 刘静:《中国特色社会主义生态文明建设研究》,博士学位论文,

中共中央党校，2011 年。
[3] 严耕:《生态危机与生态文明转向研究》，博士学位论文，北京林业大学，2009 年。
[4] 曾昭皓:《德育动力机制研究》，博士学位论文，陕西师范大学，2012 年。
[5] 张立军:《新中国民族高等教育体制变迁研究》，博士学位论文，东北师范大学，2012 年。

网络资源文献

[1] 国家中长期教育改革和发展规划纲要工作小组办公室:《国家中长期教育改革和发展规划纲要（2010—2020 年）》（http://www.moe.edu.cn/srcsite/A01/s7048/201007/t20100729_171904.html）。
[2] 环境保护部:《关于培育引导环保社会组织有序发展的指导意见》（http://www.zhb.gov.cn/gkml/hbb/bwj/201101/t20110128_200347.htm）。
[3] 戚易斌:《华沙气候大会聚焦落实与开启　中国将发挥积极作用》（http://news.china.com.cn/world/2013-11/11/content_30556678_2.htm）。
[4] 人民网:《我国超额完成教育经费支出占 GDP 比例 4% 目标》（http://edu.people.com.cn/n/2014/0220/c1053-24419181.html）。
[5] 腾讯网:《全国生态文明意识调查问卷》（http://page.vote.qq.com/?id=4484612&result=yes）。
[6] 温家宝:《2011 年政府工作报告》（全文）（http://www.china.com.cn/policy/txt/2011-03/16/content_22150608.htm）。
[7] 新华社:《我国首份〈全国生态文明意识调查研究报告〉发布》（http://www.gov.cn/jrzg/2014-02/20/content_2616364.htm）。
[8] 周英峰:《全国已创建各级绿色学校 4 万余所》（http://news.xinhuanet.com/newscenter/2008-12/10/content_10480239.htm）。

后　记

自六年前攻读博士学位期间我便开始做生态文明教育方面的研究，主要是从宏观体系建构方面对我国生态文明教育进行了一些有益的理论探索。博士毕业后，围绕我国生态文明教育体制机制的理论建构，我又进行了相对深入的研究，在本领域陆续发表了多篇论文，同时申请到河南省哲学社会科学规划一般项目“绿色发展理念下的生态文明教育体制机制建构研究”（2017BJY024）及河南省教育厅人文社会科学研究一般项目“习近平新时代生态文明教育理论与实践研究——以制度化建设为视角”（2019－ZZJH－169）等多项研究课题。这些研究课题均是在我博士学位论文基础上所做的后续研究。呈献在读者面前的这本著作既是上述科研项目的研究成果之一，也是对我博士毕业论文的丰富与完善。

拙作得以付梓，离不开导师多年来的谆谆教诲。石凤妍老师治学严谨、见解深刻，对学生要求严格。正是石老师严谨严格的精神力量，才使我博士研究生三年如期毕业，才使我迈进了生态文明教育研究的大门，也才有了今天的《中国生态文明教育研究》这一成果。在此，向石老师表示衷心的谢意。

本书的第二作者杨彩菊博士在书稿的撰写、修改及完善方面做了大量工作，书中的第一章和第三章由其最终执笔完成，在此致以深深的谢意。

家人的理解和支持是本研究成果顺利出版的重要保障。妻子为了给我提供充足的时间做科研，承担了更多的家务劳动；岳父、岳母在照顾孩子方面也给予了很大帮助。在此，向我的妻子及岳父、岳母表示真诚的感谢。

本研究成果参阅、引用了诸多专家、学者的相关文献资料，在此对各位学术前辈及学术同仁深表谢意。同时，本书的顺利出版，得到了中国社会科学出版社的大力支持，在此表示诚挚的谢意。

由于笔者学识不足，受精力和能力所限，对相关资料掌握的广度不够，书中难免有错误纰漏之处，恳请各位专家和读者批评指正。

杜昌建

2018年5月